ハヤブサを盗んだ男

野鳥闇取引に隠されたドラマ

ジョシュア・ハマー
屋代通子 訳

The Falcon Thief

A True Tale of Adventure, Treachery, and the Hunt for the Perfect Bird

Joshua Hammer

紀伊國屋書店

THE FALCON THIEF

A True Tale of Adventure, Treachery, and the Hunt for the Perfect Bird

Published by arrangement with the original publisher, Simon & Schuster, Inc.
through Japan UNI Agency, Inc., Tokyo.

コシジロイヌワシ
（©Susanne Nilsson, CCBY-SA2.0を改変）

セーカーハヤブサ
（©Dick Daniels, CCBY-SA3.0を改変）

ハイタカ
（©caroline legg, CCBY2.0）

フサエリショウノガン
（©Frank Vassen, CCBY2.0を改変）

カンムリクマタカ
（©Derek Keats, CCBY2.0）

シロハヤブサ
（©Elena Gaillard, CCBY2.0）

サンショクウミワシ
（©Dominic Sherony, CCBY-SA2.0）

ハヤブサを盗んだ男　目次

＊本文中の〔 〕は訳註を示す。
＊本文中の団体名や肩書等は取材当時のものである。

プロローグ

2017年が明けて間もないころ、わたしは家族とともにイングランドで休暇を過ごしていた。その時ふと手に取った「ロンドン・タイムズ」紙の片隅に、埋もれるようにしてあった短い記事が、わたしの目を引いた。「ハヤブサの卵泥棒、翼に乗って消える」――見出しにはそうあった。「ロンドン・タイムズ」紙の犯罪報道記者ジョン・シンプソンが、悪名高い野鳥密輸業者が保釈中に出廷せず、南米で行方をくらましたことを報じていた。

ヘリコプターからぶら下がって峻厳(しゅんげん)な崖を降下し、アラブの金持ちのためにハヤブサの卵を探す男……国際的卵泥棒は再び翼が生えたごとくに消え失せ、ブラジル当局は逃亡されたことを認めた。(ジェフリー・)レンドラム(55歳)は、パタゴニアでアルビノ種のハヤブサの卵4個を盗んだかどで捕らえられ、4年以上の刑を言い渡されていたが、このほど司法の網の目をすり抜けた。英国のハヤブサ類にとっても深刻な脅威となることが予測され……[1]。

わたしが惹かれたのは、記事の卵泥棒の部分だった。野鳥の卵が高額で取引されるブラックマーケットの存在は、どことなく滑稽に思われた。なんだか、ドクター・スースの絵本『おばけたまごのいりたまご』に出てきそうなおかしな冒険じみていないか。ドクター・スースの絵本シリーズといえば、3人の息子たちが成長する10年の間、数えきれないほど読み聞かせたものだ。世界でも最も貴重な部類に属する卵を手に入れるのが、危険を伴い、かつ輸送も困難な、最果ての地で敢行されるミッションであるなどとは、考えたこともなかった。それで生計を立てようなんて、いったいどういう人間なのか。レンドラムなる男が類を見ない変わり者なのか、それとも、闇の一大産業の一端に過ぎないのか。タブロイド紙的な誇大記事は斜めに見るのが習慣になっているので、レンドラムが実際のところどの程度、絶滅の危機にある猛禽類（もうきんるい）を脅かす存在なのかも測りかねた。記事を切り抜いたわたしは、休暇を終えて帰国してからこの件をそれとなく調べ始めた。

ジェフリー・レンドラムの人生に深入りし、彼が子どものころからハヤブサ類に惹かれ、とりつかれたように木に登っては鳥の巣を襲っていたことを知るにつれ、ある変化が起きた。それはある意味で予測できないことではなかったが、鳥がわたしの周辺に現れるようになったのだ。その年の春には、英国の野生生物犯罪部（ＮＷＣＵ）の捜査官ふたりとともにウェールズ南部に赴いて、ロンダ渓谷の崖に営巣するハヤブサを探していた。そののち、夏には、雑誌の依頼でイラク南部の沼沢地に出かけ、モーターボートを駆って運河を渉猟しながら、あたりを飛びかう鳥たちにいやでも目が向いた。ヒメヤマセミは針のごとく鋭くとがったくちばしを持つ黒と白のまだらの小さな鳥で、モーターボートが葦の草むらをかすめると、あわてて飛び出してくる。巨大な白い翼の先端と鎌を思わせる長いくちばしの両方が黒いアフリカクロトキが、沼の水面すれすれを滑空していく。作家のジョナサン・フランゼンが２００５年に「ニューヨーカー」誌に寄せたエッセイ「わたしの鳥の問題」を再読してみると、フランゼンは、少年時代のバードウォッチング熱が高じて自然に分け入り、自然界の息をのむような多様性と出会って胸を高鳴らせるまでになったと語っていた。「緑濃い森や岩がちな海岸線を見るだけで、圧倒されたような気持ちになり、世界はなんと可能性に満ちているのかと思えてくる」と彼は書く。「どこを探しても新しい鳥に出会える」[2]

　わたしの目を引いたのは、珍しい鳥ばかりではなかった。２０１８年４月、数度に及ぶハヤブサ泥棒のフィールド・リサーチの仕上げの取材旅行から帰ってみると、５歳になる息子がひどく興奮していた。まったくの偶然だが、カワラバトのつがいが、３階にあるわたしたちのアパートの浴室の窓の外に巣をつくっていたのだ。１か月の間、自然界で生きる鳥の繁殖行動について書き、鳥の巣にちょっかいを出す少年から国境をまたぐ犯罪者へと変貌を遂げたレンドラムの半生を掘り下げていたわたしは、キッチンの窓から中庭越しに見える浴室の窓に目を向けては、インスピレーションを得ていたのだった。卵を温める母鳥を眺め、羽毛に包まれた小さなヒナたちが母鳥の腹の下で身を寄せ合い、2週間もすると巣立ち間近に成長する様を見守っていると、レンドラムの罪がくっきりと形をなし、いかに許しがたい行為であったか実感された。

野鳥を見たいという欲求には抗いがたい。翌年の夏、マサチューセッツ州マーサズ・ヴィニヤード島にいたわたしは、カヤックに乗り、ロング・ポイント野生動物保護区に人工的に設けられた巣のはるか上空で円を描くミサゴのつがいに見ほれ、チルマーク池で鳴きかわすカナダガンの声に包まれながら、1時間もカヌーでぼうっとしていた。グレート・ロック・バイト保護区では、砂丘から飛び立つアカオノスリをうっとりと眺めていた。わが家の庭にコマツグミが舞い降りたときには、大急ぎで家族を呼び寄せて、見つめたものだ。

そして、この本を執筆中の秋、最もすばらしい僥倖が訪れた。ある朝早く、わたしはベルリンの仕事場の窓の向こうで、鮮やかな色彩がひらめくのを見た。インコ、それもオーストラリアの固有種が窓枠に降り立ったのだ。目にも鮮やかな緑色の体に黄色い頭が朝の太陽にきらめき、紅葉しかけた菩提樹の葉に映えている。インコはおそらく鳥かごから脱け出してきたに違いない。きっと今に、このあたりをうろついているカラスにやられてしまうだろう。1年前の自分だったら多分なんの感慨も覚えなかったはずだ。だが今のわたしは急いでパートナーを呼び、ふたりして息を殺してインコを眺めた。遠からず餌食になる定めをわかりながらも、そのあでやかな姿に見ほれずにはいられなかった。2分ほどそこにいたインコはやがてスズメに追い立てられて飛び立ち、菩提樹の葉の間に飲み込まれて見えなくなった。

第1章 空港

あの人、長居しすぎじゃないか――ジョン・ストルジンスキーは思った。男性がシャワーブースに入ってから20分は経っている。場所はロンドンから北へ約180キロ、ウェスト・ミッドランズにあるバーミンガム空港内、エミレーツ航空のファーストクラスとビジネスクラスの乗客専用ラウンジだ。ストルジンスキーはシャワーブースのすぐ外の廊下にたたずんでいた。傍らには清潔なタオルを山と積んだカート、足元にはモップにバケツ、それに「注意、床滑ります!」と記された警告板が2枚。ラウンジの整備をまかされているストルジンスキーは、シャワーブースを清掃しようとじりじりして待っていた。

男性と連れの女性は、その日最初のラウンジ利用客だった。ラウンジは淡い青のカーペットにバタースコッチ色のアームチェアが並べられて暖かそうにしつらえられた空間で、柱はこげ茶、ガラスのコーヒーテーブルが散りばめられ、黒っぽいシェードの中国製磁器のランプがそここに配されていた。２０１０年5月3日月曜日、英国では祝日で、ラウンジは午後2時40分発ドバイ行き直行便に合わせて12時に開かれた。ふたり連れはラウンジに入ると、受付近くのテレビのあるコーナーに腰を落ち着けた。ほどなく男性のほうが立ち上がり、ショルダーバッグと小ぶりのスーツケースふたつを持ってシャワーブースに向かった。それを見たストルジンスキーはおや、と思った。ビジネスクラスとファーストクラス用のシャワーブースに行くのに、手荷物を全部持っていくやつがどこにいる。しかもすでに、普通の乗客の2倍か3倍近い時間、シャワーブースにこもっているのだ。

40代のストルジンスキーは痩せた長身の男で、白くなりかかっている髪を短く刈り込み、歯ブラシのような口ひげを蓄えている。10年間というもの、夜のバーミンガムのショッピングモールで１３０台もの監視カメラ映像をにらんで過ごし、そのおかげで「人を見る目が養われた」とのちに語ってくれた。その年の2月、警備会社を解雇された彼は、エミレーツ航空のラウンジ清掃に雇われた。最初の1週間は、テロ予防の目を養う実地訓練に明け暮れた。ストルジンスキーによれば、彼は訓練のおかげで以前よりずっと用心深くなっていたという。[1]

ストルジンスキーが廊下をうろうろしていると、シャワーブースのドアが開いて乗客――禿頭で細身、平均的な身長の中年の白人男性だった――が出てきて、ストルジンスキーには目もくれずに通りすぎた。

ストルジンスキーはシャワーブースの扉を開けると中を見回した。

おいおい、どういうわけだ。

シャワーブースは床といい、ガラスの仕切りといい、完全に乾ききっていた。タオル類はひとつ残らず手つかずできれいにたたまれている。障碍者用のトイレも使われていなかった。洗面台にも水滴ひとつついていない。20分も中にいたのに、何ひとつ手を触れなかったかのようだ。

ストルジンスキーは3か月前に受けたテロリスト対策の訓練を思い浮かべた。教官がしきりと説いていたのは、奇異に見えるものと尋常でない行動を見逃すな、ということだった。この乗客には何かある。それは間違いない。探すべきものが何かわからないながらも、ストルジンスキーはバスタオルやフェイスタオルをひっくり返し、備えつけの歯磨き粉やら化粧水やらの下も見、ゴミ箱も覗き込んだ。踏み台に上って天井のタイルを2枚ずらし、手を突っ込んでみた。何もない。

今度はおむつ替えのコーナーに目を向ける。壁の窪みの隅に、大人の腰あたりまであるプラスチックの使用済みおむつ入れが置かれている。丸い蓋（ふた）を開けて中を見ると、底のほうに何かあった。緑色の紙でできた卵容器だった。

真ん中あたりに卵がひとつだけおさまっている。それは真っ赤に塗られていた。

穴のあくほど卵を見つめ、そっと触れてみた。これはどういうことなんだろう。

ストルジンスキーは、最近ロンドン郊外のヒースロー空港で、珍しいインドのハコガメを卵容器に入れて密輸しようとした男が捕まったというニュースを思い出した。だが、そんな話はざらにあるものではなさそうだ。もっとありそうなのは、あの乗客が麻薬を運ぼうとしていること――卵形のキンダーチョコレートのプラスチック製容器にヘロインとコカインを詰め込んでいたリヴァプールのギャングがいたではないか。それだ、と彼は思った。これはきっと麻薬がらみに違いない。

ストルジンスキーは受付に向かった。すぐそばに、例の男性客と連れが座っている。そして受付にいるふたりの女性に低い声で話しかけた。やっかいなことになりそうだ、と彼はつぶやき、見たものを説明した。空港の警備員を呼んだほうがいいと伝えると、シャワーブースにとって返し、現場保存のためカギをかけた。すぐに制服の警備員がふたりラウンジに入ってきて、ストルジンスキーの話を聞くとシャワーブースを調べた。シャワーブースはふたり連れが座っているコーナーからは死角になっていて、会話に夢中のふたりにはにわかにざわつきだしたシャワーブースの様子は気取られていなかった。

警備員たちは空港に駐在しているウェスト・ミッドランズのテロ対策班（ＣＴＵ）の私服捜査官をふたり要請した。２００７年、ロンドンで起きたバスと地下鉄の爆破テロを受けて創設されたテロ対策班は、当初70人だった人員が５００人近くまで膨れ上がっていて、主にイスラム過激派のテロを警戒している。対策班では近年、英国人兵士を誘拐して斬首し、その模様をインターネットで配信しようと企てたギャングを逮捕したほか、液体爆薬を使って大西洋航路の航空機を爆破しようとした、バーミンガム生まれのテロリストの計画を阻止している。対策班の捜査官たちもストルジンスキーから事情を聞くと、使用済みおむつ入れにあった卵容器を調べ、問題の乗客をストルジンスキーに示させた。ふたりは首から提げた身分証を見せてから、乗客とその連れに丁重に話しかけた。ストルジンスキーがそっと見守っていると、ふたりの乗客は立ち上がり、捜査官に伴われてラウンジをあとにした。

搭乗口へと向かう何百という人をしり目に、捜査官たちは女性のほうを別の同僚に託すと、男性を保安検査場近くの窓のない小部屋に案内した。さらに数名の捜査官が入ってきた。対策班の捜査官は男性客を座らせると、これから「２０００年テロリズム法」の「別表7」に基づいて取り調べを行うこと、それによると弁護士の立ち会いなしに24時間までは拘束が可能であることを説明した。

「鋭利なものを持っていますか？」

「いいえ」と言って男性客はポケットを全部裏返してみせた。

「航空券と旅券などを拝見できますか？」[2]

男性が提示したアイルランドのパスポートには、ジェフリー・ポール・レンドラム、１９６１年10月26日北ローデシア（現・ザンビア）生まれとあった。エミレーツ航空のゴールド会員で、航空券はマイレージでとったＥＫ０４０便エコノミークラスの座席番号40Ｆ、およそ7時間のフライトでドバイ着は現地時間の午前0時15分。それから14時間の待ち時間があって、午後２時

30分発エミレーツ航空のヨハネスブルグ行きに乗り継ぐ予定だった。南アフリカまで行くとするとかなりの回り道になる。英国からの直行便なら12時間で行くところを、30時間以上かかるのだ。搭乗券には、手荷物4個の預かり証が留めつけてあり、荷物のうちのひとつはマウンテンバイクだった。

機内持ち込みの荷物を調べると奇妙なものがいくつも見つかった。断熱素材の保温バッグ、ライカの望遠鏡、温度計、双眼鏡、GPS、小型無線機、伸縮して最長5メートル程度まで伸びるゴルフボール回収器。レンドラムは多額の現金も所持していた。5000ポンドに3500アメリカドル、そして南アフリカのランドも少々。卵容器はさらにふたつあった。ひとつは空だったが、もうひとつにはウズラの卵が10個入っていた。白地に黒い斑点が散る、鶏の卵の4分の1ほどの大きさの卵だ。レンドラムは英国の大手スーパー、ウェイトローズのレシートを出し、ヨハネスブルグにはなかなかない有機農法で育てられた卵を家に持ち帰るつもりだと説明した。

捜査官は、下着以外の衣類を脱ぐよう、レンドラムに命じた。

レンドラムはシャツのボタンを外して脱いだ。両腕をだらりと垂らし、表情を殺して立っている。

捜査官たちは目を見張った。

白いサージカルテープがぐるぐると腹に巻きつけてあった。テープが留めつけているのは、緑色と黒と青の毛糸の靴下だ。靴下はそれぞれがプラスチックの結束バンドで5分割されていて、ひとつひとつの区画に楕円形の物体がおさめられていた。捜査官たちはサージカルテープをほどくと、靴下をはがし、結束バンドを切断して、中身をひとつずつ取り出した。全部で14個の卵がそっとテーブルに置かれた。

いずれも、平均的な鶏の卵よりわずかに小ぶりで斑点があり、色合いは茶色から濃い赤までさまざまだった。淡い茶色の地にチョコレート色の斑点が入っているものもあれば、キャラメル色の地に紫色のまだら模様のものもある。茶色の斑点が大陸や列島よろしく並ぶなか、赤い色が海や湖さながら広がって、まるで火星の表面を高解像度の画像で見るかのような卵もあった。捜査官たちは誰ひとり、こんな卵を見たことがなかった。

「これはなんの卵なんです？」ひとりが尋ねた。

「アヒルの卵です」

「この卵をどうするおつもりですか？」

「実を言いますと、ジンバブエに持っていこうと思っていたんです。父が住んでいるんですよ」

父親にいたずらを仕掛けるつもりなんだ、とレンドラムは説明した。ひとつを残して全部固ゆでにしておいて、全部ゆで卵だと信じて疑わない父親が生の卵を割ってびっくりしたところでみんなで大笑いしようというわけだ、と。

「どうして隠すように腹に巻きつけていたんです？」

背中を傷めていて、理学療法士に生の卵を腹部に巻きつける療法を勧められたのだという。壊れやすいものを腹に巻きつけておくと腹筋を緊張させるので、下半身を鍛えられるのだそうだ。[3]

捜査官たちは不信感もあらわに顔を見合わせた。

この男、自分たちの手に負える輩（やから）ではなさそうだ。

第2章 捜査官

アンディ・マクウィリアムは、リヴァプールの自宅の庭で、遅い午後の日差しを浴びて2歳になる孫娘と遊んでいた。幼い少女が花壇を踏みつけないように気を配っていると、キッチンに置いてあった携帯電話が鳴り出した。かけてきたのは、バーミンガム空港のテロ対策班の捜査官で、休日にお邪魔をして恐縮だが、扱い慣れないケースに行き当たってしまい、隣のスタッフォードシャーの女性警察官からあなたに助言を求めるといいと勧められたので、と説明した。

マクウィリアムは警察を退職して、現在は野生生物犯罪部の上級捜査支援員を務めていた。2006年に設立された12名からなる組織で、本部はエディンバラ郊外のスターリングにある。この部には、野生生物に関する法律に詳しい元刑事が4名雇われていて、英国全土に出向き、地元の警察の捜査を支援する。捜査対象は絶滅危惧種の売買から動物虐待までさまざまだ。現役の警察官とは違って、捜査支援員には逮捕権はなく、逮捕状をとることもできない。基本的に相談役で、野生生物関連法規に明るくない警察官に現場で培った専門知識を提供するのが仕事だ。

２００６年に誕生した野生生物犯罪部に参画する前、マクウィリアムは30年間、マージーサイドの警察に奉職していた。マージーサイドはアイリッシュ海にそそぐマージー川河口の両岸に、リヴァプールはじめ5つの大都市バラを抱えるイングランド北西部の州である。警察官人生の最後の4年間、マクウィリアムは特に野生生物に関わる犯罪捜査を専門とし、サイの角や象牙の密輸業者、怪しげな剝製師などを追いかけたり、「アナグマ狩り」の立件に力をそそいだりしていた。アナグマ狩りは発信器を装着した猟犬を放って地面の下2メートルほどに掘った穴に身を潜めている雑食で足の短い小動物を追いつめさせ、地上に引きずり出してなぶり殺しにさせる狩猟だ。現在の仕事も内容はほぼ変わらないが、相談役という立場で関わっており、管轄はイングランドのほぼ半分をカバーする。この時も、絶滅を危惧される動物の頭蓋骨の取引や保護対象のカメのインターネット取引、漢方の膏薬の材料にひそかに売買される砕いたヒョウの骨の取引の証拠固めといった案件を抱えていた。

だがマクウィリアムが特に専門としていたのは鳥だった。30代半ばまでは、警察ラグビーチームの選手として荒々しいプレイでならしていたものの、ひどい怪我が重なってチームを引退したあとは、余暇を埋めるために、流血やら猛タックルやらとは最もかけ離れた世界にのめり込んだ。バードウォッチングだ。以来彼は、週末ともなるとリヴァプール北部の湿地に出かけ、野鳥の保護区をそぞろ歩いた。約30平方キロに及ぶ沼沢地には、コザクラバシガンやタシギ、オグロシギ、ハマシギ、タゲリ、アカアシシギ、カンムリカイツブリ、ミサゴのほか何十種もの渡り鳥が1年を通じて出入りし、その数は数万羽を数えた。

鳥への関心がやがて仕事にも及び、2000年代の初め、絶滅の恐れのある鳥の巣から卵をかすめ取っては中身を抜き出し、空洞になった殻(から)をコレクションしていたマニアを逮捕して、一躍名をあげたのだった。彼はまた、数々の「バード・ロンダリング」事件をも手掛けた。バード・ロンダリングとは、保護対象である野生の猛禽類を捕らえ、飼養されている猛禽のヒナであるかに見せかける手口だ。鳥の犯罪捜査では、英国でマクウィリアムの右に出る者はいないと言われるほどの存在になっていた。

大きく弧を描く眉、深く落ちくぼんだ青い目、幅広の鼻に角ばった顎(あご)という容貌のマクウィリアムは見るからにたくましそうな体つきで、ふわふわした灰色の髪は頭頂部から薄くなりかけているものの、額の真ん中に、しょっちゅうほつれ毛がひと房垂れてくる。四角いフレームの眼鏡のせいで、どこかフクロウを思わせる顔つきには、鋭い知性とユーモアのセンスがにじみ出ている一方、がっしりした体格からは、手ごわそうな印象を受ける。元スポーツ選手らしく身のこなしはしなやかで素早いが、ラグビーをやめて久しいせいで、腹まわりはやや丸みを帯びてきていた。彼はいま、テロ対策捜査官が説明する事件の概要に、じっと耳を傾けていた。

「発見したものをどう見ればいいのか、よくわからないんです」テロ対策捜査官は言った。彼らはドバイでの14時間の乗り継ぎを経て南アフリカに向かう予定の乗客を足止めし、身体検査を行った結果、その乗客がアヒルの卵であると申告しているものを見つけたのだった。
「卵の形状を説明してもらえますか」マクウィリアムは言った。[1]
先方が伝える大きさや色、殻の模様などを聞くなり、マクウィリアムにはその乗客が嘘をついていることがわかった。卵の主はまず間違いなくハヤブサ——南極以外どこにでも生息している、世界最速の生き物だ。強く、単独で行動する捕食者で、両翼を広げた大きさは平均して約1メートル、頭や首は黒っぽく、翼は青みがかった灰色、腹は黄色味を帯びた白い羽毛に黒い筋が入っている。目は明るいオレンジ色に光り、くちばしは鋭く曲がっていて、イングランドやウェールズ、スコットランドでは、採石場や崖の岩棚に巣をつくり、少し奥地に入れば比較的簡単に見つけることができる。だが、１９５０年代から60年代にかけてヨーロッパでもアメリカ合衆国でもハヤブサはほぼ絶滅しかけた。彼らが主食にするモリバトやキジが、ＤＤＴをはじめとする有機塩素系の殺虫剤漬けになっていったからだ。
１８７４年にオーストリアの化学者が初めて合成したＤＤＴは、１９３９年に殺虫効果が確認されるや、虱（しらみ）対策用に第2次世界大戦中から広く使われるようになった。連合国軍の軍医たちは兵士に、難民に、捕虜に、端から粉末状にしたＤＤＴを振りかけて首尾よく消毒した。これといった悪影響は出なかった。薬品は人畜無害であると考えられていて、政府も企業も、農業害虫や黄熱病を媒介する蚊を駆除する理想的手段として、液状のＤＤＴ（油に溶解させたもの）を推奨しはじめた。だが、吸い込んだり、飲み込んだり、皮膚から吸収されたりして体内に取り込まれると、ＤＤＴは肝臓や睾丸、腸など、脂肪を蓄えておく臓器にたまり、致死的影響を及ぼす。ごく微量でも人体の健康な細胞を破壊する力があるのだ。ＤＤＴはさらに、母親から胎児へ、種から種へも容易に伝わっていく。

英国の鳥類学者デレク・ラトクリフは１９５０年代に行った調査で、ハヤブサの個体数が減ってきており、鳥たちが奇妙な行動を見せていることに気づいた。自分が産んだ卵をつつき割ってしまう母鳥がいるように見えたのだ。ラトクリフはふと思い立って、英国にＤＤＴが導入された１９４６年以前に採取されて博物館に展示されている卵と、産みたての卵とを比較してみた。すると産みたての卵は以前の卵より19パーセントも軽かった。母鳥は卵を割っていたのではなかった。孵化する前に母鳥の重さで割れてしまった卵の中身をつついていたのだ。

コーネル大学の研究室で調べたところ、ＤＤＴによってハヤブサの肝臓は肥大し、異質な化合物を防御する酵素の生成が促進されていた。だがこの酵素がメスのハヤブサの性ホルモンの生成を抑制してしまい、骨に含まれるカルシウムの量を安定させるエストロゲンも減少させていた。メスの体内のカルシウム量が下がることで、殻の薄い、脆い卵が産まれていたのだ。

ラトクリフはこの現状を著書『ハヤブサ（*The Peregrine Falcon*）』に書いている、「脊椎動物の王国ではまれに見る速さと規模で、個体数が崩壊している」と。[2] １９７０年代初頭には、英国全体でハヤブサのつがいは２５０組しか残っていなかった。アメリカ合衆国ではいっそう深刻だった。「ニューヨーク・タイムズ」紙は１９７０年に、「かつてハヤブサが数多く生息していたミシシッピ渓谷の左岸と上流の営巣地は、いまや空っぽだ。ロッキー山脈とそれより西でも、有機塩素系農薬が使われ始める前のつがい数の10パーセントにも届かない数しか残っていない。……アラスカを除くアメリカ合衆国全体で、今年つがいとなり、卵を産み、孵し、ヒナの巣立ちを見送ったハヤブサの家族はせいぜい十数組、どんなに多くても40組にはならないだろう。……ハヤブサは逝ってしまった[3]」

1962年に刊行されたレイチェル・カーソンの『沈黙の春』（当初のタイトル候補のひとつは「大地に背く人類（*Man Against the Earth*）」だった）によって、DDTとアメリカ全土で鳥類の個体数が激減している現実との間に関連があることに、アメリカ内外の関心は高まっていた。カーソンは殺虫剤を「先史時代の棍棒並みに粗雑な兵器」と呼び、致死的な化合物が食物連鎖の階層をいかに進んでいくかを描き出した[4]。カリフォルニアでは殺虫剤の溶け込んだ灌漑用水が湖沼に戻り、そこに棲む魚の体内に殺虫成分がたまる。サギやペリカン、カモメといった鳥たちが湖沼にやってきては魚を食べ、個体数を減らしていく。ウィスコンシンでの元凶は、ニレ立枯病を防ぐために木々に撒かれた農薬だった。農薬は木々の葉を食べるミミズに取り込まれ、ミミズを介してコマツグミを汚染した。ハクトウワシは、フロリダ沿岸でもニュージャージーでもペンシルヴェニアでも見かけなくなり、クビナガカイツブリは西部諸州でもカナダでも激減した。キジもカモもクロウタドリも、カリフォルニアや南部の稲作地帯から姿を消した。「こうして歌声は唐突に途絶え、鳥たちがわたしたちの世界にもたらしてくれていた色彩や美、趣きといったものが、いとも迅速に、ひそやかに失われつつあるけれども、その影響の及んでいない地域の人たちはいまだ気づかずにいる」[5]。カーソンの先駆的著作や、絶滅寸前に追い込まれているハヤブサに関するラトクリフら鳥類学者の研究論文が功を奏し、DDTはアメリカ合衆国では1972年に使用が規制され、毒性の強いディルドリンという殺虫剤も74年には使用できなくなった。英国とヨーロッパの国々は、遅れること10年で、法規制に踏み切った。

それ以来、英国のハヤブサ個体数は1400組に回復した。DDTの脅威にさらされる以前の1930年代に比べても、500組ほども多くなった。最近では、大胆な個体のなかに都市部に営巣するハヤブサもいる。ウェールズの首都カーディフの市庁舎の時計塔のてっぺんに巣をつくっているつがいもいるし、ロンドンには全部で30組のハヤブサが巣を構えている。とはいえ、ハヤブサの絶滅の危機が去ったわけではない。183か国［および欧州連合（EU）］が署名している国際的な生物種保護の枠組みである「絶滅の恐れのある野生動植物の種の国際取引に関する条約（ワシントン条約、CITES）」では、ハヤブサを「附属書I」に分類しているが、これは絶滅の恐れがあるとみなされているということであり、国際的な商取引は厳しく禁止されている。ワシントン条約のガイドラインに従い、英国政府は1997年、「絶滅危惧種貿易管理規則（COTES）」を定め、その結果、生息地からハヤブサを持ち出すことと、商業目的で取引することの両方が長期の拘禁刑の対象となった。この法律は、麻薬や武器、保護対象の野生生物など、国際取引が規制されている物品を「規制されていると知りながら、不正に持ち込む、または持ち出す」ことを違法とした、1979年施行の「関税・物品税管理法（CEMA）」と合わせて執行されることになっている。

ただ、ハヤブサの保護の方針は完全に一致しているとは言えない。英国でもその他の地域でも、ハヤブサの個体数は安定してきているので、規制を緩和すべきだと主張する向きもある。1999年、アメリカ合衆国政府は、ハヤブサを絶滅危惧種のリストから外した。ワシントン条約は半年ごとに締約国会議を行うが、2016年10月の会議ではカナダがハヤブサを「附属書I」から「II」へ移してはどうかと提案した。「附属書II」になると、すぐに絶滅する恐れがあるとはみなされなくなる。だが締約国の多くが、絶滅を回避する「予防措置が万全とは言えない」として提案を拒否した。「（食物連鎖の）頂点にいる捕食者は一貫して個体数が少なく、食物連鎖の最上位にいるがゆえに、わずかな脅威にも影響を受けやすい」と言うのは、英国で鳥類保護に力のある団体、王立鳥類保護協会（RSPB）の主任捜査官、ガイ・ショーロックだ。[6]

バーミンガム空港で押収された卵を実際に見るまでもなく、マクウィリアムはそれが有精卵で孵化が近いのだろうと確信した。北半球では、4月の終わりから5月の初めが、ハヤブサのヒナが殻を破って顔を出す時期なのだ。くだんの乗客が卵を体に巻きつけていたのは、孵化が終わるまで温めておく必要があったからだと思われる。

そう考えたもうひとつの要因、それは乗客がドバイに向かっていたことだ。

マージーサイド警察時代に携わった鳥類がらみの犯罪捜査の経験から、マクウィリアムは猛禽類に活発な国際市場があると知っていた。合法的な市場が、鷹狩りという古来の狩猟に熱中するアラブの富裕層と、アメリカ合衆国や英国、その他西ヨーロッパ諸国の、許可を得たブリーダーたちをつないでいる。取引には厳格な規制があり、鳥の足には政府が発行した金属ないしプラスチック製の鑑札リングがとりつけられ、その鳥が飼育下で孵化し、育てられたものだと証明されなければならない。英国では、「10条許可書」という、動植物衛生局が発行する許可書なしに猛禽類を販売することはできない。許可書はワシントン条約の規則にのっとり、その鳥が野生の生息環境で捕獲されたものではないことを保証するのだ。

だがマクウィリアムは、大金が飛びかうハヤブサ類の闇市場があることも承知していた。生物保護団体による調査やブリーダーからの情報で、中東の酔狂な愛好家のなかには、野生で捕獲された猛禽を違法に入手するために、たった1羽に40万ドル出すことさえあると聞いていた。そうしたなかには野生の鳥のほうが、飼育下で繁殖したものよりも、速く、強く、たくましいと信じ込み、世界の果てまで出かけて若鳥を捕まえる「罠師（トラッパー）」を抱えている者もいる。罠師はハトなどの生き餌や疑似餌で、巣立ったばかりのまだ飛び方もたどたどしい若鳥をおびき寄せたり、時には崖や高木によじ登って、孵ったばかりのヒナを巣から盗み出したりするという。

大金をかけた軍隊並みの装備を持って分け入ってこられた世界各地の秘境――ロシア南東部のカムチャツカ半島、シベリア、モンゴル、インド亜大陸、グリーンランドなど――は、猛禽類を捕獲されることで、生態系の繊細なバランスを崩され、絶滅に最も近いと言われる動植物の存続さえ脅かされているという。ソビエト連邦が崩壊したあとの20年で、猛禽類を狙う罠師たちはセーカーハヤブサをほぼ根絶やしにした。セーカーハヤブサはハヤブサより大型で、スピードの点では劣る渡り鳥で、中央ヨーロッパ以東、中国東北部にかけて繁殖するが、とりわけアルタイ＝サヤン地域と呼ばれる中央アジアの砂漠地帯に多く見られる。約100万平方キロに及ぶこの地域は、生物多様性に富み、ユキヒョウやバイカルアザラシなど、絶滅の恐れのある生き物の宝庫として知られる場所なのだ。ハヤブサの仲間では最大で、垂涎の的である美しいシロハヤブサもまた、ベーリング海峡に張り出すユーラシア大陸最東端のチュクチ半島をはじめ、ロシアの未開地の大半から姿を消しそうになっている。カリフォルニア州の魚類野生生物局前副局長マーク・ジーターの口癖が、実に端的に、闇市場なるものを言いえている。「いつも言っているじゃないか、5万ドル札がその辺を飛んでいたら、跳び上がって捕まえようとする輩が必ず出てくるぞ、と」[7]

野生のハヤブサの有精卵を密輸するのは、保護の枠組みの裏をかこうとする巧妙なやり口だ。さかのぼって1986年の10月、セリ・グリフィスというウェールズのブリーダーがモロッコからマンチェスター空港に到着した。彼はシャツの隠しポケットにラナーハヤブサの卵を27個入れて縫いつけていた。グリフィスにとっては間の悪いことに、ちょうど税関を抜けようとするタイミングでヒナが1羽孵ってしまった。さえずりを聞きとがめた税関職員がグリフィスの服を脱がせ、禁制品を探り当てたというわけだ。グリフィスは収監は免れたものの、1350ポンドの罰金を科せられた。野生の鳥類の卵の密輸の罰金としては当時の最高額に近かった。

卵は持ち込まれるばかりではない。国外へ持ち出されることもあった。1990年4月、イングランド南東部の港湾都市ドーヴァーの税関職員が、ヨーロッパ大陸に向かうメルセデス・ベンツを呼び止めた。タレコミがあったのだ。車を隅から隅まであらためたところ、ダッシュボードの中に仕込まれた精巧な孵卵器(ふらんき)が発見された。エンジンの熱で温度が保たれ、ウェールズやスコットランドの断崖で捕られたハヤブサの卵が12個おさめられている。ベンツのドイツ人ふたりは、密輸で有罪となり、30か月の拘禁刑になった。

だが1990年のこの事件以来、英国内では野生の猛禽類の卵の密輸で逮捕者は出ていない。当局者の大半は、マンチェスターとドーヴァーの事件はそれぞれ単発の出来事だと考えていた。それがいま、ドバイへ向かう途中にバーミンガム空港で拘束される人物が現れたことで、卵の密輸がいまだに続いているばかりでなく、はるかに野心的になっている可能性が出てきた。この地上で最もカネと権力を持つ何者かをスポンサーに、野生生物を守ろうとする国際的な数々の規制をものともせずにヨーロッパとアラブを自由に行き来して卵を動かし、ひいては自然を破壊する壮大な規模の密輸網が存在するかもしれないのだ。

考えただけでマクウィリアムは胸が悪くなる。人間には務めがあると彼は信じていた。生態環境を守り、人間以外の種をできるだけ脅かさずに共存する努力をすべきだ。「生きとし生けるものはいずれも、人間のためにつくられたのではない」――生物学者にして、進化論を確立するうえでも功績のあったアルフレッド・ラッセル・ウォレスが1869年に書いた一文は、マクウィリアムの信条を言い表していた。「生物の幸福と喜び、愛と憎悪、生存のための格闘、生命力の横溢（おういつ）する短すぎる生涯はどうやら、ひとえに、生物自身の安寧と永続に直結しているものであろう」[8]。そして身近な鳥は、この地上を豊かにしているのが人間だけではないことを最もよく知らしめてくれる存在ではないだろうか。レイチェル・カーソンも『沈黙の春』で指摘しているように、生き物同士の絆を断ってしまわないことが、結局のところ人間を利するのだ。この地上の美しさも豊かさも活気も、その絆にかかっているのだから。「バードウォッチングの愛好者や、郊外に住み、庭を訪れる鳥たちを愛でる人々、猟師や釣り人、探検家にとって、野生を破壊する者はすべて……自分たちが当然享受できるはずの楽しみを脅かす存在である」とカーソンは書いている[9]。レンドラムの犯罪は、英国が何十年もかけて未来を守るために積み重ねてきた法体系を欺くものだった。マクウィリアムには、娯楽のためにせよ我欲のためにせよ、巣から卵を盗む行為は、人間と自然とのいとも壊れやすい共生関係を侵す、蛮行としか思えなかった。

「その男を逃がさないでください」マクウィリアムは電話の相手に告げた。テロ対策班が逮捕したのは、絶滅の恐れのある種を不法に所有している嫌疑のかかる人物であり、1981年に成立した「野生生物及び田園地域法（ＷＣＡ）」に抵触している可能性があるのだ。この法律は、鳥類を含む野生生物の捕獲に対する規制の幅を広げ、野生生物を傷つけた者への罰則を拡充するものだった。

「かかっている仕事は全部後回しにして、今すぐ向かいます」とマクウィリアムは言い、こう付け加えた。「何があっても卵を冷やさないで」

5分後、マクウィリアムは歯ブラシと、ノートの詰まったナップザックをひっつかみ、妻と息子、その妻、孫娘に別れを告げて、借りているプジョーのハッチバックに飛び乗ると約160キロ離れたバーミンガムに向けて出発した。[10]

M6号線に乗り、助手席側の窓から差し込んでくる夕方近い日差しを浴びてリヴァプールから南へと車を走らせながら、マクウィリアムはある種の期待のようなものが高まっていくのを感じていた。ラナーハヤブサの卵を密輸しようとしたウェールズ人グリフィスが、ささやかな罰金で解放された1986年以後、英国の裁判所は野生生物にからむ犯罪に厳しく臨むようになっていた。自然が破壊された度合いと営利目的であったかどうかが、量刑の主な判断基準になった。個人的なコレクターではなく、ブラックマーケットに出すために保護生物を捕獲するプロの犯罪者こそが、最も大きな脅威になるというのが司法の考えだった。今回の卵がマクウィリアムのにらんだとおりのものだとすれば、設立して4年の野生生物犯罪部がこれまで扱ったことのない重大な犯罪になる。マクウィリアムが主に携わってきたのは動物虐待と、剝製家が保護生物の死骸の一部を違法に販売した事件で、通常、罰金が科されて終わる軽犯罪だった。ハヤブサの生体の密輸は、最高刑が7年の拘禁刑になる。

　今回の事件が突破口になるかもしれないとマクウィリアムが考えるのには、理由があった。野生の猛禽類のブラックマーケットに中東の王族が関わっている疑いはあったものの、確たる証拠はこれまで上がっていなかった。だがこの事件の容疑者がシャイフ［アラビア語で部族の長］のもとへ誘（いざな）ってくれるかもしれない。手口の物珍しさにメディアが食いつけば、予算が乏しく、活動費の増額を求めて常日ごろ政治家や本庁相手に苦労している野生生物犯罪部が、決して無駄飯食いではないことを知ってもらういい機会になる。名うての野生生物犯罪者が有罪になり、1面トップを飾れば、部も閉鎖の危機を免れるだろうし、万にひとつ運がよければ、来年はマクウィリアムの使える予算も大幅に増額が見込めるかもしれない。

　マクウィリアムは部の情報分析部門のチーフ、コリン・ピリーに電話して逮捕があったことを告げ、容疑者の背景を洗ってくれるよう頼んだ。ピリーの前職はスコットランドの麻薬捜査官だ。次に彼は、リー・フェザーストーンに連絡した。フェザーストーンは空港近くに住む猛禽類の専門家で、ヨーロッパやアメリカ合衆国の森林に生息する、大型で目が赤く、目の上の白い羽毛が眉毛のように見えるオオタカのブリーダーだ。マクウィリアムとは前年、野生の鳥のロンダリング事件の捜査で知り合っていた。フェザーストーンはちょうどミッドランズで行われていた猛禽類のフェアから帰る途中だったのだが、バーミンガム空港で合流して、卵の種を確かめ、孵化する可能性があるかどうかを見定めてほしいと依頼したのだ。

90分ののち、マクウィリアムはバーミンガム空港の駐車場に車を駐め、テロ対策班の事務所へ急いだ。捜査官ふたりがレンドラムの拘束の様子を手短に説明すると、デスク3台に1990年代ものクウィリアムを税関の使用している雑然とした部屋に案内した。デスク3台に1990年代ものコンピュータが並んでいる。押収された14個の卵は今、毛糸の靴下に包まれてコンピュータのモニターの上に鎮座していた。蛍光灯と、大型コンピュータの排気口からの熱で卵は温かく保たれている。モニターの横のデスクには、エミレーツ航空ラウンジのシャワーブースの使用済みおむつ入れから回収された卵の容器が載っていた。清掃員の目を引いた赤い卵は、のちに鶏の卵と判明したのだが、それがまだ容器におさまっている。その横の箱は、レンドラムの荷物から発見されたもので、黒い斑点のあるウズラの小さな卵がぎっしり詰まっていた。

10分後にリー・フェザーストーンが到着し、バックパックからエッグ・バディと呼ばれる青いデジタル計測器を取り出した。バターのケースくらいの大きさのこの装置は、ブリーダーが卵の中のヒナの心拍を測定するのに使われる。フェザーストーンはブリーダーらしい手つきで慎重に靴下をめくると、卵を取り出した。大きさを測り、模様を眺め、プロトポルフィリンがあるかどうかを確認する。プロトポルフィリンは猛禽類の卵の殻によく見られる赤茶色の色素で、進化学者によると、太陽熱から卵の中身を守ると同時に、崖の岩棚に紛れるように発達したのではないかという。

間違いない、これはハヤブサの卵だ。フェザーストーンは断言した。

フェザーストーンは卵のひとつをそっとエッグ・バディに入れて蓋を閉じた。マクウィリアムとフェザーストーンが長方形をした緑色のＬＥＤスクリーンを見守っていると、黒い線がせわしなく上下し、1分間に６００回の心拍が記録された。ハヤブサのヒナとしては標準的だ。「生きている」フェザーストーンが言った。別の卵を装置に入れる。「これも生きている」[11]。殻の中で丸まった命は、小さなくちばしで自分の体を覆っている内膜を破り、その先にある殻との間のわずかな空間で初めての呼吸をしてから、殻を破って世界へと出てくる準備を整えている。ひとつ、またひとつ、卵は力強い心拍を示した。反応を示さなかったのは、14個のうちたったのひとつだけだった。

14個の卵を持ち歩き、うち13個が生かされていたことは、レンドラムがプロである何よりの証拠だとフェザーストーンは判断した。自然状態でこれほど多くのハヤブサの卵を見つけるだけでも、途方もない忍耐と観察力、スポーツ選手並みの体力と身体能力が必要だ。ハヤブサが1度に産む卵が4個として、少なくとも4つの巣を見つけなければならない。壊れやすい卵を巣から離して何時間も車で運び、中東までの約６４００キロもの空の旅の間、人間の体に巻きつけておいて生きながらえさせるには、相当の専門知識もいる。ハヤブサの卵は孵化までに34日ほどかかるが、産卵後3週間は周囲の温度を37・28度から37・5度に保たなければならない。とるのが早すぎれば死んでしまう。一方、遅すぎると、税関を通るときだの空港の保安検査場に並んでいる間だのに孵ってしまう恐れがある。巣を襲うタイミングは計算しつくされていなければならないのだ。

おとりのウズラの卵や鶏の卵も、盗人の抜け目のなさを示している。おそらくは、自宅で食べるためにありふれた卵を持ち歩いているだけだと見せかけて、税関職員の目をごまかす肚(はら)だったのだろう。

「実に巧妙だ」フェザーストーンがマクウィリアムにこぼした。「これまで何度、法の目をくぐってきたか、知れたもんじゃないな」

フェザーストーンは卵を靴下に戻し、結束バンドでくくると、セーターを脱いで靴下ごと丁寧にセーターでくるんだ。さらに、自分の体温が伝わるように、靴下入りのセーターを胸にくくりつけた。「有精卵で生きてはいるが、冷えかけている」フェザーストーンは捜査官たちに告げた。彼は空港から車で10分の自宅に戻ると、卵を保温し、それから数日間、夜も昼も1時間ごとに、手ずから回転させつづけた。[12]

後日談だが、13個の卵は5日から8日ののちに孵化し、英国最大の鳥類保護団体、王立鳥類保護協会の鳥類学者が、ハヤブサの営巣地であるスコットランド北部の崖にヒナを戻した。13羽のヒナのうち、11羽が無事巣立ったということだ。

バーミンガムでは、マクウィリアムが空港内のホテルにチェックインし、翌朝の、卵泥棒との対面に備えていた。

第3章
取り調べ

2010年5月4日火曜日の午前11時少し前、アンディ・マクウィリアムはバーミンガムの南東の町、ソリフルにあるウェスト・ミッドランズ管区の警察本部にプジョーを駐めた。コンクリート3階建ての裏手のセキュリティ・ゲートを遠隔操作で開けた巡査長が、マクウィリアムとテロ対策班の私服捜査官ふたりを、1階の「留置場エリア」に案内した。

マクウィリアムとふたりの捜査官たちは窓もなく狭い取調室に入った。室内には金属製のテーブルに、床に固定された椅子が6脚。椅子が留めつけられているのは、取り調べを受けている容疑者が暴れて振り回さないための用心だ。テーブルにはカセットレコーダーがあり、同時に4本のテープに取り調べの様子が録音される。1本は裁判所、1本は警察、1本は弁護士用で、残りの1本は予備だ。録音のためのマイクは壁に埋め込まれている。

裁判所が手配した弁護士に伴われ、ジェフリー・レンドラムが取調室に入ってきた。彼は前の晩、手錠をかけられたままバーミンガム空港から移送されてきていた。エミレーツ航空のラウンジで一緒だった南アフリカ国籍の女性はレンドラムのパートナーだが、卵のことは何も知らないと主張した。身体検査の結果、犯罪につながるものが見つからなかったので、女性は午後の便でドバイへ発つことを認められた。「ひどく動揺させてしまった」と、レンドラムはのちに語っている。「それが心残りだ[1]」

マクウィリアムは入ってきた男を観察した。引き締まった体にポロシャツとジーンズを身につけたレンドラムは、彫りの深い顔に大きな目のハンサムな人物で、灰色の髪がごくわずか、ほとんど禿げかけた頭と気さくで人懐こそうな顔のまわりにかかっていた。いかにもよく鍛えているようには見えたが、かといって自信満々のスタントマンや探検家のイメージにもそぐわない。マクウィリアムには彼がむしろ、スーツ姿で崖を下りてきそうな気がした。

テロ対策班の上級捜査官がレンドラムに権利を読み上げ、供述が録音されることを告げた。事前の申し合わせで、尋問はテロ対策班の捜査官が口火を切り、野生生物の専門家であるマクウィリアムは核心に近づいたときに交替することになっていた。

「さて、あなたは昨日逮捕されたわけですが、なぜ卵を体に巻きつけて運んでいたんですか？」

レンドラムは、空港警察に話した内容を繰り返した。慢性的な腰痛に悩まされていて、理学療法士の勧めで生の卵を腹に巻いていたという話だ。自分も突飛な療法だとは思うが、何をしても効かなかったので試してみることにしたのだという。

黙ってメモを取っていたマクウィリアムは、数分間レンドラムの好きなようにしゃべらせてから、おもむろに割って入った。

「ばかばかしい。そいつはまったくの作り話ですよね。あなたもわたしも、あなたが運んでいたのがなんの卵か、百も承知だ」

「アヒルの卵ですよ」レンドラムは言った。弁護士はレンドラムの隣にひっそりと腰掛け、時たまメモを取り、レンドラムの耳に何事かささやきかけた。だが、取り調べに口を挟もうとはしなかった。

「あれはハヤブサの卵ですね」

「アヒルの卵だ」

「ハヤブサの卵ですね」マクウィリアムは繰り返した。自分は野生生物犯罪部の捜査支援員であると明かしたマクウィリアムは、卵の殻の赤や茶色の斑点が、何千年もの自然淘汰を経て、崖の上の巣を照らす直射日光から卵を守るために獲得された暗い色素であることを説明した。

レンドラムは椅子の背に体を預け、黙り込んだ。マクウィリアムは容疑者が考えているであろうことを感じ取った。目の前のこの捜査官は、思いのほか猛禽類に詳しいようだぞ……。

「わかりましたよ」不承不承、レンドラムは認めた。「あれはハヤブサの卵です。鳥の卵をコレクションしているんでね、自宅に持って帰ろうとしていたんです」

「ご自分の蒐集用だったと？」

「そうですよ」レンドラムは答えた。マクウィリアムに穏やかに促されるまま、レンドラムはローデシアでの少年時代、家の近所で木や崖によじ登った思い出を語った。昔からずっと、ハヤブサやワシ、タカに憧れていたこと。アフリカの茂みを賑わせていたハタオリドリ類やブッポウソウ科の鳥、スズメ目の鳥たち。彼は10年ほどの間、断続的に、ミッドランズ地方のノーサンプトンシャーの町、トウスターで暮らしていたという。前妻と彼女のふたりの娘は今もそこに住んでいるが、レンドラム自身は結局いつも南アフリカに戻っていた。鳥を、そしてかの地の野生生物を愛するがゆえに。

「ちょっと待って、ということは、英国に住んでいたことがあるのですね？　出入りはあったものの、何年もの間」

「そのとおりです」

「しかしこの国に住んでいながら法律を知らないということはありませんよね。この種の鳥類が保護されていることをあなたが知らなかったとは、とうてい信じられません」

「いや、法律があることは知っています」レンドラムは罠の臭いを嗅ぎつけた。「でも、細かいところまでは詳しくないんです」。それはともあれ、と彼は続けた。「わたしのしたことのどこが悪いのか、どうもわかりませんね。集めた卵は全部死んでいたんですから」

「卵は昨日、すべて検査しました。全部生きています」

「まさか」レンドラムが反駁（はんばく）した。

「あなたは自分がしていることを充分すぎるほどわかっていたはずだ」。マクウィリアムは空とぼけた返事に腹が立ってきた。レンドラムにもいい加減、マクウィリアムが事態を正確に把握しているとわからせてやらなければ。「卵を腹に巻きつけていたのは、保安検査場で卵を発見されたくなかったからだし、加えて卵を温めておかなければならなかったからだ」

「いや、違います」レンドラムはなおも抵抗する。

「ごたくはやめにしましょう」マクウィリアムは畳みかけた。「あなたはハヤブサの卵を生きたまま捕獲した。ドバイで取引されることになっているからだ」

「ドバイでは乗り継ぎをするだけです」レンドラムは言い張った。ロンドンからヨハネスブルグに行くのにエミレーツ航空を使うのは、マイレージ会員だからで、直行便よりずっと安くなるからだと説明する。

マクウィリアムは、別の切り口を試みた。

「では、卵はどこで採集したんです？」

ロンダ渓谷近辺の4つの巣でとってきたものだとレンドラムは打ち明けた。ウェールズ南部、以前炭鉱で栄えたこの地域には岩場が多い。休日にそのあたりをドライブしていて、丘を歩いていたところ偶然、十数か所ハヤブサの巣を見つけたのだという。最初に思ったのが、アフリカに帰ってから卵を孵して育てられないかということだった。だがバーミンガム空港で車から取り出したところ、全部死んでしまったことに気づいた。そこで殻が割れないように靴下で包み、自宅に着いたら死んだヒナを「吸い出して」殻をコレクションに加えるつもりだった。自分が何かの法律に触れたとは思ってもいなかった、というのが彼の主張だった。

「空港に車を駐めたんですね？」マクウィリアムは尋ねた。

レンドラムがそうだと答えるとマクウィリアムは取り調べを中断し、テロ対策班の捜査官ふたりを警察本部から連れ出すと、一緒にプジョーに乗り込んだ。「車を見つけましょう」[2]

バーミンガム空港に戻ると、テロ対策班の捜査官たちはレンドラムの名前を警察のデータベースに入力した。彼の名前で登録された車は２００８年製のグレーのボクスホール・ベクトラ・エステートで、登録の住所は元妻が住むトウスターになっており、ナンバーは「Y262KPP」だと判明した。

マクウィリアムとふたりの捜査官は長期滞在用の駐車場に車で向かった。７００台駐車できる広々とした屋外駐車場だ。マクウィリアムの車と、捜査官を乗せたもう1台は広い区画を手分けして行ったり来たりし、グレーの車を探した。20分後、C10区画にボクスホールが見つかったと無線が入った。マクウィリアムは、警察本部を出る前にレンドラムの私物から車のキーを持ってきていた。キーを鍵穴に差し込んだが、回らない。

「窓を割って」マクウィリアムは言った。

捜査官のひとりに助手席側の窓をジャッキで割らせると、マクウィリアムはドアを開け、シートに散らばった窓ガラスの破片を払って中を覗いた。かび臭い車内には、ウェールズとミッドランズの古びた地図や空のコーヒーカップが散乱している。グラブコンパートメントを開けると、携帯用の衛星ナビゲーション装置が入っていた。それを確認したあと、車のうしろに回る。捜査官がハンドル横のレバーを引いて後部のドアを開けた。

「大当たり」

トランクには、銀色と黄色の大きなプラスチックの箱があり、英国の孵卵器製造会社ブリンシーのラベルが貼られている。それが孵卵器であることは、マクウィリアムにはすぐにわかった。孵卵器の電源コードは約60センチの延長コードに差し込まれ、それが後部座席の間を通ってダッシュボードのシガレット・ライターまで伸びている。孵卵器の横には高さ90センチほどの青いキャンバス地のバックパックがあり、中には登攀（とうはん）用ロープやカラビナ［登山用の金属の固定具］、金属棒などが詰め込まれていた。証拠として品々を写真に収めると、マクウィリアムらは警察本部にとってかえした。レンドラムはまだ、取調室で待っていた。

マクウィリアムは、取調室のテーブルに孵卵器やロープといった道具類をひとつひとつ並べていった。

「ただの卵のコレクターだというのなら、この道具はなんのためです？　一体全体、なぜ車の中に孵卵器があるんです？」

レンドラムは肩をすくめた。孵卵器は「ジンバブエの鶏用」で、卵は南アフリカの自宅のコレクション用であると繰り返す。それに卵の中の胚（はい）は生きてはいなかったと言い張った。卵を腹に巻いていたのは腰痛をやわらげるためで、エミレーツ航空のシャワーブースに置いてきた赤く塗った卵が目くらましだったというのも否認した。

　マクウィリアムは嘘つきには慣れていたが、この男の嘘は勝手が違っていた。レンドラムはこんな見え透いた言い逃れが通用すると本気で思っているのだろうか。ひょっとしたら、現実が見えていない社会病質者（ソシオパス）の類いなのか。それとも、これまで何度も法の目をかいくぐってきたせいで、自分が何を言っても切り抜けられると思い込んでしまっているのか。

「くだらない」マクウィリアムは吐き捨てた。「ハヤブサが保護鳥獣だということは知っているはずですよね？　許可なく海外へ持ち出せないこともわかっているはずだ」

「知りませんでしたよ」

「持ち出せると思っていたなら、どうして隠そうとしたんです？　なぜ体に巻きつけていた？　あなたの行動はすべて、卵を保持しているのを申告しなかったことも、服の下に隠していたことも、車のトランクで見つかった証拠も、計画的に準備されていたことの証です。言い分はありますか？」

　レンドラムが頭を振り、マクウィリアムは取り調べを終了した。これ以上得られることはありそうになかった。[3]

検察庁は通常、逮捕から24時間以内に起訴しなければならないが、担当する捜査官の裁量で勾留を12時間延長することができる。この期限までに起訴が認められなければ、容疑者はただちに釈放される。起訴が確定した場合、保釈するか裁判まで勾留するかは裁判所の判断になる。今回、警察本部の本部長はレンドラムを36時間まで勾留することに決めたため、この時点で「勾留タイマー」は残り8時間だった。英国の検察官の多くが野生生物の法規に明るくないのはマクウィリアムもよく承知しており、盗まれた卵を検察がどう見るか、まったく予断を許さなかった。仮に釈放されたら、レンドラムは間違いなく国外に逃亡するだろう。ひょうひょうとしたふるまいの陰に、この手の犯罪に何年も携わってきた筋金入りの犯罪者の顔が透けて見える。今回は司法当局とやり合う羽目になったものの、自由の身になればきっとあと何十年も卵泥棒を続けるだろう。

ウェールズ南部に行く資金はどうやって調達したのか。誰からの依頼だったのか。これまでに何度、卵を盗りに行っているのか——答えを知りたかったが、時間はなかった。

第4章 鷹狩りの系譜

1839年、将来は外交官となり、また考古学にも手を染めることになるオースティン・ヘンリー・レヤードが、22歳にしてロンドンにあった叔父の法律事務所の事務員の職を辞し、野心を胸に中東への旅に出た。結局10年にも及ぶことになる旅の出発から6年目に、ティグリス川のほとり、現在のイラクにあるモースルにやってきたレヤードは、紀元前720年から700年の間に築かれたアッシリアの首都、ドゥル・シャルキンの発掘を行った。バビロニアを征服したサルゴン2世の業績を讃える楔形(くさびがた)文字で飾られた寺院や、巨大なラマッス(頭が人間で体が獅子または雄牛の、翼のある生き物)像に交じって、レヤードは「手首にタカを止まらせた鷹匠」のレリーフを発掘した。[1] 髭(ひげ)を生やした鷹匠は親指と人差し指の間に、足緒(あしお)、あるいはアラビア語でスブクという細い革ひもをはめていて、ひもの端はタカの足にくくりつけられている。レヤードの発見は鷹匠を描いた最も古いものとされていて、鷹狩りが少なくとも2500年前にアラブ世界で発祥したことを裏づける、有力な傍証となった。

中東にイスラム教が起こるはるか以前、鷹狩りには生活がかかっていた。アラビアの砂漠の民ベドウィンは、秋、ヨーロッパか中央アジアからアフリカに渡る猛禽類を罠にかけ、捕獲して、獲物をしとめたら鷹匠の手の甲に戻ってくるよう訓練し、ノウサギやフサエリショウノガンを捕まえさせて、主に乳とデーツとコメからなる遊牧民の乏しい食事を補った。食物を確保するには効率のいいやり方で、その上、人間と鳥の間に唯一無二の関係を形作ることになった。「ベドウィンにとっては、（ハヤブサが）獲物に勝利する勇敢さと強さは、自分たちもともに味わえる偉業だった」と著名なアラブ学者のマーク・アレンが書いている。英国情報局秘密情報部（ＭＩ６）でテロ対策の責任者を務めたこともあるアレンは１９８０年、『アラブの鷹狩り（*Falconry in Arabia*）』を著した。「休息しているときの（ハヤブサの）優雅さ、野に放たれたときの冷酷なまでのいかめしさに、ベドウィンは、自らの部族社会で重んじられる名誉の基準にかなう徳を見出しているのだ」[2]

ヨーロッパに鷹狩りをもたらしたのは、おそらくアラブの商人たちで、ローマ帝国崩壊以前のことであったと思われる。マケドニアに逃れたキリスト教詩人ペラのパウリヌスが４５８年に著した瞑想的自叙伝『聖餐（*Eucharisticos*）』に、少年のころ「足の速い犬と立派なタカを」持つのが夢だったと書かれている。[3] しかし中世ヨーロッパの鷹狩りはベドウィンのころの生活の糧を得る狩りとは別物になっていた。猛禽を手なずけて従わせる技術は荘園の農奴の手に余り、その上、森林は貴族のために囲い込まれた。そのため「鷹狩り」は王族や貴族の娯楽となり、彼らは領地で大掛かりな狩りを行っては贅沢なパーティーを催した。貴族階級のなかにも序列ができた。1486年ごろの『セント・オールバンズ年代記』によれば、誰が何を使って何を狩っていいか、決まりがあった。凍りついたノルウェーの崖地からもたらされる最も稀少なシロハヤブサで狩りをするのは国王だけの特権で、王子は「優しいハヤブサ」すなわちメスのハヤブサを使い、騎士には、それほど速度は出ないものの、敏捷さでは劣らないセーカーハヤブサしか許されなかった。[4] 貴婦人にあてがわれたのはコチョウゲンボウという角ばった頭の丈夫な小型のハヤブサだった。庶民でも狩りをするだけの財力がある者に許されたのは、もっと小ぶりな鳥で、例えば司祭にはハイタカ、「従僕」には下々向きのチョウゲンボウという具合だった。国王は宮殿に贅を凝らした鳥舎をつくり、鷹匠頭にはあり余る特権を付与した。10世紀のウェールズ国王ハウェル善王が定めた宮廷法では、王室の鷹匠は「馬を許され、年に3度衣服を与えられる。毛織物は王より、麻織物は王妃より下され、土地は無償で提供される」と明記されている。[5]

中世において鷹狩りがもてはやされていた時期、東西の鷹匠も盛んに交流した。1228年、神聖ローマ皇帝であったホーエンシュタウフェン朝のフリードリヒ2世は戦闘のほとんど行われなかった第6回十字軍のさなか、3か月にわたり、アイユーブ朝エジプトの第5代スルタン、マリク・アル゠カーミルと砂漠で鷹狩りを行った。20年後、皇帝フリードリヒは自身がシリアから連れ帰った鷹匠たちの知識を借りて、『鷹狩りの書――鳥の本性と猛禽の馴らし（*De Arte Venandi cum Avibus*)』をしたためた。だが17世紀までには火器が広く普及し、イングランドでは土地の囲い込みが進んだため、鷹狩りは時代遅れになっていく。フランス革命とナポレオン戦争によってヨーロッパ大陸から貴族階級が一掃されてしまうと、大陸に残る鷹匠は数百人ほどまでに減っていた。

それでいて、オースティン・ヘンリー・レヤードは、1845年、ティグリス川とユーフラテス川の流域を渉猟していて、ここでは今もって、鷹狩りがひとつの芸術とみなされていることを知ったのだった。ユーフラテス川河畔（かはん）の隊商宿で、彼はティムール・ミルザに遭遇した。ペルシャを追われた王子で、一帯では最も有名な鷹匠だった。1853年に発表された自伝『ニネベとバビロンの発掘（*Discoveries Among the Ruins of Nineveh and Babylon*）』に、レヤードは書いている。台に重ねたカーペットにもたれかかったミルザは、「地面に打ちつけたいくつもの止まり木に羽を休めるさまざまな種類のタカ」と、「それぞれにハヤブサを腕に止まらせた大勢の取り巻き」に囲まれていた、と。[6] レヤードは鷹狩りにまつわる華やかさと、そこに関わる鷹匠たち、そしてその鳥たちまでが手にする評判を記している。彼はまた、猛禽に被せて一時的に視界を遮り、繊細な視神経を保護するフードといった、装飾具にも魅せられた。猛禽はちょっとした刺激にも高ぶってしまうのだ。フードは「たいてい彩色した革でつくられ……金や色とりどりの縫い取りがあり、房飾りなどが施されていた。有力な部族長は気に入りの鳥を、真珠や宝石で飾り立てた」[7]

数々の鳥のなかでも鷹匠の垂涎の的はシャヒーン、つまりハヤブサだった。シャヒーンは、中世ペルシャの「shahin（威風堂々とか、王者の貫禄といった意味になる）」からきた言葉だ。「なりこそ小さいものの、その勇敢さを尊ばれ、ペルシャでは折に触れ詩に謳われる」ハヤブサは「空中で獲物をしとめ、大型のワシですら捕らえるように訓練することができる。ハヤブサは果敢にワシにつかみかかり、相手を飛べなくしてもろともに地面に落ちるのだ」[8]

獲物に襲いかかるとき、あるいは獲物めがけて急降下するときのハヤブサの最高速度がどの程度になるのか、一致した見解は出ていない。BBCはドキュメンタリー番組で、レディという名のハヤブサを自由落下するスカイダイバーと競わせた。スカイダイバーは速度計とおとりとなるルアーを身につけていて、時速約250キロを記録したのだが、レディはその脇を追い越していったので、時速290キロを超えていたかもしれない。

ハヤブサの狩猟行動を描写した記述で最もすぐれているのは、おそらく英国の作家J・A・ベイカーの手になる『ハヤブサ（*The Peregrine*）』だろう。エセックス出身のベイカーは、関節炎持ちで近眼の一介の事務員だったが、1954年から62年にかけて、故郷イースト・アングリアの冬の野にハヤブサの姿を追い求めた。ベイカーのまなざしは、自然のはかなさ（DDTによる汚染が激しい時期だった）、英国の田園の美しさ、そして猛禽類の飛翔の優美さに向けられた。だが彼が繰り返し筆を費したのは、急降下して獲物をしとめるそのさまだ。「ハヤブサは、獲物めがけて急降下する」とベイカーは『ハヤブサ』に書いている。「降下するとき、ハヤブサの足は胸につくほど前方に伸ばされ……伸びきった爪が……鳥の背、あるいは胸に、ナイフのように食い込む――攻撃が決まると――攻撃は常に、ど真ん中に決まるか外すかのどちらかだ――、獲物は即死する。ショックのためか、はたまた生死に関わる臓器がえぐられたためか」。ハヤブサの「嘴縁突起（しえんとっき）」――これは上嘴（じょうし）にある鋭い突起で、獲物が一撃で死ななかったときには、この突起で背骨をへし折る――の威力を、ベイカーは畏怖をもって描いている。「ハヤブサは、獲物を運びながら、あるいは地上に降り立つなり、速やかにそのくちばしで獲物の首をへし折るのだった」。ベイカーに言わせると、「肉食動物のなかで、ハヤブサほど手際よく、また慈悲深いものはない」のだ。[9]

　１５００メートルあまりも離れた場所からモリバトやライチョウに狙いを定め、時速３２０キロ近いスピードで襲いかかってほぼ一撃で死に至らしめるには、とてつもない身体能力が必要だ。ハヤブサは胸筋が大きく発達していて、それが広い胸骨に支えられ、９つの気嚢（きのう）が常に新鮮な酸素を供給して、高速で飛んでいる間も翼に力を与えている。この非常に効率的な呼吸と循環のシステムのおかげで、ほかの生き物だったら昏倒してしまうような速度で降下しても、ハヤブサの体内では空気が流れ、血液が行き渡るのだ。内部が空洞で軽い骨、長くてかたい風切羽（かざきりばね）、そして流線型の翼で空気抵抗が最小限に保たれ、一方でとびぬけて幅広い尾基部が、力強い筋肉を支え、高速で獲物を追っているさなかにも、向きを変えたりブレーキをかけたりするのを可能にしている。こうしたすべてが、ハヤブサの飛翔速度と柔軟性を最高に高めているのである。また、その視神経は人間の数倍の速さで目から脳へ像を伝えるという。これについては、『オはオオタカのオ』で有名なヘレン・マクドナルドが、それより前に発表した『ハヤブサ』でちょうどよく表現してくれている。「だから、わたしたち人間の目にはかすんで見える動き――例えばトンボが目の前をひゅっと横切るような動きも、ハヤブサにはスローモーションに見えている」[10]

何よりハヤブサは、わたしたち人間にはおよびもつかない鮮やかさと深さで世界を見ている。ハヤブサの網膜の中心窩（ちゅうしんか）には光を受容する細胞が密にある。中心窩は網膜上の小さな窪みで、これが見るという動作で最も重要な役割を果たす。人間の網膜には色を感じる錐体（すいたい）細胞がおよそ3万個あるのに対し、ハヤブサは100万個だ。しかもひとつの目に中心窩がふたつあり、一方は奥行きを、一方は横の広がりをとらえる。これによってハヤブサの目は、マクロレンズとズームレンズの両方の役割を果たせるわけだ。さらにハヤブサは紫外線を感知することができるため、獲物の色をよりくっきりと感じ取ることができ、およそ1600メートル離れた場所からでも、獲物の羽の形状と質感を見分けることができる。マクドナルドは、鳥類の視覚の研究者アンディ・ベネットの言葉を引用し、人間とハヤブサの視力は「白黒テレビとカラーテレビくらい違う」と言っている。[11]

1931年10月16日、島国のバーレーン王国で、煙の山（ジェベル・ドゥカン）と呼ばれる砂漠の山の南側から、最初の石油が発見された。油井を掘ったのは、スタンダード・オイル・オブ・カリフォルニアがその2年前に設立した、バーレーン石油会社だ。間もなく、9600バレルの石油を日産するようになるこの油井が、ペルシャ湾のアラブ側では第1号となった。カタールが1935年、サウジアラビアとクウェートが38年、アブダビが58年、オマーンが64年とほかの湾岸諸国もあとに続いた。

その後の数十年間に湾岸諸国になだれ込んだオイルマネーは社会を根底から覆した。砂漠は石油産業による油井やパイプライン、石油精製所、道路といったインフラで埋め尽くされ、にわかに都市化して、ベドウィンを締め出した。だが、社会の激変のなかでも、鷹狩りは文化の中核であり続けた。企業の商標に、紙幣に、アラブ首長国連邦（UAE）の国章に、ハヤブサ［英語でファルコン］が使われている。アラブ首長国連邦は7つの首長国からなる連邦国家で、特に大きい首長国がアブダビとドバイだ。近年、ドバイで最もカネをかけた開発プロジェクトはその名も「ファルコンシティ・オブ・ワンダーズ」で、約280平方キロの土地に高級ホテルや邸宅がハヤブサの形に配置されている。さらに首長国のシャイフたちは現代の地上からはほぼ消え去った暮らしの名残りを楽しむ道を見出した。野生の個体を捕獲することは何十年も前に絶望的になっているフサエリショウノガンといった獲物になる鳥類を、富裕な鷹匠たちが私的な保護区で育てておき、タカやハヤブサをボーイング747に積み込んで、中央アジアや北アフリカに借りた猟場に連れて行き、そこに獲物を放って鷹狩りを楽しむというわけだ。

2002年には、巨万の富を持つドバイの首長、ムハンマド・ビン・ラーシド・アール・マクトゥームの息子、ハムダン・ビン・ムハンマド・ビン・ラーシド・アール・マクトゥーム皇太子がアラブ世界にまったく新しい娯楽をもたらした。ハヤブサレースだ。自身は自分の猟場や王族の領地で気ままに狩りを楽しんでいるが、一般の市民はそういう贅沢にはなかなか手が届かないことに、皇太子は思い至った。レースは、そんな市民たちにとっても先祖から受け継いだ文化遺産を身近に感じられるものにしようとする皇太子の野望だった。こうした大衆化もまた、タカやハヤブサの飼養を国境をまたいで大金が行きかう娯楽ビジネスに仕立てあげるのにひと役買った。

皇太子主催の第1回ハヤブサレースは2002年1月に開催された。飼養場で山ほどハヤブサを飼っている王族からたった1羽を大事に連れてきた庶民に至るまで、数千人がドバイの砂漠に集まり、400メートルのコースの飛翔速度を競った。ゴール地点でフサエリショウノガンが翼を広げたように見えるおとり、テルワーを振るのがスタートの合図だ。空中での衝突を避けるため、1羽1羽順番に放たれるが、他を圧倒したのがドバイの首長の弟のハヤブサで、400メートルのコースを16秒、時速約90キロで飛びきった。

レースはたちまち大人気となり、一大産業を生み出した。王族は大金を投じて人を雇い、国内外のブリーダーから見込みのありそうな個体を買いあさり、砂漠に訓練所を設けて選りすぐりのコーチにまっすぐに、できるだけ低空を飛ぶようハヤブサを訓練させた。軽量飛行機におとりの羽根を引かせ、高速で先導するような訓練まで編み出された。栄養士がハヤブサの体重をレース向きに維持し、獣医は羽毛を最高の状態に保つ。コンマ数秒が勝敗を分ける競技では、羽が抜けていたり折れてしまっていたりすれば大変な不利になる。チャンピオン級のハヤブサでも最盛期は3年か4年でその時期を過ぎると繁殖に回される（真偽のほどは定かでないが、盛りを過ぎたハヤブサはすぐに処分されるという噂も根強くある）。ハヤブサレース史上でも指折りの繁殖成績を残しているのが、ファスト・ラッドという16歳のシロハヤブサだ。持ち主は、アラブのお得意様が大勢いるイングランド北部のブリーダー、ブリン・クローズで、ファスト・ラッドの子は10年あまりのうちに数百羽がレースの勝者になっている。

ドバイで初めてレースが開催されてから5年後、ハムダン皇太子はファザ（勝利）・チャンピオンシップを開始する。スポンサーとなった皇太子の一族が総額800万ドルの賞金を提供する2週間に及ぶ大会だ。レーザー光線を使ったイタリア製の測定器で、ハヤブサがスタート地点とゴール地点を通過する瞬間が100分の1秒まで正確に検知される。この大会では部門が、大きく、シャイフ、プロの鷹匠、一般と分けられ、さらに鳥の種類ごとに、若鳥－成鳥部門、交雑種（ハイブリッド）－純血種部門、オス－メスと細分される。2014年には、推定資産150億ドル、世界で4番目に富裕な王様と言われるアブダビの首長にして、UAEの大統領ハリーファ・ビン・ザーイド・アール・ナヒヤーンが、さらに豪華な大会を始めた。毎年1月にアブダビ鷹匠クラブで行われるこの「大統領杯」には、アール・ナヒヤーン一族が1100万ドルを拠出している。副賞には日産の高級SUVパトロール［日本での車名はサファリ］が60台用意されているほか、最高で2万5000ディルハム（およそ6800ドル）までさまざまな段階の賞金があり、6部門の勝利者には名前を刻印した黄金のトロフィーが贈られるのだが、名誉を重んじる王族たちには、トロフィーを勝ち取るのが最高の栄誉だ。

　大統領杯はいたって整然と運営される。砂漠に設けられたレース場の脇には巨大な観覧用テントが設営され、民族衣装の白いカンドゥーラと装身具クーフィーヤを身につけたシャイフとその随員は、豪華なソファやひとり掛けのウィングチェアにもたれて、磁器の器に山盛りになったブドウやリンゴ、オレンジといったフルーツをつまみながらレースを観戦するのだ。レースは、床から天井まである大きなガラス窓越しに見ることもできるし、ライブビューイングもある。白いターバンを巻いたウェイターが観客の合間を縫い、国内外のブリーダーが手にする白い陶器のカップに、真鍮のポットから苦いアラビアコーヒーをそそいでまわる。レース場の入り口にはフードで頭を覆われたハヤブサが、何十羽も止まり木に待機している。羽毛の色も大きさもまちまちだ。ハヤブサは1羽ずつ順番に赤絨毯（レッドカーペット）の上をスタート地点に誘われていく。スタート地点では司会者が神に祈り、熱狂的なアナウンスで興奮を煽り立てる。フードを外され、調教師の手首から放たれた鳥は、ほとんどが地面を抱くように低空を４００メートル先のゴールへまっしぐらに飛んでいくが、なかには獲物に向かって急降下するつもりなのか、高く舞い上がってしまうものもいる。わたしが見に行った２０１８年1月には、ドバイのムハンマド首長所有のシロハヤブサがコースを外れて砂丘のほうへ飛んで行ってしまい、ファンを失望させた。そのあとコースに戻ってきたものの、ゴールを通過したのは、最後から2番目のハヤブサよりも4秒もあとだった。

アール・マクトゥーム一族とアール・ナヒヤーン一族を筆頭に、湾岸諸国のシャイフたちが競い合うことで、世界で最も速くて強くて美しいハヤブサを求める競争に拍車がかかった。ハヤブサの市場は「レースが始まる前は細る一方で、世界中のブリーダーが辛酸をなめていた」と語るのはジンバブエのブリーダー、ハワード・ウォラーだ。「アラビアン・ビジネス」誌の2015年の記事、「アラブの輝かしい鷹狩りの伝統の復活に賭けるシャイフ・ハムダン」である。それがいまや「国際的なビジネスチャンスとなっていて、誰もが参入したがっている」。ウォラーによれば、英国で飼育下繁殖されたメスのハヤブサの最高価格は、数年前の1500ポンドから7万ポンドに跳ね上がったという。2013年、ハヤブサ科で最も大型で力強いシロハヤブサの純血種が、カタールの首都ドーハの王族に、100万ディルハム、およそ27万2000ドルで売却され、ブリーダーたちのため息を誘った、と同誌は書いている。[12] わたしがアブダビの信頼できる筋から仕入れた情報によると、その4年後、ハムダン皇太子が同等の価格で飼育下繁殖されたシロハヤブサとハヤブサの交雑種を手に入れている。大統領杯の4つのレースで連続して勝利をさらったばかりの傑物だった。「強いハヤブサの噂を耳にしたら、皇太子は何が何でも手に入れる」と情報源は語ってくれた。「皇太子の威信がかかっているのさ[13]」

ヨーロッパでは、20世紀になるころにはハヤブサはすっかり害獣扱いされるようになっていた。1940年6月、英国空軍省は、ナチス占領下のヨーロッパにいる連絡員にメッセージを届けるために空軍パイロットが操縦席から放つ伝書鳩にとってハヤブサは天敵であると宣言し、政府が、数百羽ものハヤブサの成鳥および幼鳥の駆除と、数千に及ぶ巣立ち前のヒナおよび卵の抹殺を公認した。

そんななか、1960年代から70年代にかけてヨーロッパとアメリカ合衆国で環境意識が高まるにつれ、猛禽類が再評価されるようになっていく。現在、全米でおよそ5000人、英国では2万5000人ほどの人間が鷹狩りに携わっていて、その数は50年前のほぼ3倍になっている。ケンブリッジの自宅でメイベルと名づけたオオタカを調教していたヘレン・マクドナルドのような都会人もいれば、ノーサンバーランドの田園で毎年夏になると馬を駆って鷹狩りにいそしむ富裕な地主もいた。鷹狩りの復興は、「ポスト産業革命時代の人々が、古来の慣習を取り戻そうとする」「自然に還れ運動」の一翼である、と英国のあるライターは評している。[14]

ウェールズのカーマーゼン村にほど近い場所では、英国の生物学者でスポーツマン、実業家でもあるニック・フォックスが、30年にわたってドバイの首長、ムハンマド・ビン・ラーシド・アール・マクトゥームのためにハヤブサ類を育ててきた。英国びいきの首長が初めて訪英したのは1966年、ケンブリッジ大学で英語を学ぶためだった。近年、アール・マクトゥームはフォックス以外にも、英国やアイルランド、フランス、スペイン、ドイツ、アメリカ合衆国、そして南アフリカの公認ブリーダーとも契約を結んでいる。彼らはみな、潤沢なアラブの市場で分け前にあずかろうとしのぎを削っているのだ。現在、欧米で飼育下繁殖される1万2000羽の猛禽類の大半は、ＵＡＥに輸出されている。フォックスはさらに、ロバーラと名づけた鷹狩りの訓練装置もアラブの金持ちに販売している。遠隔操作で動かすこの装置は獲物となるフサエリショウノガンを模していて、これをハヤブサが楽に飛ぶ程度の速さで飛ばして猛禽たちに追いかけさせるのである。ドバイでは、アール・マクトゥームの一族が一部出資しているベンチャー企業が、熱気球でアラビア砂漠の上空およそ１５００メートルの高さから、ハヤブサの訓練を眺めるツアーを提供している。

国境を越えて多額の金銭が飛びかう世界には、当然ながら闇がある。猛禽類のブラックマーケットが膨張することになるのだ。飼育下繁殖の鳥よりも、野生状態で捕獲された鳥のほうが強いはずだと妄信するコレクターと、カネになるなら法を犯すこともいとわない輩が闇市場を支える。アフリカ南部の森で少年時代を過ごした半世紀前から、厄介ごとに首を突っ込むべく運命づけられていたかのようなかの男、熟練した登攀家であり、卵の蒐集に目がない気ままな冒険家、そして天性の策略家たる人物もまた、この闇の世界に引き寄せられたひとりだった。

第5章 ローデシア

あの子はきっと何か企んでる、パット・ローバーは思った。ヒルサイド・ダムに釣り竿をかついでやってきた少年に気づいた瞬間から、少年が釣りに来たわけではなさそうだと見て取ったのだ。彼は森に深く分け入って水辺には近づこうともしなかったし、巣のある樹冠（じゅかん）ばかり見上げていた。

ローバーは週に2、3回、繁殖期の鳥の調査でヒルサイド・ダムを訪れている。ヒルサイド・ダムは、ローデシア（現在はジンバブエとなったアフリカ南部の国）第2の都市、ブラワヨの人造湖である。アマチュアの鳥類学者であるローバーは、幼い娘を母親かシッターに預け、ノートと双眼鏡を携えて何時間も森の獣道や野原を歩き回り、巣づくり、繁殖行動、ヒナへの餌やり、鳴き声などを観察しては、地元の雑誌や南アフリカのバードウォッチング雑誌に投稿していた。この地はほとんど一歩踏み出すごとにすばらしい発見があると言っていいくらいだった。アフリカレンカクは翼の先が黒くて、白い頭に黒い筋が細長く入っている栗色の水鳥で、睡蓮の上から水の中の昆虫を探している。水に浮かんだ葉の上でもバランスをとれているのは、大きな足とかぎ爪のおかげだ。ハジロアカハラヤブモズ、シロハラタイヨウチョウ、ヒムネタイヨウチョウ、ズグロコウライウグイス、チャエリヨタカなど、その名のとおり色鮮やかな鳥たちが、びっしりと葉を茂らせたアカシアやリードウッドの木に営巣していた。1972年も終わりに近いその日、ローバーはアカシアの巨木の股を調べていた。立派な羽角（うかく）があり、黄色い目がひときわ明るいアフリカワシミミズクが、毎年そこに卵を産むのだ。その時の自分は「過活動状態で感覚が研ぎ澄まされていた」とローバーは記憶している。だから木々を見上げている少年の様子が目に入ったのだ。

ローバーは森を見下ろす岩のうしろに身を隠した。見ていると、細身の少年はするするとリードウッドによじ登り、生い茂る葉の間に見えなくなった。15分ほど枝を探ってから、少年は下りてきた。足が地面に着いたところで、ローバーは岩陰から出て少年に近づいた。

「こんにちは。パット・ローバーよ。あなたは？」

「ジェフリーです」少年は答えた。

「何をしていたの？」

「ダムで釣りをしようと思って」

「鳥の巣か卵をとりにきたわけじゃないわよね？」。放課後、木によじ登って鳥の巣を荒らす子どもは少なくない。だが卵の採集が厳格に禁じられている保護区であるヒルサイド・ダムで、自分の調査活動を脅かしかねない行動を目の当たりにするのは初めてのことだった。

「違います。ぼく、ただ巣の中がどうなっているか見たかっただけです」

「よく覚えていてほしいんだけど、わたしはここで調査をしていて、この区域で何羽の鳥が子育てするのか、数を確かめようとしているの。卵をとろうとはしていないのね？」

「ぼく、卵を集めてはいません」

「どんなに子どもでも、卵をとっていく人がいたら、わたしの調査は台無しになってしまうの」

「そんなことしません」少年は言うなり、逃げていった。

その夜、ローバーの家の電話が鳴った。

「ヒルサイド・ダムで卵をとろうとしただろうってあなたに責められたとジェフリーが言っているんだけど」。電話をかけてきたのはジェフリー・レンドラムの母親、ペギー・レンドラムだった。ローバーは、ペギーが地元の高校の教師であることは知っていたが、話をしたこともなかったので、どこから電話番号を手に入れたのかと驚いた。ペギーはこわばった声でなじるように続けた。「言っておくけど、ジェフリーはとても正直な子なのよ。あの子が卵を集めていないと言ったら、いないの」

「わかったわ、ペギー」ローバーは言った。「わかったから、それじゃね。おやすみなさい」

ジェフリー・レンドラムが嘘をついているのは間違いないとローバーは思ったが、大事にするつもりはなかった。レンドラム一家は立派な家庭だ。少年がこれで懲りてくればいい、と彼女は願った。[1]

自分の卵の蒐集熱に火をつけたのは、父親のエイドリアンだ、とジェフリーはかねがね語っている。「父は野生生物に夢中だった」ジェフリーは後年、よく言っていた。「鳥だけじゃない、甲虫や蝶や蛾も好きだった。何でもコレクションしていたんだ」。ジェフリーが8歳の時、エイドリアンは息子をウタツグミモドキの巣荒らしに連れて行った。ウタツグミモドキは白黒まだらの小型の鳴鳥（なきどり）で、クモの巣を編み上げたようなカップ形の巣を木の高いところにつくり、2個から4個の小さな青い卵を産む。ジェフリーが卵をとってくると、父親はピペットを挿して中身を「吸い出す」方法を伝授した。生きた胚が殻の中で腐らないうちに取り出してしまうのだ。空の卵はエイドリアンの卵コレクションに加えられた。そこには20種ほどの卵が集められていた。[2]

父親の手ほどきで、ジェフリー・レンドラムはいっぱしの巣荒らしになっていく。地面から何十メートルも上の枝から枝を果敢に渡り歩き、生い茂る葉をかき分けて色とりどりの宝物を手にした。ジェフリーには木を「読む」天性の勘が備わっていた。枝の張り具合や丈夫な枝とそうでない枝を見分け、幹や枝の太さ、樹皮の質までも計算に入れてどういう手順で上り下りするのがいいか割り出すのだ。彼は自分が森を知り尽くしていることを自慢にしていて、「巣を探して登った木の数は、普通の人が温かい朝食を食べる回数よりも多いくらいさ」とうそぶいていた。[3]

野鳥の卵の採集はほとんど場合違法なので、巣荒らしは秘密裏に行わなければならないし、時には平然と嘘をつかねばならない。ローバーに見とがめられた日、ジェフリーはアカガシラモリハタオリの際立って青い卵を探していたのだった。アカガシラモリハタオリはアフリカ南部一帯で、バオバブなどの木に、葉柄や小枝、蔓などを集めて巣をつくるスズメ目の一種だ。

ローデシアは、アフリカ大陸のなかでも最も厳格に野生生物を保護している国のひとつだった。小鳥や猛禽類の卵をとるのは、私有地内で、地主が書面で許可している場合にのみ許されていた。国立公園での卵の採集は法律で禁じられていて、科学研究の場合は例外ではあったが、その許可をとるのは至難の業だった。ヘビクイワシ、ペリカン、ツル、フラミンゴ、多くの猛禽類など、「特別保護種」に指定された数十種にいたっては、どこであれ卵をとることはできない。コシジロイヌワシ、ゴマバラワシ、ダルマワシ、チャイロチュウヒワシ、ムナグロチュウヒワシ、サバンナハイタカ、キバシトビ、カタグロトビ、クロワシミミズク、ワシミミズク、ソウゲンワシ、ハヤブサ、ラナーハヤブサなどなど、多くの猛禽類が、法に触れることをものともしないコレクターや商人などにつけ狙われていた。このうちの一部は、アフリカ南部にしか生息していない。生存の危ぶまれるこうした種の鳥を狩ったり、生け捕りしたり、売買したりすることは、収監されることもありうる犯罪で、ごく一部、例外的に許可を与えられた研究者や鷹匠もいることはいたものの、それ以外の人間がこうした鳥に触れるのはタブーだった。

ジェフリー・レンドラムは禁制など洟もひっかけなかった。木に登るとき、高い枝に巻きつけられるように端におもりをつけた投げ縄を携え、毎日のように自転車で何キロも走り回り、小枝が固められたところはないか木々を透かし見、巣へ戻ろうとする鳥を見分ける目を養った。やがて彼は、卵をかすめ取る巧妙な仕掛けを思いつく。ブラワヨで近所に住んでいたヴァーノン・ターは、レンドラムがなんとしてもカンムリクマタカの卵を手に入れてやろうとしていたことを覚えている。カンムリクマタカといえばアフリカ南部で最も稀少な猛禽類の一種で、赤みがかった褐色の冠羽（かんう）が特色の大型で強力な鳥だ。その強靱なかぎ爪で幼い人間の子どもをさらうとも言われ、1924年、南アフリカの人類学者がおよそ200万年前のヒトの幼児と思われる骨「タウング・チャイルド［タウングは、骨が発見された南アフリカの地名］」を発掘した。カンムリクマタカが地表からさらって巣に持ち帰り、両眼をえぐったとされている。レンドラムは手ごろな木を見つけると「枝を山ほど運び上げ、つくりかけみたいな巣をつくるんだ」とターは言う。「翌年になるとカンムリクマタカがその巣にやってくる[4]」。レンドラムは自分のつくった巣にメスが卵を産みつけるのを辛抱強く待ち、卵が産み落とされると木に登って卵をかっさらう。

少年時代にレンドラムがごく親しくしていた友人のひとりハワード・ウォラーも、レンドラムの蒐集癖は少年の趣味の域をはるかに超えていたと語る。当時でさえ、レンドラムはただ集めたくて盗んでいたわけではなく、一番になろうとしていたという。ウォラーはある時、ハイタカの卵をとってやろうと木に登った。すると「ハイタカの巣には、殻に『ひと足遅かったな』と書いてある鶏の卵が入っていた[5]」

レンドラム一家がローデシアに落ち着くまでの道のりは長いものだった。エイドリアン・レンドラムはアフリカに根を下ろした3世代目で、ルーツはアイルランドのコークにあり、彼自身は1930年代にケニアで生まれた（「レンドラム」はケルト語で「尾根のある原野」を意味する）。母親は出産直後に亡くなり、3人の幼子を残されたエイドリアンの父親は悲嘆にくれた。生後3か月になるころ、エイドリアンはふたりのきょうだいとともに、南アフリカに住む父方の祖父母のもとに預けられることになり、ケニアを離れた。数年後、3人は父親に呼び戻された。父親は連れ子のいる女性と再婚して北ローデシアに住んでいた。アフリカ南部の英国保護領ローデシアは銅の産地で、北にベルギー領コンゴと接する内陸の土地だった。エイドリアンはそこで学校に通い、銅山経営のロカナ社でマネージャーの仕事をしていたときに、のちに妻となるペギーと出会った。ペギーもまた3世代目のアフリカ人だった。ふたりの第1子となるジェフリーは、1961年の10月に、北ローデシア第2の都市、キトウェで生まれた。だがそれからほどなく、エイドリアンはまたしても居を移した。

1960年2月、英国首相ハロルド・マクミランが南アフリカ議会に登壇し、黒人の「民族意識」がアフリカ大陸中で高まっていることを認めた。続く4年の間に、英国の植民地は次々と独立を宣言していく――ナイジェリア、シエラレオネ、タンガニーカ（現在のタンザニア）、ウガンダ、ケニア。ベルギー領コンゴとアフリカの北部、西部、中央部に散らばるフランス領も歩を同じくした。北ローデシアの番は１９６４年にやってきた。10年に及ぶデモやストライキといった抵抗運動の末に、英国の植民地省はその年の初めに普通選挙を行うことを容認した。教員で、独立運動の指導者でもあったケネス・カウンダに率いられた政党が圧倒的な勝利をおさめ、北ローデシアは独立して黒人国家ザンビアとなった。

　カウンダはザンビアの初代大統領に就き、間もなく一党支配を宣言して土地や私企業の国営化に着手した。エイドリアン・レンドラムが国を離れることを考え始めたのはこの時だ。「父はザンビアの情勢を見て」――ジェフリーの弟で１９６６年生まれのリチャードは言う。「違う方向を求めたのです」[6]。１９６９年生まれの妹ポーラによれば、引っ越しを決断する決め手になったのは、キトウェで強盗にあったことだった。この時、ペギー・レンドラムはナイフを突きつけられたのだった。

　１９６９年、エイドリアンと妻ペギーは子どもたちを連れて、キトウェから車で南下し、ザンベジ川の巨大なダム湖であるカリバ湖を越え、南ローデシアに入った。当時は南がとれてローデシアと呼ばれ、アフリカに残った数少ない白人支配の国になっていた。ローデシアに住む27万人の白人の多くが2世代から3世代にわたって農場を所有してきたが、周辺諸国の情勢に戦々恐々としていた。１９６５年、ローデシアの内閣は英国に対して一方的に独立を宣言し、国際社会の情勢にも逆行して白人支配国家ローデシアを誕生させた。

　ザンベジ川とリンポポ川に囲まれ、広大なサバンナと低木林の続く〝ローデシア・ハイフェルト〟に建つブラワヨは植民政策の拠点であり、家具や衣料品、建材用木材の製造で知られる工業都市で、アフリカ南部への玄関口として賑わっていた。白人がおよそ6万人、黒人は数十万人が暮らしていたが、両者の接点は白人至上主義の政策によって、ごく限られていた。黒人住民は狭い街区に押し込められていたのに対し、中流白人層には広い邸宅に庭、使用人が当たり前だった（ほとんどが鉄道関連の仕事に就くためにブラワヨにやってきた人たちで、支配層よりはるかにつましく暮らしていた）。白人の子どもたちは英国の歴史と地理を学び、低木林を切り開いたのどかなキャンパスで、クリケットやラグビー、グランドホッケーに興じた。大人向けには音楽や演劇クラブ、バレエやコーラスといった社交場があり、ロータリークラブや１８９０年代に創設された男性専用のブラワヨ・クラブがあって、ビリヤードとアルコールを嗜むことができた。毎年の目玉行事はブラワヨのメインストリート、アバーコーン通りで行われる開拓軍を讃える記念パレードだ。鉱山王セシル・ジョン・ローズが集めた軍人と入植者５００人が１８９０年、南アフリカからマタベレランドとマショナランドを経てのちに南ローデシアとなる一帯で最初の白人居留地を建設したことを祝賀していた。南へ約30キロほど行ったところでは、かつてローズの放牧場があった場所がマトボ国立公園となっていて、広大な土地に大型草食動物や猛禽類が保護されている。

レンドラム一家は町の東寄り、緑に恵まれたヒルサイドの瀟洒な家に落ち着いた。美しい花をつける木々がそこかしこに植えられた広い庭のついた家で、庭師と家政婦の夫婦ものが住み込んでいた。ブラワヨに着いたエイドリアンは、ダンロップタイヤ・アフリカ支社の人事部長となり、ペギーは私立高校のガールズ・カレッジで教職に就いた。ジェフリーは私立の小学校に通い始め、学校ではおとなしく過ごしていたものの、授業には身が入らず、始終気を散らしていた。何人か同じ嗜好の友人がいて、彼らと一緒に鳥や虫を探して森をさまようほうがずっと楽しかった。リチャードによれば、家族の結束は固かったが、エイドリアンが最も目をかけていたのは長子のジェフリーだった。

1973年の初め、エイドリアンは11歳の息子を連れてローデシア鳥類協会の月例会に顔を出した。独立間もないこの国でバードウォッチングが人気を博していたのは、特権に恵まれた白人市民が、国立公園や豊かな自然を自慢に思っていたからだ。ブラワヨのジンバブエ自然史博物館の地下にある小ぢんまりした講義室をレンドラム父子が訪れた晩、会合に出席していた会員は30名ほどだった。博物館は1964年に開館し、アフリカ南部では最もすばらしい施設のひとつに数えられていた。レンドラム父子は、その場にいた会員たちのほとんどよりも年若く、熱意と活気を発散した。とりわけ、エイドリアンがその前年、自宅の庭に、白黒まだらの猛々(たけだけ)しいクマタカが棲みついて興奮したこと、それが猛禽類に魅了されるきっかけになったことを話すと、会員たちの関心は一気に父子に集まった。

ふたりは「好もしく、人当たりがよく、社交的で話し上手だった」と、その場に居合わせたパット・ローバーは記憶している。[7] 彼女が息子のほうのレンドラムと出くわしたのはその前の年のことだが、この年ごろの少年にありがちないたずらだったと片づけていて、それ以上にはジェフリーの行動を気に病んでいなかった。レンドラム父子は、土曜日に町の外のアイゼルビー・ダムで行われている水鳥の調査に誘われた。ダムにはアフリカマミジロタヒバリやアフリカクロトキ、ヒメコウテンシ、トサカゲリ、セイケイ、ミサゴ、アフリカスナバシリといった水鳥が数多く集まっている。また、会員たちは博物館で夜間に上映される鳥のドキュメンタリーを見に来るように声をかけた。父子が協会が最も古くから取り組んできているプロジェクト、コシジロイヌワシの調査に招かれるまでに、それほどの時間はかからなかった。１９６０年代初めにマトボ国立公園の監視員が始めたこの調査は、協会が最も重きを置いていた活動であり、のちに会員たちは、父子を招き入れたことをこぞって後悔する羽目になった。

マトボはアフリカ大陸では地質的に特異な地形で、約４３０平方キロの中に花崗岩のドームがあり、くじらの背と呼ばれる巨大な岩板が転がり、花崗岩の塊が、まるで巨人の子が積み木でもしたかのように重なり合っている。20億年ほど前に染み出して冷えたマグマが、岩がちな風景を生み出したのだ。ところによっては岩が１０００メートル以上もせりあがっている狭間に、雨水をたたえるフレイスと呼ばれる湿地帯があり、アカシアやアフリカテツボク、イチジク、ユーフォルビアといった木々が豊かに茂っている。ここでは32種、４００組の猛禽類のつがいが高木の梢(こずえ)や岩棚に営巣し、ヒヒをはじめとする天敵から身を守りつつ、ローデシアでは「ダッシー」と呼ばれる小型の哺乳類、ケープハイラックスやキボシイワハイラックスを餌に命をつないでいる。

コシジロイヌワシは、マトボに観光目的の人が訪れ始めた1920年代当時から、公園の目玉のひとつで、19世紀の初めにフランスの鳥類学者ジュール・ヴェローがパリのフランス科学アカデミーに標本を持ち帰ったことから、その名にちなんで、ヴェローワシの異名がある。真っ黒な体に猛々しい黄色の目、両の翼を広げると途轍もなく大きく、背中に特徴的な白いVの字があり、南アフリカの猛禽研究者ロブ・デイヴィーズによると、「風速40キロほどの突風のなかでも、少しばかり翼をたわめ、ほかの鳥なら吹き飛ばされてしまうところを〝風の目〟に向かって進んでいく」という。小型のワシの仲間と並んで飛ぶ様子は、「ジェット戦闘機が爆撃機に寄り添っているよう」だ。[8] コシジロイヌワシは崖の岩棚に、枝を大量に重ねて巣をつくる。たいてい、地上から何十メートルという高さにつくられる巣は、何十年も使われることが多い。枝や草といった巣材で何年もかけて拡張されてきた巣のなかには、深さが約6メートル、幅が約3メートルにもなるものもある。コシジロイヌワシの調査チームは、マトボ国立公園で60のつがいを確認していた。コシジロイヌワシの生息地としては、世界で最も多くの数が集まっていることになる。

レンドラム父子が加わったとき、調査チームのリーダーはヴァレリー（ヴァル）・ガーゲットというクエーカー教徒で、鳥類研究に専念するべく1969年に退職するまで高校で数学を教えていた。彼女に心酔する人たちは、ガーゲットを猛禽類界のジェーン・グドール［ジャングルで間近で観察することによってチンパンジーの生態を明らかにした英国の動物行動学者］とみなしていた。ベジタリアンでアルコールは嗜まず、何年もたゆみなくフィールドを歩き回ってきたおかげで引き締まった体はよく日に焼け、すこぶる身が軽い。毎週のように、岩を這い登り岩棚にとどまって、愛してやまないコシジロイヌワシの生態を見守って何時間も過ごした。彼女にすっかり気を許し、考えられないほどそばまで近づかせてくれる個体も複数いた。「特にあるワシは、ヴァルならば、お腹の下にそっと手を入れて卵を数えたり、巣から取り出して重さを量ったりすることもできた」とローバーは記憶している。[9] レンドラム家の隣人のヴァーノン・ターはある時、ガーゲットがワシの胸の羽と抱卵斑（ほうらんはん）の間に温度計を突っ込んで、孵化の温度を測定しているところを目撃した。抱卵斑は腹部の羽が抜け落ちて皮膚が露出した部分で、ヒナを温められるように血管が集まっているきわめてデリケートな部位なのに、「ワシは身じろぎもしなかった」という。[10]

ワシの求愛行動や営巣、抱卵、孵化、巣立ちまでを見守るために、ガーゲットは何十人ものボランティアを募っていた。「観察するときには、巣のそばに5分以上とどまっていてはだめ」ガーゲットはボランティアたちに言い含めていた。ワシがつがいになってヒナを育てる1月から4月の間、ボランティアはふたりひと組になり、ひと組あたり2つから3つの巣を観察する。「わたしたちのほうが、彼らの世界へのお客さんなの。わたしたちに邪魔されず、影響されずに生きる権利を尊重してください」。ボランティアのほとんどは若くはなかったが、体がよく動くように体調を最高の状態に整えておくよう求められた。「体調が万全で、体重は可能であれば標準よりやや軽いくらいであれば必ず報われる。というのも、時には、岩と岩の間の狭い隙間を通らなければならないこともあるし、低い岩のトンネルを通り抜けなければならないこともあるからだ」。1990年の著書『コシジロイヌワシ（*The Black Eagle*）』に、ガーゲットは書いている。「調査チームのメンバーでどちらかというと体格のいい人が岩の割れ目に挟まってしまったことがあった。はじめは自分でも災難を笑っていたものの、そのうちがっちりはまって、手を貸しても抜けられなくなってしまった。こんな時には、とにかく本人がリラックスするのを待つしかない。じたばたするのは逆効果だ」[11]

エイドリアンとジェフリーの父子がチームに加わると、ヴァルと夫のエリックはとても喜んだ。熱意があり運動神経の優れた父親と息子の組み合わせがいれば、年配のボランティアではとても近づけない場所にある巣も、観察対象にすることを期待できた。エリック・ガーゲットはブラワヨ市議会議員で、熟練した登攀家だった。彼はジェフリーに、懸垂下降（ラペリング）、ローデシアでいうアブセイリングの基礎を教えた。崖のてっぺんに安全にロープを固定する方法、ハーネスの金具にロープを通すやり方、自分の命を託す結び方、てっぺんから岩の表面を辿って下りるときの、最適な間隔のとり方。息子のほうのレンドラムは天性のアスリートで、果敢な登攀家に成長して、180メートルも岩肌を伝い、巣のそばの狭い岩棚に降り立つこともできるようになった。時にはシャムワリ（ローデシアで最大の部族、ショナの人々の言葉で、「友達」）のハワード・ウォラーが同行することもあった。ウォラーは熱心な鷹匠で、ローバーの記憶によれば「ジェフリーは父親に似てうぬぼれ屋でマッチョで運動神経抜群、ハワードは物静かであか抜けないタイプ」だった。[12]

2年ののち、エイドリアンとジェフリーの親子をすっかり信頼するようになったヴァル・ガーゲットは、新しく始めるヨゲンノスリの調査もまかせることにした。ヨゲンノスリは体全体は黒く、尾の先が赤さび色の猛禽で、垂直に切り立った崖の谷底や、木と崖の交差する場所に巣をつくる。ガーゲットが観察記録をほしがる欲求は底なしで、しょっちゅう新たな調査を始めては協会の会員を駆り出していた。「レンドラム父子は腰が軽くて有能で、そのうえとっても感じがいいの」ヴァルは興奮気味にローバーに漏らしていた。「あのふたりならこのうえない調査員になれるわ」[13]。13歳当時のジェフリーは、ブラワヨにある男子校クリスチャン・ブラザーズ・カレッジでは苦労していた。クリスチャンの学校とはいっても教員は聖職者ではなく、校則は緩く、妹のポーラは、兄が教室でじっとしていることができず、宿題もさぼりがちだったことを覚えている。だが野外活動には熱を入れ、教室での集中力の乏しさを補って余りあるほどだった。週末や祝日を使い、レンドラム父子は1975年から77年にかけて猛禽の巣を30か所も特定し、ノスリの観察も数百時間に及んだ。肩を並べて藪(やぶ)をかき分け、木や崖を登り、鳥の行動について発見したことを互いに教え合うことで、父子の絆はいっそう固くなった。求愛するオスが「コウコウ」と鳴き、「爆撃のように急降下し、襲いかかって旋回し、身をよじり、かぎ爪でつかむ」ように踊る様子を、エイドリアンは観察記録に記している。餌になるげっ歯類や昆虫を追いかけるとき、鳥たちが枝から舞い降り、滞空姿勢から突っ込む姿は「パラシュート降下に似ていた」[14]。

3年後、エイドリアンとジェフリーは、公園で2番目に多いモモジロクマタカの調査を引き継いだ。この鳥は、木の股に、枝を使って大きくて重たい巣をつくる。ガーゲットは秘蔵っ子の父子に、何十か所もの営巣地を伝えた。強靭で、軽はずみなほどに野外での活動に自信を深めていたジェフリーは、いまや水を得た魚のようにユーフォルビアやイチジク、タカサゴノキ属（*Homalium dentatum*）などの木に登っては梢の巣を渉猟し、息子ほど木登りが得意でない父親も、折に触れて一緒に登った。「鉤（かぎ）のついた縄を投げて、どこまでも登っていきました」とローバーは言う。「技術が必要なのはもちろんですが、危険も伴うことで、大胆さを要する活動でした」[15]

エイドリアンとジェフリーは、成果を出し惜しみはしなかった。ガーゲットをはじめ調査ボランティアたちと行動をともにしていた9年間で、父子はクマタカ類、ヨゲンノスリ、カンムリクマタカをはじめ、猛禽類に関する論文を全部で18本発表している。発表の場は主として、南アフリカ鳥類協会が発行している季刊誌「オーストリッチ［ダチョウ］」や、南アフリカのバードウォッチングの専門誌「ボクマキエリ［キノドミドリヤブモズ］」などだった。いずれもまじめで科学的な内容で、1回に産む卵の数や卵の大きさ、営巣に使われる植物の種類、鳥が狩りをする範囲などが事細かに述べられている。ガーゲットが「カインとアベルの対立」と名づけた、空恐ろしい行動の事例が紹介されている論文もある。孵化したてのヒナが、同じ巣のヒナをつつき殺すことがあるのだ。仲間たちは、父子のチームで頭脳はエイドリアン、危険を冒して現場に立つのは息子のほう、とみていた。

鳥類学者としての実績を積んでいく父のほうのレンドラムの進化を喜んだガーゲットは、彼をローデシア鳥類協会の運営委員会に誘った。選ばれた6人のメンバーは月に1度集まり、バードウォッチングや鳥を題材にした映画上映といった協会行事の、半年間の予定を立てる役割を担っていた。ヴァルはまた、レンドラム父子をマトボ国立公園内の巡回にも連れて行き、協会の最重要機密である、数百もの営巣地の場所を打ち明けた。

1970年代が終わりに近づくころ、鳥の調査にいそしむレンドラム父子をよそに、ローデシア紛争がブラワヨにも影を落とすようになっていた。ローデシアの人種政策は、隣接する南アフリカほど過酷なアパルトヘイトはなかったものの、不公正は国の隅々にまではびこっていた。1961年に制定された憲法は、65ある国会の議席のうち、人口構成では8パーセントに過ぎない白人が50議席を占めることと定めていた。ほかにも黒人の権利を制限する法律は多々あり、例えば、黒人人口の3分の2はトライバル・トラスト・ランドに強制的に住まわせられたが、居住地はすぐに過密になった。また、黒人による反政府結社の禁止、イアン・スミス首相への批判的な言論の禁止などが定められていた。1972年、労働組合指導者で政治家、社会活動家のジョシュア・ンコモ率いる、ジンバブエ人民革命軍という南ンデベレ人の勢力と、ローデシアで最も多いショナ族を中心とする、ジンバブエ・アフリカ民族同盟というロバート・ムガベ率いる勢力とが、人種差別的な白人支配を覆すために合流した。

1978年までに、ローデシアでは1万2500人が反乱軍に参加していた。これに対するローデシア正規軍兵士は1万800人、それに白人の予備兵が4万人いた。18歳から60歳までの白人男性は全員が1年のうちの一定期間、予備兵として訓練を受けることを義務づけられた。ローバーの夫はドイツ国籍でローデシアの市民権さえなかったが、警察の予備隊に志願した。エイドリアン・レンドラムも予備軍に呼ばれた。「父は6週間ごとに、召集されて奥地に入っていった」と、リチャード・レンドラムは記憶している。「戦争がみんなの暮らしに影を落としていた[16]」

1977年、16歳の時、ジェフリー・レンドラムはクリスチャン・ブラザーズ・カレッジからギフォード高校に転校した。校則が厳しいことで知られる公立の男子校だった。だがジェフリーは、いわゆる中等教育の修了資格であるOレベルのほとんどを落として1978年に高校を終えた。進学できる見込みはまったくなかった。同じ年、独立戦争が激化するなかで、彼は17歳にしてローデシア特殊空挺部隊（SAS）のC中隊に志願した。第2次世界大戦の折に編成されたエリート部隊だ。レンドラムは常々、6か月に及ぶ過酷な選抜訓練を経たものの、ヘルニアで訓練を完了できなかったと言っていた。だが妹ポーラの記憶は違う。「兄は協調性がないから、音をあげたんです[17]」。ジェフリーは、内務省所属の準軍事組織、内務省軍に配属され、ローデシア奥地の村を守ることになった。ライフルを背負って砂嚢（さのう）の陰にうずくまる、さして晴れがましさのない任務だ。それでも実際の戦闘を目にする機会もあったし、砲撃される部隊を、軍のヘリコプターで「撤退」させたこともあったという[18]。ブラワヨで一緒に育った幼馴染で、のちにジェフリーの弟のリチャードと南アフリカの大学で同窓となった友人のミシェル・コンウェイも、ジェフリーが「悲惨な場面に出くわしていたはずだ」と語っている。[19]

レンドラムの名前は特殊空挺部隊C中隊の公式ホームページ上で、「恥の壁」に名を連ねていたことがある。かつてSASに所属していたと経歴を偽っている人物を列挙しているページだ。「経歴詐称しているこうした輩のなかには、中隊でのでたらめな思い出話を吹聴するものがいるため、残念ながら氏名を公表する必要が生じた」とホームページは説明している。[20] レンドラムの20年来の友人は言う。「ジェフってやつは、自分は何でもやり遂げた、あらゆるものを見てきた、と思いたがっていて、実際ずいぶんいろんなことを成し遂げはしたんだが、話は半分に聞いておいたほうがいいんだ[21]」

独立戦争の最後の年、ジョシュア・ンコモのゲリラ部隊は、マトボ国立公園のすぐ外側になるマトボ丘陵(きゅうりょう)の岩場を天然の要塞にしたてた。部隊は道路に地雷を埋め、給水ポンプを破壊し、車両を待ち伏せして襲い、道に爆薬を仕掛けた。ローデシア鳥類協会は、四苦八苦しながら調査活動を続けた。活動を続けられなくなるボランティアも出てきた。夫に懇願され、パット・ローバーはフィールドに出るときにはシートの下に必ず9ミリ拳銃を忍ばせていくようになった。ヴァル・ガーゲットは銃を携行することを拒否してマトボまでの30キロほどをひとりで往復していたが、夫に、自分か武装した同行者なしには行かせないと詰め寄られて、とうとう折れた。戦闘が激化するなか、鳥類協会の活動は逃げ場になっていた。非常時のなかのわずかな日常だったのだ。会員の見解は、イアン・スミス首相とローデシア戦線を支持し、黒人支配国家になれば自分たちはおしまいだと恐れる強硬派から、ヴァルとエリックのガーゲット夫妻のように、権力を分散して公正な社会ができることを願うリベラルまで、幅広かった。ヴァル・ガーゲットは鳥類研究に専念するまで黒人の高校で教鞭をとっていたし、夫はブラワヨの市議会で黒人の衛生と教育の向上を求めて闘ってきた。だが、意見の相違はあっても、鳥を愛する会員たちは1か月に1度、自然史博物館に集まって、つかの間忘れようとした——地雷に吹き飛ばされるかもしれない、ゲリラに、はたまた浮き足立った政府軍兵士に待ち伏せされるかもしれない、空の果てから飛んでくる地対空ミサイルに吹き飛ばされるかもしれない恐怖を。現にレンドラム一家にも、母と娘がミサイルで命を落とした知り合いがいた。

ガーゲットが、マトボ国立公園の調査に不審を抱き始めたのはこのころだった。不審の種は、初めのうちはごく小さかった。継続的に観察していたラナーハヤブサやチュウヒワシの巣が、ある時急に空っぽになった。サルか何かにやられたんだろう、と誰もが思った。ところが、やがてコシジロイヌワシの「産卵周期が完結しない」ケースが目に見えて増えてきた。[22] 子育てをするつがいは枝でこしらえた巣に葉を敷きつめる。産卵前の通常の儀式で、ここまでは見られたものの、調査員は誰も、巣の中に卵を確認できなかった。餌が充分でなかった可能性はもちろんある。それは繁殖力に影響を及ぼすだろう。だがこの前の数年間で、餌となる公園のケープハイラックスは20パーセント増えていた。状況的には、何らかの破壊活動が行われたか、卵が盗難にあったかしたものとしか考えられなかった。それも、内部の犯行としか。「あんなことは、それまで一度も起こっていませんでした」ローバーは言う。「わたしたちはごく少人数の、緊密な集団で、紛争に脅かされていたから、内輪もめはしたくなかった。一致団結していたかったんです」[23]

１９７９年の暮れ、対立が膠着し、ローデシアのイアン・スミス首相は反政府軍との交渉に入った。マーガレット・サッチャーが首相だった英国は、ロンドンでの停戦協議を仲介した。12月12日、両陣営は停戦を宣言し、翌年の3月にはロバート・ムガベがジンバブエの初代首相に就任した。黒人のほとんどが歓喜した。白人の反応はさまざまで、快哉を叫ぶ者もいれば行く末にそこはかとない希望を抱く者、この国は泥沼に足を踏み入れたと考える者もいた。パット・ローバーは、強固なローデシア戦線支持者だった父親と夫には、ムガベが広く門戸を開き、透明な政治をするに違いないと説き聞かせたものの、友人であり、師でもあるヴァル・ガーゲットとは違って、新生国家の先行きには不安も抱いていた。

人々の頭や話題を占めていたのは新しい国の将来だったが、その間もマトボ国立公園の不可解な現象は続いていた。ある日、エイドリアン・レンドラムがガーゲットとともに、稀少なイワワシミミズクのつがいを撮影しようとマトボに入った。昆虫やトカゲを食べるこの鳥は、黄褐色の羽毛に大きなかぎ爪と明るい黄色の目が特徴で、アフリカ最大級のワシミミズクだ。国立公園内では、それまでにひと組しか視認されておらず、ガーゲットは用心深く巣の秘密を守ってきており、レンドラムをはじめ、ほんの数人の信頼できる仲間にしか場所を明かしていなかった。ガーゲットとレンドラムが訪れたとき、巣には卵がふたつ産みつけられていた。1週間後、ひとりで巣を確認しに行ったガーゲットは、卵が消え失せているのを発見して愕然とした。

同じころレンドラム父子は、さらに公的な権限を与えられるようになっていた。1982年5月、国立公園野生生物管理局は父子に、マトボ国立公園と、ブラワヨの北西320キロほどのところに広がる約1万4500平方キロのワンゲ国立公園に生息する猛禽類に、追跡用のタグをつける許可を与えた。ワンゲは、アフリカ南部最大級のゾウの生息地でもある。ジェフリー・レンドラムはまだ両親とともに暮らしていて、普段は缶詰工場の管理部門で働いていた。息子と父親はいまや、2か所の国立公園を自由気ままに歩き回る白紙委任状を手にしたのだった。

同じ年の後半、マトボ国立公園の上級監視員スティーヴ・エドワーズが目覚ましい発見をした。卵がひとつ入ったカンムリクマタカの巣を見つけたのだ。クリーム色の殻に大小の茶色い斑点の散る大きな卵の入った巣は、公園の通路をやや外れたところにそびえ立つ40メートル近い高木の、地面からははるかに高い木の股につくられていた。アフリカ南部に生息するカンムリクマタカはイワワシミミズクに負けず劣らず稀少な猛禽で、公園内でもそれまでに3組しか確認されていなかった。自分の発見にうきうきしながら、エドワーズは2日後にも巣を見に行った。カンムリクマタカが一度にふたつの卵を産む場合、ふたつ目の卵を産むのにそのくらいの時間が空くのが普通だからだ。その日エドワーズは巣から反対方向に向かっていこうとするジェフリー・レンドラムに出くわした。

「カンムリクマタカの巣を見てきたのか?」エドワーズは尋ねた。

「ええ、卵はふたつ入っていましたよ」レンドラムは答え、不可解なことに、自分が見たからもうあなたが確かめる必要はない、と付け加えた。そう言われたところでエドワーズが自らの目で確かめないはずはなく、彼が木によじ登ってみると、巣は空っぽだった。

いったいどういうことだ? エドワーズは当惑した。レンドラムが卵を盗んだのはまず間違いないと考えたエドワーズは、ヴァル・ガーゲットにありのままを報告した。[24]

ガーゲットはすでに、愛弟子ふたりを信頼したい気持ちと不信感とで揺れ動いていた。自分が手塩にかけて導き、自立した鳥類学者に育っていくのを目の当たりにしてきた父子が、道義にもとる行いに手を染めているなどと、想像することさえ苦痛だった。彼女は夫とともにレンドラム父子を見守り、一緒に何時間もフィールドで過ごし、身内同然に思うようになっていた。ふたりがガーゲット夫妻の信頼を裏切り、欺き、大切な調査を台無しにしていたなどとは、考えるだけで胸がつぶれる思いがする。それでもヴァルはひそかに、レンドラム父子のどちらかが足を運んだ巣を点検に行くようになっていた。レンドラム父子が、ヒナは巣立ったと報告していたモモジロクマタカの巣では、周辺の岩に、お決まりの「白いしみ」――ヒナが育つ時期に落とすフンのあと――がまったく見られなかった。卵が孵った痕跡もなかった。

ガーゲットが父子に対する疑念をスティーヴ・エドワーズに打ち明けると、エドワーズは調査を始めようと請け合ってくれた。

第6章 リヴァプール

アンディ・マクウィリアムが警察官になったのは、消去法のなせるわざだった。マクウィリアムの父親は、14歳で学校を終えた。その父親が第1次世界大戦で受けた毒ガス攻撃の後遺症から、30代の若さで亡くなったためだった。息子のほうのマクウィリアムは、学校を中退したあと、父親は英国商船隊に入り、引退するまで電気工として働いた。息子のほうのマクウィリアムは、1960年代、リヴァプールのすぐ北にある大都市バラ、セフトンで労働者階級が多く暮らす町、リザーランドで、その後近隣のクロスビーで少年時代を過ごしたが、学校では落ち着きがなく、勉強には身が入らなかった。いつも、早く教室を飛び出してラグビーなりクリケットなりを始めたくてうずうずしていた。事実や数字でアンディが関心を寄せるのは、3世代にわたって応援しているサッカーチーム、エヴァートンFCの勝敗くらいのものだった。

エヴァートンの不倶戴天のライバル、リヴァプールFCがイングランドサッカーで優勝争いの常連になったのは1960年代前半で、両チームの対戦は常に緊張を孕(はら)んだものになった。マクウィリアムはエヴァートンのホームグラウンドであるグディソン・パークの立見席で試合を見守ったものだ。時には、約45万平方メートルの敷地内に花壇や池、芝生が広がるスタンリー・パークを挟んで1キロと離れていないライバルの本拠地、アンフィールド・スタジアムに足を延ばすこともあった。リヴァプールの選手が得点を挙げると何千というサポーターが思い入れたっぷりに「シー・ラブズ・ユー」をはじめ、同じくリヴァプールをホームタウンとするビートルズのヒットナンバーを歌い上げる。観客は波のようにうねり、マクウィリアムもそのさなかに身を置いていた。

少年時代のマクウィリアムはBBCで、当時人気のあった警察もののドラマを毎週2本見ていた。ひとつは週の半ばに放送されていた「Zカーズ」という30分番組で、イングランド北西部の架空の町ニュートンを舞台に、相棒と町を巡回する制服警官の活躍を描いたドラマだ。威勢のいいテーマ曲は、1963年にエヴァートンがホームゲームでスタジアムに入場する際の音楽に使われた。もうひとつは土曜日に放送されていた「ドック・グリーンのディクソン巡査」で、ロンドンはイーストエンドの架空の警察署を舞台に、初老のジョージ・ディクソン巡査と、若きアンディ・クロフォード刑事をめぐるドラマだ。週ごとに警察官たちは失踪事件から銀行強盗、果てはギャングの抗争まで、さまざまな犯罪に立ち向かう。マクウィリアムはこのドラマのすべてが好きだった。捜査も尋問も、警官同士の小競り合いも。土曜日の夜、番組の始まりと終わりにディクソンが口にする決まり文句、「やあ、皆さん、こんばんは」「では、皆さん、おやすみなさい」に至るまで。やがて、ウォータールー中等学校の卒業を控えたマクウィリアムは、お粗末な自分の成績でも応募できそうな就職先を探して進路指導室で紹介カードを端から見るのが日課になった。英国警察は当時、人材確保に血眼になっていて、採用試験の結果や学校時代の成績にはさして重きを置かないと言われていた。「これなら何とかなる、と思ったんですよ」当時を思い起こして、マクウィリアムは言う。警察以外の選択肢といったら父親と同じ商船隊くらいしか思い浮かばなかったが、船酔いするたちで、真剣に検討する気にはなれなかった。

1973年の夏、Oレベルの結果を待つ傍ら、マクウィリアムはリヴァプール&ブートル管区の警察官採用試験を受けていた。試験はマクウィリアムの予想を裏切る難しい内容だった。選択問題には例えば「クー・クラックス・クランとは何か」というのがあった。マクウィリアムは迷ったあげく「中国の政党」という選択肢を選んだ。結果は不合格だった。[1]その後、マクウィリアムが自分に残された職業選択の道を思いあぐねていると、母親が地元紙に載ったサリー州警察の求人広告を見つけてきた。サリーはイングランド南東部の州である。問い合わせに応えて送られてきたものものしい資料には、「楽しそうなことばかり」書かれていた。マクウィリアムの記憶によると、スポーツに打ち込めるとか、体を鍛えられるといった文言がやたらと散りばめられていたという。彼は試験を受けてみることにした。[2]「上の人たちは、人材発掘にかなり苦労していたんだと思いますよ。なにしろ試験問題は『湿り気があって火を消せるものは何か。ヒントは、その中でアヒルが泳ぐもの』って具合でしたから」。今度は合格した。[3]

その後まもなく、Oレベルの結果が届いた。8科目中6科目を落とし、かろうじて合格ラインだったのは数学と英語だけだった。惨憺たる成績だったが、それでももう社会人への一歩を踏み出しているんだから、と自分を慰めた。秋、当時リヴァプールにあったオーウェン・オーウェン百貨店のおもちゃ売り場でアルバイトをはじめ、新年とともに始まる警察学校に備えた。

1974年1月3日、マクウィリアムはロンドンの北にあるヘンドン警察学校まで両親に車で送ってもらった。都会の複合ビルの正門前にスーツケース1個とともに降り立ったマクウィリアムは16歳、同期生のほとんどと同い年、長期に家を空けるのはこれが初めてで、戦々恐々としていた。正装した警察学校生が玄関でマクウィリアムを出迎え、観閲式の行われるグラウンドを横切って、3棟あるコンクリート造の学生寮の一室へと案内した。ひと部屋に8つの寝棚が押し込まれている。学生は夜明けとともに起床し、制服を身につけ、毛布を丸めると手早く朝食を飲み込み、7時半には校庭に集合していなければならない。監察官が列をくまなく回り、手抜きはないか目を光らせる。「お前！　ブーツ！」と見とがめられると14日間、または28日間の懲罰が言い渡され、2週間ないし1か月間、ほかの違反者とともに夜明け前の服装点検を受けなければならない。マクウィリアムは友人もなく孤独で、軍隊式の生活に辟易した。おれはここでいったい何をやっているんだ……。2週目の終わりには、400人いた新入生の半分が脱落していた。[4]

だがマクウィリアムは次第に軍隊式の規律にも慣れ、警察学校の生活になじんできた。勉強の負担は軽かった。1日に2時間、慣習法の講義があるが、これは成文法というより慣習と先例に基づいていた。それ以外の時間は逮捕術や格闘技だった。1820年代、ロンドン警視庁の基礎を築いた保守党の政治家（でのちの首相）サー・ロバート・ピールの時代から、英国の司法当局は「合意による取り締まり」を旨としてきた[5]。警察権力は、力ではなく公衆の信認の上に成り立つとする認識だ。マクウィリアムは警察力の行使は予防にこそあると常々言い聞かされ、「場をおさめる言葉」をさんざん練習させられた[6]。英国の警察官は武器を持たずに現場に出ることを誇りにしてきたし、それによって世界中の司法関係者から尊敬を集めてもいた。

授業もなく、グラウンドでの行進の練習もないときは、ロンドンのウエスト・エンドやその周辺の賑やかな街を歩き回るのも自由なら、最も好きな趣味、スポーツに打ち込むこともできた。ラグビー、サッカー、クリケット。競歩にトラック競技。ウエイトリフティングの面白さに目覚め、競争心をむき出しにして、同期生たちを感心させたり面白がらせたりした。ある試合の前、体重を減らして階級を下げたかった彼は、柔道着を2枚着こみ、体育館を何十周も走った。汗だくになり、熱中症になりかけて、柔道着を引きちぎるように脱ぐと、マクウィリアムは素っ裸のまま、ジャンプして両手両足を開いたり閉じたりする「ジャンピング・ジャック」という運動を20セット行った。最後の1グラムまで落としてやろうと無我夢中で両手両足を動かしながら、ふと構内を見下ろす大きな窓に目をやると、すぐ下の舗道に運転講習を受ける学生が10人ばかり集まっていた。裸で手足をばたつかせている同期生を見て、目を丸くしたり笑ったり。マクウィリアムは仲間にうなずいてみせ、にやりとするとそのまま飛び続けた。

1年後、警察学校を卒業したマクウィリアムは、ケントで10週間の集中トレーニングを受けた。1975年9月1日、警察官の数を増やそうと躍起になっていた英国政府が入庁年齢を19歳から18歳と半年に引き下げた。マクウィリアムは9月3日に要件に達し、その日のうちにサリー州警察、のみならず英国で最年少の警察官を拝命した。

サリー州警察は、マクウィリアムをウォーキング署に配属した。ロンドンの南、人口6万ほどのどこにでもあるようなベッドタウンだ。1週目、彼は先輩に付き従ってパトロールのコツを教わった。そのあとは、「ここまでだ。あとは自分でやりな」と言われた。[7] 間もなく彼は、担当地区を徒歩や車で巡回するようになった。真鍮製のボタンがまだ初々しく輝く青い制服を身につけ、徒歩の時には丸くて縦長のトレードマークの制帽をかぶった10代の警察官の出来上がりだ。手錠をひと組と30センチほどの木製の警棒も携えている。いざとなったら警棒で身を守るのだ。ある晩友人から、魅力的ではつらつとした18歳のリンダ・ギルバートを紹介されたが、彼女はマクウィリアムが警官と聞くと顔をしかめた。

「警察は好きじゃないの?」彼は尋ねた。

「好きじゃないわ」。聞くと、16歳の時、仮免中のプレートをつけてバイクを運転していて捕まり、罰金を科せられたことがあるという。それでもマクウィリアムは勇気をふりしぼってデートに誘った。テムズ川沿いの古い市場町ステインズあたりのパブがデートの定番になった。[8]
　マクウィリアムはサリーでの毎日を楽しんでいた。だが月40ポンド（現在の貨幣価値でいえば600ポンド、780ドル前後）の俸給でロンドン郊外に家を探すこと3年で、この町に住み続けようと思ったら生涯家計のやりくりに悩まされることになると気がついた。マクウィリアムはマージーサイド警察管区のリヴァプールへの配転を願い出た。リヴァプールに移って間もなく、リンダと結婚した。生まれも育ちもリヴァプールのマクウィリアムは、自分と同じ生っ粋のリヴァプールっ子（スカウサー）のもとに戻れて幸せだった。スカウサーという呼び名は、リヴァプールの船乗りたちが300年も前からよく口にする安価な家庭料理、塩漬けラム肉と玉ねぎのシチュー「ロブスカウス」に由来すると言われる。
　19世紀後半、マクウィリアムの曾祖父母が若かりしころ、リヴァプールは世界で最も富裕な港湾都市のひとつで、1851年発行の「バンカーズ・マガジン」誌では「ヨーロッパのニューヨーク」と表現されている。[9]マクウィリアムの母方の祖父は20世紀初頭の商船隊員で、父方の祖父は第1次世界大戦で意気軒昂に港をあとにした大勢の若者に交じってヨーロッパ戦線に赴き、終生自分の体をむしばむことになる毒ガスを吸い込んだ。マクウィリアム家はこの都市最大の悲劇にも居合わせていた。1941年5月の、8日間にわたって続いた情け容赦ないリヴァプール大空襲だ。当時見習い電気工だったマクウィリアムの父親は、ドックの近くで火の見番を務めていて、暗闇を這い回るドブネズミに身を縮め、庭に設けた防空壕の中にいるときに、自宅の真向かいの家が直撃を受けた。その翌年、父親は召集されて海軍航空隊に加わった。マクウィリアムの母親は船乗りの娘で、同じくリヴァプール大空襲を生き延びると1942年、海軍婦人部隊（WRENS）に入隊してスコットランドの基地に移った（ふたりがリヴァプールで出会うのは終戦直後のことになる）。

すべて数え上げると、ドイツ空軍は1940年8月から42年1月までの間に、港を中心にマージーサイドを88回爆撃し、死者およそ4000人、家屋およそ1万戸が全壊、その他約18万戸の建物が損害を受け、この地は英国中でロンドンに次ぐ空襲被害を被った。リヴァプールは立ち直らなかった。工場は閉鎖され、交易はほかの港へ移り、失業率は国内最高位に跳ね上がった。政府は焼け野原に安普請の公営住宅を建てたが、マクウィリアムがサリーから戻ってきた1970年代の終わりごろは、毎年平均して1万2000人がリヴァプールを逃げ出し、市域の5分の1は空き地になっていた。

マクウィリアムもほどなく、かつては都市で最も繁華だったトクステス地区で、生まれ故郷が陥っている苦境に直面することになった。港湾都市として隆盛を誇っていたころ、商人や船長は港に近い大通りや中通りに、こぞって煉瓦と漆喰のジョージ王朝風邸宅を建てた。そのほとんどが戦後は分割されるか閉鎖されるかしていて、かつての邸宅が見下ろす焼け野原は「ゴミ捨て場と化し、空襲で破壊された建物の残骸が犬の糞に混じって不法投棄されている」と、歴史家のアンディ・ベケットは1980年代初めに英国史をまとめた『奇跡を約束する（*Promised You a*

Miracle)』に記している。「人の住む通りが突然途絶えて住民の気配がなくなっているかと思えば、通りの途中にいきなり屋根を吹き飛ばされた壁だけが残っている……陽が落ちると、その陰を利用して売春婦が通りに立った」[10]。リヴァプールはかなり以前から、イングランドでも指折りの多人種都市だった。多くの黒人人口は1730年代ごろから移入しはじめ、昨今ではアフリカ系カリブ人やアフリカからの移民の波が押し寄せていた。だがトクステスのような人口のほとんどが黒人という地区は、戦後の没落の影響を最も大きく被っており、警察が黒人の若者と見ると職務質問するやり口——「不審者抑止法」のもと、挙動の疑わしい人間を呼び止めて身体検査することができた——は、警察への反感を醸成していた。マクウィリアム自身はめったにトクステスには立ち寄らなかったが、そこを受け持ちにしている警察官と話したり、それがなくてもリヴァプールに暮らしていれば、トクステス周辺がいつ暴動が発生してもおかしくない状態であることは肌身に感じられた。

1981年7月、マクウィリアムがUターンして3年後、覆面パトカーがバイクに乗った黒人の若者を追って、トクステス中心部のセルボーン通りを走っていると、バイクの若者がバランスを崩して転倒した。若者を捕らえようと警察官たちが近づいていくと、腹を立てた人々が集まってきてレンガや石を投げ始めた。これが1週間に及ぶ警察対住民の抗争の端緒となった。イングランドの歴史上最悪の暴動のひとつと言っていい。

マクウィリアムは24歳で、マージー川を北へ十数キロさかのぼった地区の警察官舎に住んでいたが、抗争の真っただ中にあるアッパー・パーラメント通りの警察側の非常線を強化するため、バスで駆り出され、防護用の盾と警棒を与えられた。暴徒は石や舗石、火炎瓶などを投げつけてきた。警察官の制帽はコルクをくりぬいたもので、投石には無力だった。石でもうまく当たれば金属製のバッジをコルクにめり込ませ、深い裂傷を負うこともあった。マクウィリアムの隣にいた同僚は、頭に石が命中して昏倒した。頭蓋骨が折れた警察官もいた。

投石以外にも、暴徒は車を盗んでアクセルを石で固定し、坂下の警官隊に突っ込ませたりした。建築現場の足場のパイプを槍に見立て、消防車を襲ったり、斧で警察車両をぶち壊したり。マクウィリアムも腰を手ひどく殴られ、石が命中して制帽を吹っ飛ばされそうになった。彼はそれ以上の深手を負うことはなかったが、何百人という警察官が負傷した。当時のマクウィリアムは、暴徒にいささかの同情も抱いてなかった。「われわれ対やつらという構図だったんですよ」と彼は言う。暴力沙汰が治まってしまえば、特別手当がありがたかった。リンダとの結婚生活はカツカツで、時間外手当が出たおかげで自宅の窓ガラスを何枚か交換することができたのだ。[11]

トクステス暴動から間もなく、マクウィリアムはまた別の治安維持現場に駆り出された。マーガレット・サッチャー首相が生産性のあがっていない炭鉱を閉鎖する方針を固め、炭鉱労働者組合が全国ストを決めたのだ。サッチャーは労働組合の力を削ぐため炭鉱労働者の分断を図り、ストをせず働くことを選んだ労働者を保護することに決め、マクウィリアムら警察官をノッティンガムシャーやサウス・ヨークシャーの鉱山に派遣して、小競り合いが流血の事態に発展しないようストライキ中の炭鉱労働者とスト破りの炭鉱労働者の間に入らせたのだ。マクウィリアムは労働争議の背景をまったく理解していなかった。ただ「1週間リンビー炭鉱に行け」と命じられ、出かけていくだけだった。[12] サッチャーはおよそ譲歩も妥協もせず、1年に及ぶ奮闘の末にストライキは収束し、多くの炭鉱が幕を閉じ、かつては英国でも最も力のあった労組がすっかり骨抜きにされた。古くからの産炭地では家族のなかにすら分断が起きていた。「父親と息子が一切口をきかなくなったという話がそこらじゅうであったんだ」とマクウィリアムは言う。[13]

とはいえ、マクウィリアムの任務のほとんどは、自宅近辺でのものだった。マージー川の河口沿いに20キロほどにわたって広がる地区セフトンの、クロスビー署に籍を置いて、強盗やコソ泥を捕まえ、麻薬の売人を捕まえ、ヘロインの売買をとりしきる犯罪組織の構成員に逮捕状を突きつけた。1980年代半ば、リヴァプールの街路には麻薬中毒者があふれかえり、「ヘロイン都市(スマックシティ)」の異名をとった。麻薬王のひとりコリン・〝スミッガー〟・スミスは2億ポンドため込んだと言われ、もうひとりのカーティス・ウォーレンは噂によるとさらに裕福で、「サンデー・タイムズ」紙の長者番付に名前を連ねた。最寄りのマンチェスター空港はアジアや北アフリカからの麻薬の通過点となり、マクウィリアムも路上で拾った情報をしばしば関係者に伝えていた。

ある晩、税関に詰めていた同僚が、マクウィリアムの提供した情報に基づく手入れに立ち会わせてくれることになった。3人の麻薬の運び屋が、モロッコから精製した大麻オイルを運んで間もなく到着することになっていた。マクウィリアムは、3人が飛行機を降り、それぞれ別方向に歩き去る様子を見守った。税関事務所で待っていると、ひとりが持ち物検査のために連れてこられた。運び屋はにやにやしながら時折笑い声を上げ、捜査官に馴れ馴れしく話しかけた。鼻持ちならないやつめ。自分のほうが一枚上手って顔をしてやがる。マクウィリアムは苦々しく思った。運び屋はマクウィリアムの制服をじろじろ眺めまわすと嘲笑（あざわら）った。「ぶるってんのか、若いの、いい気になってんじゃねえぞ」。数分後、税関職員がスーツケースの隠し場所に気づいて切り裂くと、大麻オイルのパックがいくつも出てきた。運び屋が手錠をかけられて留置場に連れて行かれるとき、マクウィリアムは相手の視線をとらえてにやりと笑い、運び屋の声色をそっくりまねた。「いい気になってんじゃねえぞ、若いの」

夜勤もあれば日勤もあり、制服の時も私服の時もあり、麻薬取締班でも特殊犯罪部でも働いた。自殺現場の後始末もしたし、殺人事件の捜査もした。3人の部下を率いたチームで、マージーサイドの常習的バイク窃盗団を壊滅させ、合計で66人逮捕した。情報源を開拓し、業界では「スクロート」とか「スカリー」と呼ばれる地元の不良やギャングに精通した。ごろつきは時には腕力に訴えようとしてくるが、ピッチでは公正なプレイでならしたラガーマンのマクウィリアムには、小競り合いは望むところだった。

そんななか、1984年のある日、追跡劇の果てに危うく命を失いかけた。私服捜査班で「古びたパトカー」を転がしながらセフトンをパトロールしているとき、無線が盗難車からふたり組が徒歩で逃走中、武器を持っている模様と伝えてきた。マクウィリアムと相棒が見つけた容疑者ふたりは別々の方向に逃げていった。マクウィリアムはひとりを袋小路に追いつめ、無線を取り出して応援を要請した。容疑者はマクウィリアムにつかみかかり、無線機を弾き飛ばして体を門扉に押しつけた。片方の腕が門扉の格子の隙間に挟まり身動きがとれない。マクウィリアムは激しく身をよじったが、容疑者は腕でのどを抑え込んできた。息ができなくなり、今にも気を失いそうになった彼は、1年前、2600万ポンド相当の金塊と宝石を盗んだ容疑者を張り込んでいて10回も刺されたスコットランドヤードの捜査官を思い出していた。ジョン・フォーダム、ジョン・フォーダム、ジョン・フォーダム、やられているとき、何を思っていた？　次の瞬間、警察官がふたり飛び込んできて容疑者を引き剝がした。ふたりは容疑者をパトカーに乗せて走り去った。マクウィリアムは喘ぎながら地面にへたり込んだ[14]。

パトロール警官として数年働いたのちは、内勤になることもできたのだが、マクウィリアムは出世を望まなかった。「パトロールに出なくなると寂しくなると思うんだ」。昇格を望まない理由を説明するたび、彼は友人たちにそう話していた。「これまでもちゃんと家族を養って家のローンを払ってきた。そこまで入れ込んではいないし」。年に1度の勤務評定の際、上司はどうしてそう出世欲がないのかを尋ねたものだ。「本署にきて15年だろ。どうしてなんだ？」マクウィリアムは肩をすくめる。「今のままが気に入っているんです。地区のみんなを知っているし、みんなもわたしを知ってくれている」。担当地区内に住んでいるということは、自分の助けを必要とするであろう人たちの、あるいはまた、何かしら悪さをしようと企んでいる輩の、すぐそばにいられるということだ。[15]

近さが裏目に出ることもあった。遅番のあと眠り込んでいた彼は、午前2時に乱暴に玄関を叩く音で起こされた。地元の学校の教頭だった。もとは近所に住んでいた人で、何年か前、酔っぱらって暴れたところを逮捕したことがあったのだが、今ごろになって文句を言おうと考えたらしい。教頭は明らかに酔っていて、マクウィリアムにつかみかかってきた。「いいか、この野郎」教頭は言いかけたが、マクウィリアムは毅然として私有地から出ていくように言い渡した。[16]もちろん嬉しいこともあった。自動車事故の現場に呼ばれて駆けつけたところ、車が木に激突していた。運転手は意識不明、排気筒からホースが車内に引き込まれ、運転手の体内からは多量のバルビツール酸系睡眠薬が検出された。マクウィリアムは自殺志願者を大破した車から引きずり出し、揺り起こし、病院に運び込まれるまで声をかけ続けた。3年後、強盗が入ったという通報を受けて行ってみると、被害者の顔に見覚えがあった。「覚えていらっしゃいますか？」通報者は言った。例の自殺志願者だった。彼は涙ながらに、マクウィリアムは命の恩人だと感謝の言葉を繰り返した。[17]

だが、悲しい事件には心を砕かれる。ある日マクウィリアムは、行方不明届が出された医師の家に踏み込んだ。医師の遺体は血まみれになってベッドに横たわっていた。「殺しだ！」マクウィリアムは相棒に叫んだが、ほどなく息子に宛てた遺書を発見した。医師はナイフを手にし、大動脈を切り裂いてからベッドに身を横たえて、息絶えるのを待ったのだ。またある時は、チェーンバインダーで殴られた若いチンピラの死体に出くわした。チェーンバインダーは荷台の荷物を固定するための道具で矛（ほこ）のような形をしている。チンピラの頭は腐った果物かと思うほどにぐしゃぐしゃだった。[18]

「ダーティ・パーティ」というあだ名を奉られた性犯罪常習者に、自宅アパートで絞殺された女性もいた。マクウィリアムはダーティ・パーティを何度も逮捕していて、かなりよく知るようになっていた。彼は女性を絞殺したあと薬を過剰摂取して隣の部屋で昏倒していたが、間もなく死亡した。こうしたおぞましい事件に限らず、ゴミ箱の中で腐りかけた死体や、鉄道線路への飛び込みなど、日常を脅かす悲劇はいくらでもあった。最悪なのは乳幼児の突然死だ。彼が扱ったなかでも数件あった。目を覚ました両親の傍らで、赤ん坊が動かなくなっている。何をしても反応しない。これといった理由もないのだ。自分も子どもを持つ父親としてこれほど辛い事件はなかった。

運動場がマクウィリアムには恰好の逃げ場だった。1980年代の前半には毎年全国警察官陸上大会に出ていて、ある年には100メートル走と200メートル走の両方で銀メダルを獲得した。また、15年にわたって土曜日ごとにマージーサイド警察連合ラグビーチームの選手としてプレイし、アマチュアとしてはイングランドのトップリーグのひとつである北西地区第1リーグで、年間18試合を戦った。マクウィリアムはインサイドセンターとして活躍した。力強いタックルと、タックルされながらのパスといったパワーとスピードの両方を求められるポジションだ。だが1990年代も半ばになると、年齢を感じ始めるようになってきた。マクウィリアムは腹筋に裂傷を負い、手術しなければならなかった。さらには膝蓋腱(しつがいけん)の断裂もあった。2度の手術を受けてフィールドに戻ると今度は顔面に打撃をくらった。鼻血を流しながらもピッチにとどまったが、鼻をかもうとしたとき、彼の目に奇妙なことが起こった。「突然、相手チームの選手が2倍に増えたんです」当時を思い出して彼は言う。マクウィリアムは頬骨を4か所骨折していて、鼻から息をすると眼球がぐらついた。3度目の手術のあと、彼は引退を決意した。「ラグビーを続けていてもローンが払えるわけじゃなし。しがみつくのは意味がない」と悟ったのだ。[19]

それが、足元の自然に再び目を向けるきっかけになった。彼が自然と向き合うのは、実に6歳以来だった。その年、祖母が、英国に棲む236種の鳥類を網羅したS・ヴィアー・ベンソンの『英国の鳥類観察ガイド（*The Observer's Book of British Birds*）』という図鑑をくれたのだった。写真は白黒で多くの鳥は判別が難しく、マクウィリアムはすぐに興味を失った。だがそれから30年経って、マクウィリアムは週末になると3人の息子たち——上から10歳、8歳、2歳——と6歳になる娘を連れて、ランカシャーのマーティン・ミア湿地センターのアドベンチャー・プレイグラウンドに出かけるようになった。ここは最終氷期の氷河に削り取られた低湿地帯で、池や沼、草地が点在している。やがてマクウィリアムは、野鳥を観察するために保護区の奥深くまで入り込んでいくようになった。子どもたちはついてこなかったが、時には妻のリンダ——マクウィリアムはよくふざけて「ミセス・マクウィィー」と呼んでいた――と一緒に出掛けた。

輪生のキャラウェイや多年草のギシギシ、セリ属の一種（*Oenanthe fistulosa*）、ラン科のハクサンチドリ、ケシ科の顕花植物（*Fumaria purpurea*）、大きな花を咲かせるタヌキジソが縁取る散策路を歩きながら、マクウィリアムは双眼鏡を覗き、湿地や草地に集まるおびただしい数の野鳥を眺めた。レンジャーたちとも知り合いになり、専門知識を教わったばかりでなく、彼のキャリアの次のステージでは大いに助けられることになる。週末ごとにマクウィリアムは常連になっていった。野の花が咲き競う春には、タゲリやアカアシシギといった水鳥が魚を捕らえに沼に飛び込む。夏にはチュウヒダカやコチョウゲンボウ、ノスリにハヤブサといった猛禽類たちが、サーマルと呼ばれる暖かな上昇気流に乗って滑空してから、獲物目指して急降下する。秋になればコザクラバシガンがゆらゆらと巨大なVの字を空に描き、アイスランドから干潟を飛び越えて何万羽も渡ってきて、鳴き声であたりを埋め尽くす。冬の間は渡ってきたオオハクチョウの一家やヒドリガモが、騒々しく鳴きかわしている。マクウィリアムは毎年9月、汲み上げた水を満たした湿原と湿原の間の観察小屋に潜み、水に引き寄せられて集まってくるコガモやオナガガモ、ハシビロガモやマガモを眺めるのが好きだった。4月には湿地は乾き始め、新たにタシギやオグロシギ、ハマシギが渡ってくる。

自宅の近くにも野鳥の楽園があった。マージー川河口のリヴァプール・ドックのそばにあるシーフォース自然保護区だ。学校に通っていたころはそのあたりでよく遊んだものだが、当時は路線バスの終点で、ひと気のない砂丘に鉄道の線路があるだけの場所だった。かなり力の入った港湾地区再開発計画によって、そこは約30万平方メートルの淡水と海水の入り混じるラグーンと葦の原とノウサギが棲みつく草原に生まれ変わった。

産業廃棄物が集められた一帯を通りすぎると、風景は一変する。勤務時間前の朝や昼間、マクウィリアムはよく車で保護区を訪れた。水辺を歩いて、カモメのがなり立てる声、水鳥の長く尾を引く鳴き声、カモたちのがあがあと騒ぐ声に快く耳を傾けていると、リヴァプールの端にこんな楽園が栄えていることに、毎度のことながら驚きを禁じ得なかった。ミヤコドリにカナダガン、ハジロコチドリ、それに、それまで存在すら知らなかったカモメの仲間たち――ユリカモメにセグロカモメ、ニシセグロカモメ、オオカモメ、ヒメクビワカモメにボナパルトカモメ――。ウの仲間は、アイリッシュ海の嵐を逃れて、何百羽も連れ立ってやってくる。春の渡りの季節、3月の最終週から5月の第1週の間には、繁殖地のフィンランドに向かう途中のニシセグロカモメたちが、何千羽もラグーンで羽を休めていく。マクウィリアムにはバードウォッチャーの知人が増え、何十種もの鳥を見分け、鳴き声を聞き分けられるようになっていった。

40歳になって間もなく、マクウィリアムが野鳥に関心があるのに気づいた同僚が、その分野のちょっと変わった事件の捜査に関わってみないかと言ってきた。ほどなく、この分野が彼の警察官人生を大きく転換させることになった。それは、世紀の卵泥棒との出会いへと続く道だった。

第7章 裁判

1983年10月5日の午後3時、ワンゲ国立公園で働く若き環境保護活動家のクリストファー・〝キット〟・ハスラーは、公園事務所で、新生国家ジンバブエの首都ハラレにある国立公園野生生物管理局の本部から無線連絡を受けた（ジンバブエという国名は、最大の部族ショナの言語で「石の家」を表す語からきていて、これは南部の町マシンゴ郊外の丘陵にある11世紀の花崗岩の遺跡を指している）。エイドリアンとジェフリーのレンドラム父子が国立公園から絶滅の恐れのある鳥の卵を非合法に手に入れているのではないかとの疑いで、数か月にわたって調査が行われてきたが、関係者は近々ブラワヨの彼らの家を家宅捜索する準備を進めていた。捜査官がレンドラム家の家政婦から秘密裏に事情を聞いたところ、一家の冷蔵庫に「生きた鳥の卵が2個」保管されているという証言を得た。ハラレの本部では、容疑者たちは「非常に抜け目なく、証拠を巧みに隠してしまいかねない」ため、家宅捜索の際には鳥類の専門家についてきてもらいたいと考えたのだ。

「できるかぎりすぐに出発してもらいたい」捜査指揮官はハスラーに指示した。「君が到着し次第、家宅捜索にとりかかる」

年代物のディーゼル車ランドローバーでヒルサイドに着いたころには、あたりは暗くなっていた。ブラワヨの東端にあたるこの一帯は、庭付き邸宅がゆったりと建ち並ぶ界隈だ。マタベルランドの保護監督官オースティン・ンドロヴがふたりの助手と待っていた。3人とも公園管理局のカーキ色の上下の制服に身を固め、肩には緑と黄色の階級章が飾られている。ンドロヴ（ンデベレ語で「象」の意味）がベランダに上がって正面玄関の扉をノックするのを、ハスラーは一歩下がって見ていた。

扉がわずかに開いた。

「エイドリアン・レンドラムさん？」ンドロヴが尋ねた。

「そうですが」相手は答えた。

ンドロヴは書類を掲げて見せた。

「家宅捜索令状が出ています」

40がらみに見えるレンドラムは引き締まった体つきのハンサムな男性で、ドアをもう少し開けると玄関ポーチの明かりで令状を読んだ。読み終わると書類をンドロヴに返した。

「そういうことなら、中へどうぞ」

「卵を調べに来ました」とンドロヴは説明した。[1]

レンドラムは玄関のホールから中へ、捜査官たちを先導した。一家は夕食の最中で、ペギー・レンドラムと下のふたりの子どもたちは戸惑った表情を浮かべて闖入者たちを見つめていたが、ジェフリーは立ち上がって父親の傍らにやってきた。ずっとあとになってジェフリー・レンドラムは、あの時父親も自分も自分たちが何かいけないことをしたとは夢にも思っておらず、家宅捜索は青天のへきれきだったと語っている。「予告も何もなかった。父もわたしも起きていることが信じられず、ショックを受けながら、必死に言葉を探していた。『これはいったいどういうことなんだ』と思いながら」[2]

ンドロヴはてっきりキッチンの冷蔵庫を見せられると思っていたので、エイドリアン・レンドラムに寝室に連れて行かれて虚をつかれた。レンドラムの息子のほうが見守るなか、エイドリアンは緑色の木製キャビネットを示した。高さ150センチ、幅120センチ、奥行きが60センチほどの大きさだ。ンドロブがひとつひとつ引き出しを開けていくと、引き出しの中は小分けされ、ガラスで覆われていた。卵は、綿を敷いた仕切りごとにひとつひとつ宝石のようにおさめられている。ビー玉ほどの大きさで、光沢を帯びた緑色の、ハタオリドリの卵があった。ひとまわり大きな、クリーム色でチョコレート色の斑点が散っているのはヨタカの卵だ。紫色の斑点入りはジンバブエでは最もよく見られる鳴鳥であるアフリカヒヨドリの卵、クリーム色の地に茶色い斑点の入ったハジロアカハラヤブモズの卵がひと揃いと、次から次へと卵が現れた。いくつかある深めの引き出しには、ジンバブエでもかなり稀少な鳥の卵がおさめられていた。コシジロイヌワシやハヤブサ、ソウゲンワシ、それにコシジロハゲワシ。驚きつつも、ンドロヴは全部で300クラッチ「クラッチは連続産卵した卵の個数または日数で、ここでは同一期に産卵した卵のこと」、1000個近い卵があるのを数えた。ハスラーは捜索が続けられている部屋に入り、国立公園野生生物管理局の鳥類学者である、と自己紹介した。エイドリアンはほっとした顔でハスラーを見た。「あなたがいてくれてよかった。大きな誤解があるようです」。事件後、何十年も経ってから尋ねてみると、その時ハスラーは、ふたりが自分を「たらし込もうとしている」と感じたそうだ。同行してきた本部の人間には信が置けないとほのめかすことで、ハスラーが自分だけ信用されていると思って、いい気分になるのを狙っているのだろうと。レンドラムは、自分と息子が鳥類学の修練を積んでおり、評判もいいのだと説明し、卵は「少年の手すさび」に過ぎないと言った。

ハスラーにはとてもそうは思われなかった。卵のコレクションは個人の蒐集物としては群を抜いて数も種類も多く、公園の上級監視員のスティーヴ・エドワーズをはじめ、いろいろなところから聞こえてきていた噂――レンドラム父子がひそかに大量の卵を集めているという噂――を裏づけているように思われた。卵にはすべて製図用のペンと黒インクで、「分類記号」が付されている。非常に小さな文字と数字の組み合わせで、拡大鏡がなければ読み取れないほどだが、ひとつひとつの卵や1クラッチの卵を区分する符号（「c-236」など）になっていて、なかには採取した年が書かれているものもあった。これとは別に詳しいデータを記したカードがあって、同じ符号のカードがあれば、その卵の詳細がわかるようになっているはずだ。

「スタンダードはありますか？」スタンダードはコレクターの隠語で、コレクションに付随するインデックスカードを指す。

レンドラムはインデックスカードの詰まった箱をとってきた。「情報はすべてこの中です。喜んで提出しますよ」

「事実関係を明らかにするために、コレクションをお預かりしなければなりません」ハスラーは告げた。「インデックスカードもです」

ハスラーは居宅内の捜索を続けた。キッチンの冷蔵庫には、ミルクやチーズ、食べ残しの料理と並んで蓋をしていないタッパー容器があり、家宅捜索のきっかけになった物体がおさめられていた。赤と茶のまだらの卵がふたつ。鶏の卵よりわずかに小さい。このふたつの卵は、寝室にあったコレクションとは異なり、分類記号は書かれておらず、コレクションに加えるために胚を吸い出したことを示す穴もなかった。エイドリアンは、これはチュウヒダカの卵だと説明した。雑食性の灰色がかった猛禽で、足が二重関節になっている。これもコレクションに加える予定だとエイドリアンは言った。「今日採取したばかりなので、食事中にクールダウンさせようと、冷蔵庫に入れておいたんです」。だが怪しいものだとハスラーは感じた。ハスラーには卵はハヤブサのもののように思えた。世界中の鷹狩り愛好家の垂涎の的だ。冷蔵庫に保管すると、卵は一時的に仮死状態になる（産まれたばかりの有精卵は冷蔵庫で1週間以上生き延びることができる）ので、その間にブラックマーケットで買い手を見つけて、生きたまま売却すればいい。ローデシアの「1975年国立公園野生生物法」では、高額の罰金が科され、場合によっては収監される可能性もある犯罪だ。

レンドラム一家は、ハスラーと国立公園野生生物管理局の職員が、卵のコレクションと冷蔵されていた卵を運び出し、管理局のトラックに積み込むのを黙って見つめていた。積み込みがすむと、管理局職員はジェフリーを逮捕し、ヒルサイド署に連行した。ジェフリーは許可なく野生生物の身体の一部を所持していた罪で調書をとられたあと、保釈された。エイドリアンも間もなく訴追されることになった[3]。

レンドラム父子が逮捕されたことは、ブラワヨのバードウォッチャーたちにたちまちのうちに知れ渡った。ジンバブエ自然史博物館の鳥類分野の管理部では、パット・ローバーが、娘と息子が学校に行っている間の平日の午前中、週に5日勤務するようになっていた。逮捕の翌日、ローバーが「鳥の部屋」の自分のデスクにいると、ハスラーが卵を満載した引き出しを持って入ってきた。

「これどう思います?」ハスラーが尋ねた。

「卵のコレクションでしょ?」

「レンドラム父子が集めたものなんです」。ハスラーのうしろには制服姿の管理局職員が6人もついていて、さらに20個の引き出しを持ち込んだ。ローバーは目を丸くして行列を見つめた。ジェフリーが学校時代に卵を集めていたことはとっくに承知していたが、すでにそんな趣味からは卒業したと思い込んでいたのだ。ローバーはハスラーとともに、800個の卵の殻をひとつひとつ分類していった。エイドリアンのおかげで作業は楽だった。レンドラム父子は、卵の種類、採取年月日、目立った特徴（「尖ったほうの先端に赤い斑点がひとつある」など）、マトボ国立公園内で採取した卵であれば、ヴァル・ガーゲットが調査チームのメンバーに伝えていた巣の番号などまで、微に入り細を穿って記録していた。コシジロイヌワシの卵は7クラッチ分、カンムリクマタカの卵がひとつ、チャイロチュウヒワシの卵がひとつ、ゴマバラワシの卵3クラッチ分、それに、オジロワシ類、ハヤブサ、ラナーハヤブサ、ナベコウ、コシジロハゲワシ、ノスリ、ソウゲンワシなどの卵がそれぞれ数クラッチずつあった。全部合わせて特別保護種の卵が34クラッチ見つかった。多くはどうやら、マトボ国立公園の中で採取されたものだった。何十人もの寄贈者から60年以上かけて集められた8000クラッチの卵を所有している自然史博物館のコレクションに比べれば小さいものではあったけれど、それでも息をのむようなコレクションだった。

　ローバーは、レンドラム父子がガーゲットの調査用に記入していた巣の記録カードの記載と、コレクションのインデックスカードを突き合せた。巣の記録カードはすべて博物館に保管されている。記録カードにも、レンドラムはヒナの成長をこまごまと記載していた。「ヒナはよく育っている」「巣の際に羽ばたこうとする翼が見える」「巣は空。巣立ち完了」[4]

すべて嘘だったのだ。

ハスラーはガーゲットを呼び出し、経緯を伝えた。常に慎重なガーゲットは、当初レンドラム父子への疑念を自分の胸におさめていた。だがここ数か月は懸念が深まり、ローデシア鳥類協会――現在はバードライフ・ジンバブエと名称を変えている――のごく少数の会員にだけは打ち明けていた。ガーゲットの疑念を信じようとしない会員も少なくなかった。ある年輩の会員は、「ヴァルは気にしすぎだ」とハスラーにこぼしてもいた。保護種の卵をより分けながら、ガーゲットには失望と怒り、それにやるせない後悔の念が押し寄せていた。

ガーゲットはイワワシミミズクの卵を手に取った。世界で最も稀少な鳥の一種だ。ふたつの卵が産み落とされたイワワシミミズクの巣をエイドリアンに見せた日のことは、はっきりと覚えていた。1978年8月の初めだった。その後、卵はふたつとも消え失せてしまう。原因のわからない謎だったが、その答えが今ここにあった。コレクションのインデックスカードによれば、レンドラムがイワワシミミズクの卵を採取したのは、1978年の8月13日だった。

エイドリアンとジェフリーのレンドラム父子の裁判は、1984年の8月に始まった。逮捕からほぼ1年後、法廷のある治安判事裁判所は、ブラワヨ中心部のフォート通りに1930年代に建てられた、正面に列柱がある白亜の4階建てだ。逮捕後の1年を、レンドラム父子はそれ以前と変わらずに過ごしていた。エイドリアンはダンロップタイヤで、ジェフリーは缶詰工場で働いていた。バードライフ・ジンバブエの50人あまりのメンバーたちとは絶縁したものの、ブラワヨの住民で事件について知っている者はほとんどいなかった。尋ねてくる者がいると、ジェフリーは父親とガーゲットの個人的な確執からくるトラブルだとこぼした。だが裁判が開かれることになって、ブラワヨで最も読者の多い日刊紙「クロニクル」が、事件を大々的に扱い、多くの耳目を集めることになった。ペギー・レンドラムが教鞭をとっていたガールズ・カレッジの同僚の記憶では、教員たちは戸惑いを隠せなかったものの、大方はペギーに同情的だったという。「誤解」がもとになっている、ペギーの夫があれだけ誠心誠意取り組んでいた調査のなかで、陰で卵を盗んだと考えるなんて馬鹿げている、という意見が大勢だったようだ。[6]

　検察はレンドラム父子が、国立公園内の卵79クラッチと、特別保護種の卵34クラッチを不法に蒐集、所持したこと、および記録の改竄で有罪であるとした。「エイドリアンは言い抜けられると思っていました」パット・ローバーは言う。[7] 裁判が始まって数週間後、法廷が1週間休みに入ると、エイドリアンはダンロップタイヤの同僚を招き、早々と自分の無罪放免を祝うティーパーティーまで開いていた。

　ダンロップタイヤのオフィスで着ている仕事着に身を包んだエイドリアンは、ラフな服装の22歳の息子と並んで、傍聴席の前に陣取った。傍聴席にはバードライフ・ジンバブエのメンバーたちが詰めかけていた。北向きの窓から日光が差し込み、高い天井に吊り下げられたファンが法廷内の空気をかき混ぜる。ひび割れた白い壁に、ロバート・ムガベの肖像が掛けられていた。

レンドラム父子が絶滅の恐れのある鳥を狙った犯罪の証拠は多すぎるほどだった。ローバーとガーゲット、ハスラーをはじめ鳥類の専門家たちが記録カードの矛盾を指摘した。ジェフリー・レンドラムが保護種の巣のある木に登り、卵を隠すように服や鞄の中に入れるところを目撃した証人も複数にのぼった。エイドリアン・レンドラムのある知人は証言台に立ち、逮捕のあとレンドラムから、卵のコレクションの多くは自分が譲ったものだと嘘の証言をするよう頼まれた、と話した。もちろん彼は断った。

検察官は内心、卵泥棒を象やサイの密猟のように騒ぎ立てる専門家たちに当惑していたのだが、判事は違った。治安判事裁判所の判事は通常、殺人や暴行、強盗のような重罪は扱わない。この裁判を担当したジャイルズ・ロミリー判事は白人支配のローデシア時代から引き続いて裁判所にとどまったほどの尊敬を集める人物で、野外活動にも熱心だったため、レンドラムの訴因が本当であれば重大な犯罪だと考えていた。公判中、ロミリー判事は、レンドラムが卵を盗んだとされるコシジロイヌワシの巣を現場検証することにした。前年に起こった政治的虐殺が原因で、当時マトボ丘陵は、ムガベ政権と対立し、政府関係者は皆殺しにすると公言していたンデベレ族の反政府勢力が牛耳っていた。そんななか、武装した警備員に守られながら判事は巣を調べ、この巣でヒナが孵った形跡はなく、であれば卵は盗まれたに違いないことを確信し、大急ぎでマトボ国立公園をあとにした。

法廷では、エイドリアンもジェフリーも、余裕たっぷり、少しもけんか腰にならずにすべてを否認した。ジェフリー・レンドラムは、自分が国立公園から持ち帰ったごく少数の卵はすでに死んでいたと断言し、卵が死んでいることを確かめる方法をその場で実演してみせた。卵を激しく揺さぶったあと、耳を澄ませて音がしないか確かめる方法と、転がしてみて「不規則に」転がるかどうかをみる方法だ。だがローバーとハスラーがそのようなやり方は無意味だと証言した。[8] レンドラムがやったように激しく卵を揺すぶったりしたら、生きている胚まで死んでしまう。記録カードの誤記載については、レンドラム父子は、科学教育を受けていないせいであって、ごまかそうという意図などなかったと言い訳した。

10月1日、公判が始まって6週間後、判事は裁定に達したと宣言した。法廷が静まり返るなか、ロミリー判事はふたりに窃盗と非合法物の所持で有罪を言い渡した。エイドリアン・レンドラムには詐欺の罪も加わった。「被告人2名はその行為により、専門家が長きにわたって行ってきた重要な調査活動を損なった」――裁判記録には、ロミリー判事の言葉がこのように記されている。「被告人たちは、国立公園野生生物管理局並びに鳥類協会と博物館スタッフからの信頼を悪用した」

かくなる犯罪に対しては「最大級の処罰」が下されてしかるべきであり、父子ともに2500ドルの罰金を科し、軽トラックと孵卵器、卵のコレクションは没収、4か月の重労働、ただし5年間の執行猶予を言い渡した。5年間問題を起こさなければ収監されることはない。国立公園野生生物管理局は、すでにふたりのジンバブエの全国立公園への立ち入りを禁じていた。「おそらく被告人たちにとっては非常に重い屈辱になることだろう」[9]

判事が判決を読み上げたとき、パット・ローバーは法廷にいた。判決を聞いたエイドリアンは、「がっくり頭を垂れました」[10]

たった1年前には、レンドラム父子はヴァル・ガーゲットが最も目をかける弟子だった。それがいまや疫病神だ。「みんな、ふたりとは関わり合いになろうとしなくなりました」[11]。ローバーはそう言っているが、判決は自然保護論者たちには物足りない内容だった。キット・ハスラーは、レンドラム父子が生きた卵やヒナをこっそり国外に持ち出し、西ヨーロッパのバイヤーに売りさばいていたに違いないと考えていた。そう考えるようになったきっかけは、冷蔵庫にあったハヤブサの卵だ。公園管理局でも、裁判の始まる前、レンドラムの自宅で5つの孵卵器と、ポケットのついたベルトを発見していた。ベルトは有精卵を運ぶ際に――空港の保安検査を受けるときにも卵を保温しておけるようにわざわざつくられたように見えた。最も強力な証拠は、一家の家政婦が、息子のほうのレンドラムが卵をベルトのポケットに入れ、空港に持っていったあと、「3日間帰って来なかったことがある」と、自分の名前を出さないことを条件に警察でした証言だった[12]。捜査に深く関わっていたハスラーはこの証言を知っていたが、裁判の直前、公判で証言すれば仕事を失い、その後も誰にも雇ってもらえないかもしれないと恐れた家政婦が証言を取り下げてしまう。法廷に提出できるのは状況証拠――孵卵器とベルト――しかなく、どちらも結局提出されなかった。被告人を密輸の罪に問い、刑務所に送る証拠には乏しい、と判事が判断したからだ。

ハスラーの疑念は、裁判が終わった数日後に裏づけられることになる。英国の警察がバーミンガム近郊の農家を捜索し、ヒナと有精卵を不法に輸入していた男性を逮捕したのだ。男性が違法に入手したヒナと卵は、いずれもジンバブエから来たゴマバラワシのものが4つ、カンムリクマタカのものが3つ、コシジロイヌワシのものがふたつで、全部で1万ポンドの価値があった。英国の警察は公表しなかったが、入手先はエイドリアン・レンドラムを示していた（息子はどうやら関与していなかったようだ）。「英国の警察は、レンドラムが入国さえすれば逮捕するのに充分な証拠は揃っていると断言している」と「クロニクル」紙は報じた。[13]

ジンバブエの司法当局は最終的に、レンドラムが盗んだ卵で利益を得ている確固たる証拠、例えば銀行口座への入金や購入者による証言がなく、公判維持には不十分であると結論を下した。エイドリアン・レンドラムが告訴されることはなかったが、レンドラム父子がブラックマーケットに関わっているという噂は消えなかった。ヨーロッパ全域をカバーする猛禽類保護のネットワーク、WWGBPでは、1985年3月の会報でレンドラム父子を鳥の卵の密輸業者と特定し、その売買は「国際的な麻薬取引とよく似た仕組みで多国間で行われている」と報じている。[14]

運搬中の卵を死なせないための工夫や、充分に成長したヒナを孵す新たな技術が広まったことで、稀少な鳥を好む愛好家の緊密なコミュニティでは、然るべき金額を積めば卵の中の猛禽を手に入れることができると流布されるようになった。会報は、卵の闇売買は年間３００万ドル規模で、最も高価なシロハヤブサの卵の価格は8万ドルに達すると伝えている。世界で最も美しく、かつ珍しい種を求める猛禽の愛好家にとっては、鳥の本来の生息地から何千キロも離れた空に、コシジロイヌワシを、願わくばもっと稀少なカンムリクマタカをわが手で飛ばすのはこれ以上ない栄誉なのだ。

ブラワヨにある国立科学技術大学の鳥類学者で、ヴァル・ガーゲットの相談相手でもあるピーター・マンディ教授は、20年ののち当時を振り返って、父親と息子は共依存だったのではないかと言う。マンディはエイドリアンともジェフリーとも、何年も親しく付き合っていた。父親とはよく鳥類協会の夜の集まりで顔を合わせ、空港やタイヤ・ショップなど町中で会えば、相手が父親でも息子のほうでも会話は弾んだ。だが裁判になり、判決が出ると、マンディにはそれまで見えていなかったふたりの暗部が明るみに出た。息子のほうのレンドラムは「とても人好きのする若者で、すこぶるエネルギッシュだった」と、ずっとあとになって、マンディは、バードライフ・ジンバブエが季節ごとに発行している「ハニーガイド」誌に書いている。「もしも、科学的関心と努力を正しい方向に向けていれば、彼はきっと……鳥類研究に多大な貢献をしていただろう。どこで間違ってしまったのか。父親の行動が影響したのであろうことは想像に難くない」[15]

キット・ハスラーによると、裁判の間ずっと、ジェフリー・レンドラムは、「自分にはその資格がある」と言いたげなそぶりを崩さなかったという。それはおそらく、植民地時代のローデシアで特権階級の白人として生まれ育ったことと無関係ではないだろうとハスラーは考えている。「彼はどうやら、野生生物保護区に入って好きなものをとってくるのは自分の権利だと信じていたようなのです」[16]。当時ハスラーは知らなかったが、ジェフリーは公園野生生物管理局の汚職に手を染めた職員にそそのかされて卵を盗んだと供述していた。10代のころから、コシジロイヌワシやモモジロクマタカ、ラナーハヤブサといった特別保護種のヒナを捕まえては、けっこうな小遣いを稼いでいたと、後年レンドラムは語っている。「連中、自分では巣まで登れないから、おれに頼んでくるんだ」。ヒナを国外に持ち出したのは職員だ、とジェフリーは主張した[17]。とはいえ、法廷ではジェフリー・レンドラムはそうした供述を一切しなかった。誰も信じてはくれないと思ったから、とのちに説明している。

ジェフリー・レンドラムは、判決から数か月後、南アフリカに移った。前科の知られている土地を離れ、新しい人生を始めたかったのだ。いまだアパルトヘイト政策の真っただ中にあって、強硬な白人至上主義者でアフリカーナ［オランダ系白人］のP・W・ボータ――あだ名は「大ワニ」――首相に率いられた国では、Oレベルのほとんどを落としたような若者でも、白人男性でさえあれば、安定して給料のいい仕事を見つけるのはわけもなかった。彼が去ったあとには、悪感情と、少なくともひとつ、失意が残された。ガーゲットはレンドラム父子とは二度と口をきこうとせず、ふたりを決して許さなかった。彼らを信用してしまった罪悪感から、ガーゲットは慈しんできたコシジロイヌワシの調査を諦め、子どもふたりと孫たちが暮らしているオーストラリアに移住してしまった。

ブラワヨの野生生物保護活動家たちは傷つき、レンドラム父子を密輸の罪で告発しきれなかったことを悔やんで、何とかして息子のほうのレンドラムを再び法廷に引きずり出そうと奔走した。マンディによれば、南アフリカ警察がジンバブエ当局と協議し、最終的に南アフリカでレンドラムを逮捕して、ジンバブエに囚われているふたりの南アフリカ人密猟者と交換することになった。マンディの同僚などは自ら南アフリカに赴いて卵泥棒のレンドラム青年の行方を捜し、やがてヨハネスブルグ郊外の草原に少年時代の友人ハワード・ウォラーの農場があり、ジェフリーがそこにかくまわれていることを突き止めた。だがレンドラムはジンバブエ側の動きを察知し、「闇に紛れて姿を消し」、行方をくらました、とマンディは「ハニーガイド」誌に書いている。[18] 犯罪人引き渡しの協議など絵空事だと、後年レンドラムは批判している。「あの男はトム・クランシーの読みすぎなんだ[19]」

いずれにしても、ジンバブエの野生生物保護当局は、次第にレンドラムへの関心を失っていった。国立公園への立ち入り禁止も、1年後に解け、レンドラムはこっそりジンバブエに舞い戻るようになった。彼は特別保護種の卵を買い入れてくれる新たな顧客リストをつかんでいたのだ――中東の砂漠の顧客たちを。

第8章 コレクター

アンディ・マクウィリアムが英国で最も優れた野生生物犯罪捜査官に変貌を遂げたのは、彼がはなはだしい焦燥感に駆られていた時期だった。41歳で、夜勤につき、無線連絡をさばいていた。町に出て地元の人々と関わるのは苦にならなかったが、麻薬や強盗、暴力沙汰には辟易していて、何か新しいことに目を向けてみたくてうずうずしていた。ある日、マクウィリアムがバードウォッチングにはまっているのをよく知る同僚が、マージーサイドに住む30歳の男の名前を伝えてきた。野鳥が産んだ卵をこっそり採取してコレクションしているというのだ。マクウィリアムはウェスト・ミッドランズの判事から捜索令状を出してもらい、男の自宅に立ち入り、屋根裏部屋で木箱を3つ押さえた。脱脂綿を敷きつめた箱には200個ほどの卵が入っていた。絶滅危惧種の卵もたくさんあった。男は、死んだ兄から譲られたコレクションだと主張し、証言してもらうために母親を連れてきた。抵抗をものともせずにマクウィリアムは男を逮捕した。さらに数週間後、バードウォッチング仲間からの情報で、もうひとり卵コレクターを逮捕することができた。

ふたりを逮捕して間もなく、マクウィリアムはガイ・ショーロックに連絡をとった。王立鳥類保護協会の主任捜査官だ。協会は1889年、動物の権利擁護の活動家エミリー・ウィリアムソンによってマンチェスターで創立され、珍しい鳥の羽根の取引に抵抗する活動から始まった。流行に敏感な欧米の女性たちの間で、帽子の飾りに美しい羽根の需要が天井知らずに高まり、ダチョウやインコ類、カンムリカイツブリの個体数が世界中で激減したためだ。それ以来、同協会は、英国最大の環境保護団体に発展した。会員はおよそ200万人、英国全土に200か所の自然保護区を有し、ロンドン北部の町サンディの約16万平方メートルに及ぶ土地に建つマナーハウスに本部を構えている。マナーハウスはかつて、ロンドン警視庁の生みの親の親族、ピール家が所有していたこともあった地所だ。ショーロックは民間慈善団体である協会に専属する少数精鋭の鳥類専門捜査官チームの一員で、協会には野生生物がらみで不法行為をした人物のデータベースがあり、しばしば警察とも協力して鳥にからむ犯罪を解決に導いてきた。

ショーロックはやせ型の筋肉質で、眼光鋭い青い目をして、グレーの髪にはちらほらと白いものが目立ってきている。大学では生化学を専攻し、協会に来る前はマンチェスター警察で働いていたショーロックは、野生の鳥のロンダリングや、ペットのハトを愛するあまり、ハトを狙うハヤブサに毒餌を食べさせたり撃ち殺したりする鳩愛好家や、こちらもハヤブサを目の敵にすることがある個人所有の猟場の管理人、そして何より卵コレクターを追いつめることに情熱を燃やしてきた。「卵の殻を集めるという虚しい行為は自己満足以外の何物にもならず、世界中で不興を買っている」。ショーロックは自分が指揮し、一般の人々からも喝采を浴びた全国的な手入れについてブログに記している。「春になると毎年、週末には電話が鳴りっぱなしになる。全国各地からかかってくるが特に多いのがスコットランドからで、怪しい人物や車を見かけたという通報や、すでに巣が荒らされてしまったという悲しい知らせもある」[1]。マクウィリアムはショーロックに、マージーサイドの卵コレクターがからむ事件に目を光らせておいてほしいと頼んだのだった。

ショーロックはちょうど、デニス・グリーンのファイルを開いたところだった。デニス・グリーンは57歳、自然や鳥類を題材にする写真家で、王立鳥類保護協会のメンバーでもあり、年老いた母親とリヴァプールでひっそりと暮らしている。別のコレクターの日記に、グリーンの名前が出てきていて、ショーロックは彼が自宅に、大量の卵を隠しているのではないかと疑いを持っていた。１９９９年4月、マクウィリアムは家宅捜索令状をとり、ショーロックとともにグリーンの自宅に踏み込んだ。小さな二軒長屋の片側が彼の家だった。眉が濃く、整った顔立ちで、後退しつつある頭頂部から髪をひと房、長く垂らしているグリーンは、はじめこそショックを受けた様子だったが、長年にわたってため込んできたさまざまな記念品で散らかったロフトへの狭い階段を捜査官たちが上がっていくと、ひと言も発することなく階段の脇に立ち尽くしていた。

ふたりはサッカーの試合のプログラムやら、蛾の標本箱やら、サッカー選手やテレビタレントといった有名人のサインやら、鳥の剝製やらをかき分けた。剝製のなかには、ハイイロチュウヒやコミミズクといった、稀少な鳥のものもあった。やがてふたりは、ねじ止めされた何十という60×90センチほどの合板の箱に行き当たった。開けてみると、中にはこれでもかとばかりに卵が入っていた。このほか、プラスチック容器や缶、2階のグリーンの寝室で、山ほどの剝製に埋もれかけていたディスプレイキャビネットの、40個もの引き出しの中からもさらに数百個が見つかった。総計すると、2部屋に鳥の剝製が99個あり、マクウィリアムとショーロックは、さらに4000個以上の卵を発見したのだった。当時としては、英国で押収された最大の卵コレクションだった。イヌワシやハヤブサ、ミサゴなど、「1981年野生生物及び田園地域法」で保護すべき鳥類として「附則1（スケジュール）」に記載され、巣に近づくことさえも「妨害行為」として犯罪に認定される種類の鳥の卵も含まれていた。英国には当時、イヌワシのつがいは250組しか残されておらず、そんななかマクウィリアムは、グリーンの自宅でイヌワシの卵を12個発見したのだった。

グリーンは、何もかも「誤解」だと言い募った。これらは英国で卵の採集が初めて違法とされた1954年以前に、自分ではない人たちが集めたものだと説明し、1920年代から30年代に書かれた1000枚もの記録カードを証拠として引っ張りだしてきた。[2] だが鑑識による分析の結果、カードは偽造だと判明した。すべてグリーンの手によって、ボールペンとサインペンで書かれており、そうした筆記具が市場に出回るのは、1920〜30年代より数十年もあとになってからだ。ふたつのミサゴの卵には、1991年にもらった「プレゼント」だと記されていた。野生の巣から盗まれたに違いないと見当をつけたショーロックは、その年、有志によって撮影されたスコットランドのミサゴの写真、数百枚を片端から見ていった。万一、卵が盗まれたときのために、巣を監視して卵の特徴を記録しておいてくれる有志たちがいるのだ。写真のなかのふたつの卵に、グリーンのコレクションのものと同じ特徴的な赤い斑点が見つかった。[3]

　その年、リヴァプールの治安判事裁判所で行われた公判で、グリーンはショーロックとマクウィリアムが、「ナチスの突撃隊」さながらに自分の家を襲ったと非難した。ショーロックは判事にグリーンの自宅の居間で撮った写真を見せた。誰かが口にした冗談に、グリーンとマクウィリアム、それにもうひとりの警察官が揃って笑っている写真だ。

「ナチスのようには見えませんね」判事は言った。

「ですが、わたしの笑みは引きつっていますよ」グリーンは抗弁した。[4]

　グリーンは12の罪状で有罪となった。卵の不法所持や許可なしに保護対象の鳥の剥製を所有していたことも処罰の対象となった。だがグリーンの困窮状態——彼は週１１９ポンドの生活保護で暮らしていた——が考慮され、判事は罰金を科すのを諦め、12か月の条件付き釈放を言い渡した。つまりその期間に別の犯罪を犯さなければ、グリーンは刑の執行を免れられるわけだ。卵コレクションと剥製のいくつかは没収された（グリーンはほかの剥製を庭で燃やしてしまったと主張していたが、4年後に友人の家に隠していたことが発覚する）。マクウィリアムはショーロックが居間で撮った写真と、グリーンの「引きつった笑み」発言を印刷したTシャツをつくり、記念にショーロックに贈った。

卵コレクターは歴史上ずっと胡散くさく見られていたわけではない。1671年、有名な日記作者のサミュエル・ピープスの同時代人で、著述家のジョン・イーヴリンが、サー・トマス・ブラウンをイングランド、ノリッジの自宅に訪ねた。サー・トマスは高名な医師であり、著作ものし、古物蒐集家としても知られていた。イーヴリンは彼の「珍奇な品々、特にメダル、書籍、植物や自然の産物が最高の状態で蒐集されたキャビネット」に驚きを隠さない。ブラウンの「珍奇な」品々のうちに、記録に残るかぎり世界で最古の卵コレクションのひとつがある。「手に入るかぎりの家禽や野鳥の卵が並べられていた。この地域（特にノーフォークの断崖）は……ツルやコウノトリ、ワシ、それにさまざまな水鳥がよく飛来するからだ」[5]

ヴィクトリア女王の治世には、卵学が鳥類学の重要な一分野を占めるまでになっていた。ロスチャイルド家の後継者で、ロンドン近郊のトリングに動物学博物館［現在はロンドン自然史博物館の分館］を創設したウォルター・ロスチャイルドのような富裕な人物が出資して、アマゾンの熱帯雨林やハワイ諸島、中央アフリカ、ボルネオといった遠隔地に、新種を集めに行かせた。「国家の威信という名目をもって蒐集・入手にいそしんだ結果、想像を超える量の卵と鳥（同定用の皮膚と骨格だけになっているものがほとんど）が集められた」と、英国の鳥類学者ティム・バークヘッドが著書『最も完璧なもの（*The Most Perfect Thing*）』（とはもちろん、鳥の卵を指す）に書いている。[6]

卵学者たちは、科学探究のために勇敢な偉業を成し遂げたと讃えられることが多かった。ドイツ生まれのアメリカ軍将校チャールズ・ベンダイアなどは、南北戦争後、西部に点在する要塞を足掛かりに卵を集めてまわり、1872年には馬に乗ったアパッチの集団に襲われながら、アリゾナの砂漠に立つヒロハハコヤナギの木から、オビオノスリの卵をかすめ取っている。彼は斑点の入った球体を歯に挟み、するすると木を下りて逃げ出した。「息も絶え絶えにキャンプに倒れ込んだとき、ベンダイアは、どうしても卵を吐き出すことができなくなっていた」と伝記に書かれている。兵士たちが寄ってたかって彼の口をこじ開け、何とか卵は無事に取り出せたものの、ベンダイアの歯も1本とれてしまった。[7]

歯どころではないものを失った採集者もいる。マサチューセッツ州トーントン出身のジョン・C・カルフーンは、ワタリガラスの卵を求めてカナダ、ニューファンドランド島のセント・ジョンズ付近の崖をよじ登り、手に汗握る新聞記事のネタになった。「鳥の島でアメリカ人鳥類学者が蛮行」というのが1889年の新聞記事の見出しだ。「彼は切り立った90メートルほどの崖をよじ登った。漁師たちは怖気をふるい、オールにしがみついて危険きわまりない登頂を見つめた」。2年後、この同じ崖のワタリガラスの巣を目指して登っているとき、カルフーンはついに力尽き、約60メートルの高さから転落して命を落とした。1901年、新婚旅行でアメリカのシエラネバダ山脈を訪れている間に卵を集めていたフランシス・J・ブリットウェルは、強風に吹き飛ばされ、登っていた松の木の地上20メートルほどの梢から落ちて安全ロープに首が引っ掛かり、新妻の目の前で絶命した。[8] ノース・カロライナ州で卵コレクターの一族に生まれたリチャードソン・P・スミスウィックは、1909年、ヴァージニア州南東部の砂丘でアメリカヤマセミの巣を追いかけていたとき、窪みにはまって窒息した。当時アメリカの卵コレクターの間で人気のあった雑誌「オーロジスト［鳥卵学者］」は、事故を「活動的で有益な人生が悲しい結末を迎えた。スミスウィック氏は自身が選んだ科学分野に意欲的に取り組む若き活動家であった」と報じている。[9]

卵学者のなかにも、真摯に科学を探究しようとする者はいた。エドガー・チャンスはエドワード朝のコレクターだが、カッコウの繁殖行動の観察に生涯を捧げ、鳥類学者として初めて「托卵」――卵を別の種の鳥の巣に産み落とし、仮親に抱卵させる行為――を記述した。また、1911年、悲劇に終わったロバート・スコットの南極探検隊の3人のメンバーは、エンペラーペンギンの卵を採取するため、零下60度ほどのブリザードのなかを110キロ以上も歩いた。探検家たちは19世紀の生物学者エルンスト・ヘッケルが唱えた「反復説」、ある生物が受精してから妊娠または孵化にいたるまでは、その生物の進化の過程を繰り返すという仮説を証明しようとしていた（ヘッケルは、ヒトの胚の首のうしろの溝が魚の鰓に類似していて、それが人間には魚類に類する祖先がいた証拠であると信じていた）。南極の3人は、鳥が爬虫類から進化したことを、ペンギンの胚が示してくれるのではないかと考えた。残念ながら卵は何も証明してはくれなかった。

とはいえ、ほとんどのコレクターを駆り立てていたのは、あるヴィクトリア朝の評者の言葉を借りれば、単に「美しいものを求める情熱、珍しいものを求める欲望」だったのだ[10]。

なかでもとびぬけていたのが、英国の珍品コレクターたちだった。エドワード朝のコレクターでサセックス出身のジョン・アーシントン・ウォルポール＝ボンドは、イギリス諸島に生息するすべての種の卵を、本来の生息地で見たと豪語し、何千という数の卵を集めた。「彼がサセックスの崖っぷちを悠々と歩いている姿を、今もありありと思い出すことができる」というのは、1958年、ウォルポール＝ボンドの死亡記事に友人が寄せた一文だ。「強い風が吹くと、足を止め……断崖の先端に這いつくばって身を乗り出し、ハヤブサを（巣から）追い出そうと手を叩いた」[11]。卵を奪うために、猛禽を脅かして巣から追い払おうとしたわけだ。フランシス・チャールズ・ロバート・ジュールダンはオックスフォードで学んだ牧師だが、額に、ワシの巣に近づこうとして崖から落ちたときの傷跡があった。彼のコレクションは1万7500クラッチに及び、西ヨーロッパ最大のコレクションと考えられている。ティム・バークヘッドは『最も完璧なもの』で、コレクターの多くが標本に性的な魅力を見出していたのではないかと推測している。19世紀のケンブリッジ大学動物学教授アルフレッド・ニュートンは、明らかに「性的対象を見つめる目で卵を眺めて」何時間も過ごし、女性が自分の卵標本を見るのを禁じていた、と同時代の人が伝えている[12]。「卵の完全無比な曲線が、男性心理に深く根づく欲望を視覚と触覚の両方から刺激するのではないだろうか」とバークヘッドは書いている。「ファベルジェの卵［ロシア皇室御用達の宝石師によるイースターエッグを模した宝飾品」があれほどの人気を博している理由も、ひとつにはそれかもしれない。高価だが、多産の究極のシンボルとして、官能を触発する婚礼の贈り物となる」[13]

ニュートンをはじめとする卵コレクターたちは、最終的には鳥類学者や大衆の支持を失っていく。第1次世界大戦後には、卵を集めることに科学的価値はほとんどなく、むしろ種を絶滅に追い込みかねないという認識が広まっていった。1922年、王立鳥類保護協会は、卵の蒐集は鳥にとって「明らかな脅威」であると宣告し[14]、ロスチャイルドやチャンス、ジュールダンも所属していた英国鳥学会（BOU）もそうした行為を非難した。3人は立腹して学会とたもとを分かち、英国鳥卵学協会（BOA）を結成した。こちらは1940年にジュールダンが没すると、ジュールダン・ソサエティと名称を変えた。会員は会食して卵を見せ合ったり、採集の苦労話を語り合ったりした。

だがコレクターはますます排斥されるようになっていく。「われわれ英国民は、長らく受け継がれてきた鳥類という輝かしい財産に関心を寄せず、身勝手で貪欲な輩がわれわれの国土から貴重な鳥たちを根こそぎにしていくのを許してしまうほどに無頓着でよいものか」と糾弾するのは、英国の鳥類学雑誌「ザ・フィールド」に、1935年、ある熱心な活動家が寄せた文章だが、変わり始めた当時の世論を映し出している[15]。1952年には、「ガーディアン」紙に田園日誌を寄稿していたジャーナリストのハリー・グリフィンが、「荒れ地の暗殺者」と卵コレクターを揶揄している。[16] その2年後、「鳥類保護法」ができ、卵の採集は違法になった。王立鳥類保護協会の覆面捜査官が、ジュールダン・ソサエティの会員のホテルの部屋を盗聴し、会食の席を取り押さえた。英国鳥類学協会（BTO）のクリス・ミードは、ジュールダン・ソサエティが違法なコレクターのネットワークをつくり、「バードウォッチング界の疫病神」になっていると批判した。[17]

1960年代にリヴァプールで少年時代を過ごしたアンディ・マクウィリアムには、父親が卵のコレクションを持っているという同級生が少なからずいたし、自ら郊外へ出かけて卵をかすめてくる友人もいた。だがそうした娯楽が自然を脅かすと理解されていくにつれ、コレクターのほとんどが、別の趣味を探すようになっていった。それでも頑として採集をやめない者はいた。ジュールダン・ソサエティの事務局にいたジェイムズ・ウィテカーが、「1981年野生生物及び田園地域法」のもとで有罪となり、違法に採集された148個の卵（総数2895個の一部）を押収されると、ジュールダン・ソサエティの会員のひとりは、証拠を集めた王立鳥類保護協会を「リトル・ヒトラー」になぞらえた。[18]

21世紀を目前にしても、英国中で大勢の卵コレクターたちが、ひそかに標本を集め続けていた。そしてアンディ・マクウィリアムが、彼らにとって最大の仇敵（きゅうてき）のひとりになろうとしていた。2000年にオペレーション・イースターへの参加を求められたのである。これは王立鳥類保護協会のガイ・ショーロックがスコットランド警察とともにその3年前に着手した全国規模の取り締まりで、最重要対象者としてコレクター130人をあぶり出していた。「英国でこの種の作戦を全国的に警察が行うのは稀有なことなんです」。あとを絶たない鳥の巣荒らしを前に、ショーロックとともにオペレーション・イースターを始めた警察官アラン・スチュワートは語る。[19] 彼はかつて「スコティッシュ・フィールド」誌で、「英国の野生生物捜査の第一人者」と評されたことがあると、2012年の「ニューヨーカー」誌が紹介している。「これ以外でこうした作戦が展開されるのは、麻薬取引、人身売買、サッカーのフーリガンの取り締まりくらいのものでしょう」[20]

マクウィリアムはまず、マージーサイドの十数人からなる悪しきネットワークから手をつけることにした。一味は揃って、〝卵狩り〟にいそしむこともあった。手始めに、マクウィリアムは失業した家具職人のカールトン・ジュリアン・ドクルーズに狙いを定めた。この男は写真家のデニス・グリーンとは長年の知己でもあり、何年も前から英国全土で巣を襲っているという噂があったが、捕まったことはなかった。ショーロックは、ドクルーズがリヴァプールのどこかに隠れ家を持っていて、そこに山ほどの卵標本をため込んでいるのではないかと疑っていた。マクウィリアムはドクルーズの張り込みを開始した。ドクルーズは丸顔で頭は剃り上げ、うっすらと口ひげと顎ひげを蓄えている。ある晩、マクウィリアムはドクルーズの自宅の私道に、オペレーション・イースターが目をつけている別の容疑者のピックアップ・トラックが停まっているのを見つけた。荷台に、空気で膨らませて使う小型ボート(ディンギー)が載っている。やつらはスコットランド北部に出かける準備をしているに違いない、とマクウィリアムは確信した。スコットランド北部はドクルーズお気に入りの狩り場のひとつだ。男たちが出てくると、マクウィリアムは大胆にもふたりを呼び止めたものの、何か犯罪の証拠をつかんでいたわけではない。ふたりは馬鹿にするような笑いを浮かべて走り去ったが、マクウィリアムからすれば、それはふたりが笑っていられる最後の時だったかもしれない。「目的地には着いたものの、ディンギーに穴を開けていたらしくてね」と風の噂で聞きました。何者かがディンギーを膨らませられなかったのでしょう」。マクウィリアムは照れくさそうに言う。「それをどう解釈するかは人それぞれですが」[21]

この出来事から間もなくマクウィリアムは、情報提供者から、ドクルーズが引っ越したと聞かされた。卵コレクションも、おそらく新居に移されただろう、と。マクウィリアムは新居の住所を手に入れ、家宅捜索令状をとったうえで玄関の扉を叩いた。返事を待ち、再びノックする。隣人からドクルーズが在宅していると聞くなり、マクウィリアムはドアを蹴破り、邸内に踏み込んだ。ドクルーズは下着姿で2階の浴室にいた。膝をつき、懸命に卵を割っているところだった。インデックスカードも引き裂き、トイレに流そうとしていた。

もう1枚の家宅捜索令状でドクルーズの母親の家も捜索されたが、そちらのほうからは何も出ず、母親の家から回ってきたショーロックが水道の元栓を閉め、便器を外してインデックスカードの細片と粉々になった卵の殻を回収して乾かした。ロンドン近郊にある王立鳥類保護協会の研究室で、ショーロックは研究員とともに、ハヤブサとオジロワシ類、それにミサゴの卵138個を復元した。「まるで不気味なジグソーパズルでした」[22]

証拠はほかにも押さえられた。マクウィリアムはドクルーズが壊してトイレに流しきれなかった卵を完全な形で355個押収した。ドクルーズは罪を認め、6か月収監された。卵の違法な蒐集で刑務所に入ったコレクターは、彼でようやくふたり目だった。「野生生物及び田園地域法」は2000年に改正されて、卵の蒐集に最長6か月の有期刑を科せることになっていた。それまで卵コレクターに科せられる罰は1個につき5000ポンド、法改正時には7500ポンドになっていた罰金だけで、最高額は、ジェイミーとリーのマクラーレン兄弟に科された9万ポンド、およそ12万ドルだった。兄弟は、捜査官たちからは卵コレクター界の「アボットとコステロ［アメリカのお笑いコンビ］」というあだ名で知られた存在で、イングランド北部で海鳥の卵を盗む自分たちの姿を、お互いに録画しあっていた[23]。

ドクルーズの有罪が確定すると、2002年、世界自然保護基金（WWF）はマクウィリアムを「英国で今年最も活躍した取締官」に選んだ。このころにはマクウィリアムは上司の許可を得て、通常の警察業務を削って野生生物に関する犯罪捜査にますます時間を割くようになっていた。署内でほかにこの仕事をやりたがる者はなく、捜査のために彼はしょっちゅうマージーサイドの隅々まで出かけることになった。マクウィリアムは娯楽のために犬を使ってアナグマを単穴に追いつめ、殺す輩のなかに、裏社会の情報提供者を増やしていった。農場に突撃し、家宅捜索令状を執行し、映像を収めたビデオを押収し、衣類や車内に散ったアナグマの血痕を押さえた。マクウィリアムが入手した証拠は、狩猟犬のテリアになぞらえ「テリアマン」を自称する悪質なアナグマ狩り師を、「1992年アナグマ保護法」に基づく動物虐待の罪で、複数摘発するのに役立った。心に残って忘れられない捜査もある。パートナーのスティーヴ・ハリスとともに、アナグマ狩りをしている疑いのある人物のリヴァプール近郊の自宅を捜索した折のことだ。家屋の裏で発見した犬小屋が、ひどい傷を負った犬だらけだった。鼻がない犬、下あごをもがれた犬――いずれも穴掘りのために鋭い牙を持つ生き物と激しく渡り合った結果だった。

さらに捜索を続けると、容疑者の四輪駆動車の後部座席で、無料の害獣駆除サービスを謳うパンフレットの束が見つかった。「田舎でキツネに悩まされているやつらにやるんだ」逮捕後の取り調べで男は言った。農業地帯では、家禽や子ブタ、子ヒツジ、それにペットを襲ったり、狂犬病を媒介することもあるキツネを駆除するために、農家が害獣駆除業者を依頼することも少なくない。

「どうして金をとらないんだ？」とハリスが尋ねる。

「それはな」男は落ち着きはらって答えた。「獣を殺すのが好きでたまらないからさ[24]」

動物愛護団体の訴えを受けて、サウスポート動物園の捜査に乗り出したこともあった。そこはマージーサイドのプレジャーランド・アミューズメント・パークに隣接していて、施設は古びていた。オセロットやサーバル、ユキヒョウといったネコ科動物の檻（おり）がガタの来ている木製のジェットコースターのすぐ脇にあり、夏の間は毎日10時間、4分ごとに軌道を揺らして通るコースターのそばで、大型のネコたちはイライラと歩き回っていた。たった1頭だけのメスライオンはほぼ1日中屋内の獣舎で過ごし、チンパンジーの兄弟は、がらんとして手入れの行き届かない不潔な檻に、1頭ずつ別々に入れられていた。現状を自分の目で確かめたマクウィリアムは、閉園に持っていく方策を探し始めた。最終的に彼は、ワシントン条約（ＣＩＴＥＳ）の13項目に違反しているとして所有者一家を逮捕し、有罪が確定すると行政によって動物園は閉鎖された。だが自分が、週末や祝日に動物園にやってきては入り口の前で動物の権利を訴えてきた活動家たちから、「ある種の英雄」に祀り上げられたことは、マクウィリアムには不本意だった。「あの人たちとは距離を置いておきたかったんです」[25]。彼はあくまで警察官であり、活動家ではなかった。

ミズハタネズミが川べりに掘った巣穴をひそかに掘り返した不動産開発業者2社を捜索したこともある。半水棲(はんすいせい)のげっ歯類であるミズハタネズミは、イングランドでは最も絶滅に近いと言われる動物の一種で、業者が巣を壊したのは、住宅団地の排水設備をつくるためだった。巣の破壊を目撃したのは近所に住む95歳の老人だったが、その証言をもとにマクウィリアムは、開発業者たちに自白を迫った。結局、開発業者は保護種を脅かしたかどで起訴され、多額の罰金を科せられた。絶滅危惧リストに載っている稀少な鳥や獣の剝製の広告を地元紙に出していた剝製業者に、おとり捜査を仕掛けたこともある。客を装って電話をかけ、「ＣＩＴＥＳの許可はいらないんですか？」とワシントン条約の輸出入許可書を引き合いに、彼は尋ねた。「そんなもの、誰も確認しやしませんよ」。業者の答えに、マクウィリアムは予約を入れると、逮捕状を携えて業者のもとを訪れ、違法輸入で逮捕した。[26]

とはいえ、彼の事件簿の大半を占めていたのは卵コレクターだ。王立鳥類保護協会のガイ・ショーロックと緊密に連携をとりながら、暗号化されたメモを解読し、手書きのカードを、荒らされた巣を記録した野鳥保護団体のデータベースと照らし合わせ、コレクションはフリーマーケットで買ったものだとか亡くなった親戚から譲り受けたとかいう言い訳をひとつひとつつぶしていった。「コレクターがマクウィリアムを出し抜くことなどできなかった」野鳥がからむ事件で何度も一緒に捜査に当たったスティーヴ・ハリスは言う。[27] マクウィリアムは怪しげな売買が行われていないか、eBayをはじめとするオンラインショップを常日ごろくまなくチェックしていた。ある時、リヴァプール在住の人物が、ネットで大量の気泡緩衝材（プチプチ）やプラスチック容器、発泡スチロールケース、それに専門書を注文しているのが目に留まった。マクウィリアムはこの人物が国外に出ている間に家宅捜索令状をとり、机の引き出しからは、小さなやすり、ドリル、ピペットなど卵の中身を吸い出す道具を、標本棚からは1000個にも及ぶ卵標本を発見した。イングランドに戻ってくると同時に、この人物は逮捕された。

マクウィリアムはまた、内通者の数も増やしていった。多くはコレクターの元恋人や、反目するコレクターが通報者になる。「アンディはくそ真面目で昔気質の警官でした」とショーロックは言う。「警察の仕事というものを熟知していたし、人間というものをよく知っていた[28]」。そしてマクウィリアムは、秘められた人物相関図を見出してもいた。ドクルーズの自宅の捜索で発見された手書きのメモに、アンソニー・ハイアムという人物を示す暗号があった。39歳になるハイアムは印刷会社のマネージャーで、どうやら英国全土にまたがって巣を荒らしているようだった。ある情報源が、ハイアムがコレクションを秘匿しているらしい場所を伝えてきた。ハイアムの元恋人の近所に住む老婦人の家だ。マクウィリアムはまたしても捜索令状をとって老婦人の家のドアを叩いた。

「ハイアムさんから、お宅の屋根裏にしまっておいてほしいと、何か預かっていませんか？」

「いいえ」老婦人はどぎまぎした様子で答えた。

顔に「はい」と書いてあるな、マクウィリアムは思った。

室内に入るとあとはいつもの手順で屋根裏に上がり、計１０００個の卵をおさめた箱をいくつかと、卵採集の様子を記録した手帳と写真を発見した。ハイアムは数か月かけて老婦人と親しくなり、詳細は伏せたまま箱を保管してくれるよう、丁重に頼んでいたのだった。中身が何なのか、女性には知る由もなかった。肩幅が広く、髭はきれいに剃り、ブロンドの髪を整えたハイアムは、かつて盛んに運動し、今はしなくなった人にありがちな少しばかりたるんだ体つきをしている。マクウィリアムに逮捕されたあと、別の場所に隠してあったコレクション数百個も素直に提出したが、多くがハヤブサやミサゴ、イヌワシといった猛禽の卵だった。コレクションを渡しながらハイアムはさも名残惜しげに「美しいじゃないですか」とマクウィリアムに漏らした。[29]

そういう執着をどう理解すればいいのか、マクウィリアムはもがいていた。「6万4000ドルの疑問ですよ」[30]。オペレーション・イースターで捜査対象となった複数の卵コレクターの生き方を追った2015年公開のドキュメンタリー映画「ポーチド［poachは密猟の意味だが、卵料理の一種、ポーチドエッグにもかけている］」で、マクウィリアムは監督のティモシー・ウィーラーに語っている。「卵の中身は吸い出してほんのわずかなカルシウムの部分だけを残すけれど、それもどこかに飾れるものじゃない。結局は人の目に触れないように隠しておくのですが、そんなことをして何を得ているのか、わたしには謎です」

執着の対象をたったひとつの種に限っているコレクターもいる。先のドクルーズがとりつかれていたのはベニハシガラスで、ウェールズやコーンウォールで見られるカラスによく似たこの鳥は、地面から何十メートルも上の崖の巣に、一度に5個前後、赤い斑点のあるクリーム色の卵を産む。巣の近づきがたさにむしろ発奮したのか、ドクルーズはその経歴中28クラッチの卵を盗んでいた。あまつさえ、出版社のオリエル・ストリンガー社から刊行されている鳥の巣学のシリーズに、採集した卵について長文の寄稿までしている。このシリーズは主として卵コレクターたちが、コレクター仲間のために作成し、どこを探せば巣が見つかるかといった手掛かりが満載だ。シリーズ中の1編、W・ピアソンによる『ミサゴ（*The Osprey*）』には、英国内の営巣地80か所が紹介され、位置情報からマツの枯木だとかヴィクトリア朝の記念碑とか湖といった目印まで記載されている。ピアソンは序文で、シリーズの最初の本が刊行されたあと、「似非活動家が目くじらを立て、ある鳥類保護団体は高等法院に刊行を差し止める訴えを起こした」と記している。訴えは棄却された[31]。

マクウィリアムが逮捕したなかには、小型の鳴鳥で、林の奥や低木の間の地面に隠すようにつくった巣に、4個から8個の卵を産むヨーロッパビンズイに生涯をかけたコレクターもいた。このコレクターはマクウィリアムに、自分はワシのような猛禽の巣を狙う輩は軽蔑しているんだと語っている。なぜなら猛禽は体が大きくよく目立つため、彼からしたらたいして難しくないからだ。

アンソニー・ハイアムは、自分が「ハヤブサにとりつかれている」ことを認めている[32]。一方、マクウィリアムが2004年に逮捕したマンチェスター在住のデレク・リーは、16歳から採集を始め、次第に稀少種へと的を絞っていった。手始めはクロウタドリやウタツグミだったが、「チョウゲンボウやハイタカの卵を探してほかの場所にも足を延ばすようになった」と、2006年、「ガーディアン」紙に語っている。「次の挑戦はノスリだった。そうして最後のハヤブサとアカトビに行き着いたんだ[33]」。コレクターの多くが恋焦がれているのは、ガイ・ショーロックによればアオアシシギの卵だという。大型のシギの仲間で、長い足は緑色、羽はグレーでスコットランド北部の人里離れた湿地に棲む。地面の窪みにつくる巣はたいてい、コケや低木、マツの葉などに隠れていて、一度に4個ほど産み落とされる卵を見つけるのは至難の業であり、「卵採集の頂点をきわめる」ことになるのだという。[34]

コレクターたちにはまた別の共通する傾向があることに、マクウィリアムは気づいていた。過ぎ去りし時代、卵学が尊敬を集める探究であったころの先人たちをまねようとする者がいるのだ。彼がドクルーズの寝室で見つけた手書きの用語集には、19世紀末の用語や言い回しがあふれていて、憧れのジュールダン・ソサエティの会員の手になる手記に似せようとした努力のあとが見て取れた。ハイアムは自宅の事務所をヴィクトリア朝の家具で飾りつけ、ジョン・ウォルポール＝ボンドの日記をもとに、この高名なコレクターがスコットランド北部の人里離れた谷間を歩いた道のりをなぞって36回トレッキングを行い、ウォルポール＝ボンドと同じ場所の多くで60の巣を発見した。英国史上最も悪名高い卵コレクターのひとりマシュー・ゴンショーは、寝室にウォルポール＝ボンドの写真を飾っていた。「男の中の男、ジョックをしのんで」と、ゴンショーが写真に記していたのは、ウォルポール＝ボンドのあだ名だ。[35] 長年にわたるコレクター人生で、ゴンショーは何千という卵を盗み、何度も投獄され、スコットランドには生涯足を踏み入れることを禁じられた。

コレクターたちは皆、現実の危険も楽しんだ。切り立った岩場をまっすぐに下りる危険や、木をよじ登り、荒れ狂う沢を渡る危うさ。ハイアムは1991年、ウェールズ北部の採石場でハヤブサの巣めがけて登っていた相棒のデニス・ヒューズが足を滑らせて、数十メートル滑落（かつらく）し、命を落としたのを目の当たりにしている。事故は心の傷になったどころか、「いたって快調、夢中になって見ていた」と日記に記している。[36] ハイアム自身も死にかけたことがあった。凍りつくような湖で島に向かっているときにディンギーが転覆したのだ。ドクルーズもまた、とある冬に凍死しかけたことがあるとマクウィリアムに打ち明けている。スコットランド北部で営巣地を探していて、荒野のただなかで道に迷ったのだ。英国メディアに「英国一情け容赦のない卵コレクター」と書かれた修理工のコリン・ワトソンは、2006年の5月の朝、ヨークシャーでハイタカの巣を狙っているときに10メートル以上あるカラマツから転げ落ち、多発外傷でその場で死亡した。死を報じた「デイリー・ミラー」紙は「これで巣は安心(ネスト・イン・ピース)」と見出しに掲げた。[37]

コレクターたちにとっては、当局との駆け引きも刺激のひとつだ。デレク・リーは無心なバードウォッチャーを装い、人のいいパーク・レンジャーたちを欺いて営巣地に案内させてはほくそ笑んでいた。ドクルーズのフィールド・ノートや書簡には、共犯者たちが「86」、「15」という具合に数字の符号で記されていて、その詳細は「極秘」と記された封筒におさめられていた。[38] マクウィリアムが逮捕したコレクターのなかには、当局の目を逃れる巧妙な手順を考え出した者もいて、獲得物をおさめたケースを地中や木の洞(うろ)に隠しておき、シーズンオフにレンジャーや王立鳥類保護協会の見張りがいなくなってから取り戻しにいったりした。マクウィリアムの同僚のひとりは、ノーフォークの大工の棟梁を逮捕したのだが、この男は自分のトレーラーハウスのあちこちに秘密の場所をつくっていて、椅子やソファの座面の下などが空洞になっており、何千という卵をそこに隠していた。マシュー・ゴンショーは、ベッドのフレームをくりぬいて、そこにコレクションのなかでも最も貴重な卵をおさめていた。
　コレクターにとって興奮が最高潮に達するのは、常に、求めていた目標についに到達する瞬間だ。「わが目に映った光景を、わたしは生涯大切な宝物とするであろう」。1992年、初めてミサゴの巣までよじ登ったときのことを、ハイアムはそう書いている。ミサゴのメスが警戒して「叫びながら」飛び去ったあと、ハイアムは巣に近づいた。「黄昏の淡い光のなか、湿ったコケに包まれて立派な斑点の入った卵が3つ見えた。わたしは卵を手袋の中に入れ、それを帽子で包むと、帽子を歯にくわえて運んだ」[39]。ドクルーズは1997年、20世紀初めに英国では狩り尽くされたオジロワシの巣を襲おうと企てた。王立鳥類保護協会が12組のつがいをスコットランドに再導入したところだったのだ。ドクルーズは共謀者とともにインナー・ヘブリディーズ諸島のマル島へ赴いた。この島には複数のつがいが棲みついていた。「そこはとても寒く、わたしの体も冷え切っていた。そこでWとわたしは一歩一歩確かめながら湖へと向かった」――日記に記された痛ましい顛末は、こんなふうに始まっている。

　暗闇を歩くのは苦行で、わたしは何度も滑ったが、われわれは真夜中ごろようやく森に着いた。できるだけひっそりとWが木を登り始める。ようやくなかほどにたどり着いたあたりで、（ワシが）叫び始め、巣の際で激しく羽をはためかせた。……Wは、メスを追い払えないと叫んできた。わたしは、巣から枝を抜き取って追い払ってみろ、と叫び返した。数分後、母鳥が飛び去ったのでWは巣に手を突っ込んだものの、母鳥は2個目の卵を割ってしまっていた。われわれは、母鳥が割れた卵を抱き続けるかもしれないと願って、卵を置いてきた。ふたりとも意気消沈して、湖からの長い道を戻った。[40]

こうした記述を見るにつけ、マクウィリアムは卵採集がまぎれもなく利己心からくる行為であり、神聖な自然への冒涜だという思いを強くした。英国の猛禽類国際センター（ICBP）の主任学芸員ホリー・ケールが指摘しているように、「(母) 鳥の存在理由はひとえに、産み、育てることとです。それが失われれば母鳥は激しく苦悩し、傷つき、卵がなくなったことを声を大にして主張し、時には巣に戻り、卵を探そうとするでしょう[41]」。鳥は、最初に産んだクラッチがうまく孵らないと、同じ繁殖期のうちにもう一度産卵することもあるが、カルシウムをつくり出すことはメスのエネルギーを大きく消耗させる。つまり翌年まで、チャンスは巡ってこないのが普通だということだ。

とはいえ、コレクターにも同情の余地がなかったわけではない。マクウィリアムが出会ったコレクターの多くは「一匹狼で社会に適応できない」ように、彼には思われた[42]。ほぼ卵のためだけに生きているような連中だった。デニス・グリーンは母親が死ぬまで、母子ふたりで貧乏暮らしをしていて、母親の死後は、等身大の彼女の写真を、生前いつも座っていたソファにセロテープで貼りつけていた。マシュー・ゴンショーは生活保護でほとんど世捨て人のように生き延びていた。営巣地へは公共交通機関を使って出かけ、「バターから、『Bird's』なるメーカーのカスタードミックスひと袋に至るまで」のフィールドで必要になる装備の費用は、1ペンス単位で計算していたと、「ニューヨーカー」誌に書かれている。[43]

アンソニー・ハイアムは異色だった。印刷会社のマネージャーという定職に就き、まともな家に住み、長きにわたるパートナーと友人がいて、自分自身執着だと認めているものを満たそうとしたために、すべてを台無しにしたことをいたく悔しがっていた。「たかが鳥の卵をとっただけで刑務所に入ることになるなんて信じられない」。2004年、マクウィリアムがマージーサイドのハイアムの自宅を訪れたとき、ハイアムはそうこぼしている。彼はその後まもなく、4か月の刑で収監されることになっていた。[44] マクウィリアムは、ハイアムが自分のしでかしたことを本当に悔いていると感じて、それを映画監督のティモシー・ウィーラーに告げた。ウィーラーは、卵コレクターをアルコールや薬物の乱用者と同列だとみていた。「彼らはどうにかして自分たちの行動を正当化できてしまえるんです。愛してやまない対象まさにそのものを、実際には損なってしまっている現実を見るよりも、卵に対する欲望が勝るのでしょう」と、ウィーラーはアメリカの自然・環境保護団体であるオーデュボン協会に語っている。[45] アンソニー・ハイアムのような人物を駆り立ててしまうのが何なのか、科学的探究はほとんどなされていないが、2011年6月に発行された「ジャーナル・オブ・エコノミック・サイコロジー」に掲載された恐竜の卵の化石を蒐集するコレクターに関する論文は、卵の蒐集が、われわれの祖先が「珍しくて入手困難な……ものを」獲得することによって仲間の気を引こうとした「シグナリング」戦略の名残りであろうと仮説を立てている。そうした行為は「現代では実りは少ないが」自然淘汰によってわたしたちの遺伝子に組み込まれているのかもしれない、と論文の著者は推論し、少なくとも一部の人間にとっては抗いがたい衝動なのだろうという。[46]

アメリカ不安神経症協会は、注意欠陥・多動性障害や鬱とも関連する強迫的な蒐集癖（ためこみ症）と、節度をもって行われるコレクションとを、明確に区別している。だが、デニス・グリーンのように、役にたたないガラクタに囲まれながら何ひとつ捨てることのできなくなっているような卵コレクターには、明らかにその区別はなくなっている。

マクウィリアムは、保護観察期間中もハイアムと連絡をとり続けた。ハイアムはどうにか以前の印刷会社の仕事に戻ることができ、職人に頼んで押収された卵コレクションの一部を模型にしてもらっていた。「いいでしょう?」ハイアムは嬉しそうに、アクリル製の卵をマクウィリアムに見せてきた。「これほどなのか」マクウィリアムは思ったが、口には出さず、ハイアムの執着の深さに胸を痛めた。自然のなかを歩くことはハイアムには変わらぬ喜びだったものの、前科があるためにちょっとしたことで逮捕されるのではないかと不安に感じていた。ある日、ウェールズ北部の山間のハイキングコースを歩いていると、目の前の路上にベニハシガラスの死骸を見つけた。カラスの足には、研究用につけられたもの、飼い主が変わるたびにつけられたとみられるものなど、5、6個ほども足環がついていた。ハイアムは目を奪われ、このカラスの来歴を調べてみたい衝動を抑えがたくなって、その場でマクウィリアムに電話をかけた。「こいつを拾った状態で職務質問されたら、やばいですよね。どうしたらいいでしょう」。マクウィリアムはカラスに触れないよう忠告し、最寄りにいる野生生物に詳しい警察官に連絡をとった。その警察官がハイアムのもとに駆けつけ、小さな死骸を引き取った。

コレクターのなかには、逮捕されようと収監されようと、卵の魅力の前にはなんの抑止にもならない者もいた。ウェスト・ミッドランズ、コヴェントリーの屋根職人グレゴリー・ピーター・ウィールは、10年間で10回逮捕され、6か月間刑務所にいたことさえあるにもかかわらず、「どうしても止めることができないようだ」とマクウィリアムは言う。5か月の刑期を終えたドクルーズにもマクウィリアムは尋ねてみた。「これで懲りたか？　もうやめるかな」「二度とやらないとは決して言えない」とドクルーズは答えたという。[47]

1999年から2005年の間に、英国の治安判事裁判所は8人の卵コレクターを刑務所に送り込んだが、そのうちの5人はマクウィリアムが逮捕した。アンソニー・ハイアムは4か月、カールトン・ドクルーズは5か月服役した。デニス・グリーンは、2002年に「捜査を攪乱（かくらん）した」罪で4か月の刑を受けた。ドクルーズの家に違法な剝製を数十個も隠していたのに、当局に嘘をついたためだ。2004年にマクウィリアムは家具職人のジョン・レイサムを逮捕した。この人物は3か月の間に、稀少なカワセミを含む14種の卵、282個を集めていた。同じ年、マクウィリアムはマンチェスター在住のデレク・リーも逮捕している。リーは特に見つけるのが困難な種の卵をとってくるのを得意としていた。そうするうち、オペレーション・イースターが成功したこと、逮捕されると罰金でなく実刑になると浸透したことなどが相まって、ありがたいことに「卵の蒐集は下火になった」とガイ・ショーロックは言う。「主だったコレクターが足を洗うか、この世を去ったんだ」[48]。英国にはまだ有力なコレクターが複数潜んでいることは確実ではあったが、定期的な恩赦なども手伝って、違法に蒐集された卵コレクションの持ち主たちの多くが、自主的に警察に出頭するようになっていた。

そうやって検挙数をあげ、起訴に持ち込んできたにもかかわらず、マクウィリアムの同僚の多くが、彼の仕事を物笑いの種にしていた。マクウィリアムとハリスが、稀少な野鳥を盗んだ、あるいは絶滅危惧種の卵をかすめ取ったとみられる容疑者をクロスビー署に連れてくると、警察官たちは彼らを指して笑ったものだ。「くちばしの前に突き出してやれよ」。「くちばしの前に」というのが英国では判事を指す隠語なのだ。野生生物犯罪は「些末なこととみられていた」とハリスは言う[49]。だがマクウィリアムは当てこすりをものともしなかった。何年もの間、卵蒐集にとりつかれた者たちを捜査してきて、彼らの特性を観察し、言い逃れを見抜くすべを覚え、彼らの執着の深さを理解するにつれ、マクウィリアムは野鳥のからむ犯罪の代償がなんであるかがわかってきていた。そんな彼が、それまで出会ったなかでも最も手強い卵泥棒と対峙して、能力と経験をそそぎ込むことになるのは間もなくだった。

第9章 アフリカ・エクストリーム

1998年の夏、36歳になったジェフリー・レンドラムはその少し前に離婚して、ヨハネスブルグ北西のジュクスケイ・パークで暮らしていた。緑豊かな、中流階級の多い界隈だ。札付きとなってブラワヨを離れてから13年、彼は自力で新たな人生を築いていた。子連れの南アフリカ女性と結婚し、ふたりの間には子どもができないまま離婚したものの、関係は良好で、元妻は息子と一緒に、時折レンドラムの自宅にやってきては食事をともにしていた。

レンドラムはひとりで、ウォラス・ディストリビューターと称し、車のパーツや掘削機、航空機の部品などを調達しては、トヨタのピックアップ・トラックで国境を越え、ジンバブエの顧客に配送する事業を行っていた。ムガベ政権の政策で外貨の出入りが厳しく制限されていたジンバブエでは、輸入品に課せられる関税の高さや割り当て制限の厳しさも相まって、正規のルートで予備の部品を入手するのがとても難しくなっていた。しかもレンドラムは、ほとんどありとあらゆるものを調達してみせた。鉱山のエレベーター用のクロスロープ、エンジンブロック、クロムメッキのドア枠などなど、何でもだ。レンドラムはほとんどいつも路上にいると言っていいくらいで、北はザンビア近くの銅やタングステン、ニッケルの鉱山まで、往復で2400キロほども車を走らせた。

干ばつの年、商売に走り回っていないときにはジンバブエに舞い戻り、国立公園野生生物管理局に代わってゾウなどの安楽死に携わることもあった。だが、鳥の巣を襲うことからは完全に手を引いたと彼は主張していた。「鳥には手も触れていない」[1]（のちに法廷で、彼はその発言を訂正し、崖登りや巣漁りは続けているが、「トランスヴァール鷹匠クラブの繁殖プログラムのために」合法的に「オオハイタカの卵を採取した」と供述している）[2]。

英国人ビジネスマン、ポール・マリンはその年の7月、アフリカ南部と中東一帯にインターネット通信網を展開しようとするアメリカ企業の地域統括者として、ヨハネスブルグに赴任し、レンドラムと知り合った。マリンの仕事は国営の通信会社にサーバーやハードウェアの導入を勧めることだった。軍人家庭育ちのマリンは、父親が、ナチスの戦犯ルドルフ・ヘスが唯一の収監者だったころ、ベルリンのシュパンダウ戦犯刑務所の警護に当たっていたというのが自慢だった。放浪癖があり、アフリカ大陸を5、6回は横断していて、また、熱心なレーシングカー・ファンで、毎年F1グランプリのシーズンになると、自費でガイドブックを発行している。スパイものも大好きで、乗り回している三菱パジェロに、PCM007というナンバープレートをつけているのが自慢だった。

マリンをレンドラムと引き合わせたのは、ハウス・オブ・ローズ［「英国上院」の意味になる］という名のナイトクラブで以前ストリッパーをしていたマリンの恋人で、ストリッパー時代にレンドラムと知り合い、時々金を払って送迎を頼むことがあったのだ。レンドラムはマリンを自分のバンガローに招いた。岩盤の上を流れる浅くて細いジュクスケイ川に二分された庭を見下ろす、簡素な家だ。ビールを空けるうちに、ふたりとも速い車と猛獣狩りが好きという共通点があるのがわかった。マリンから見たレンドラムは人当たりがよくてよくしゃべり、愛車の赤いミニクーパーSのことになると恐ろしく熱が入った。ほどなくふたりは定期的に会って、コーヒーを飲んだり、レンドラムのミニクーパーを駆ってヨハネスブルグ郊外のF1仕様のレースコースに出かけては、時速220キロ以上のスピードでスピンターンを試みたりするようになった。ふたりで出かけるとき、レンドラムはよく、ローデシア紛争ではローデシア特殊空挺部隊の一員として手柄を立てたことを自慢した。それが「大ボラ」であることはわかっていたとマリンは言うが、当時は進展しつつある友情を壊したくなくて何も言わなかったという。数か月後、レンドラムはマリンに頼みごとをした。ブラワヨの友人がジャガーEタイプのダッシュボードをカスタマイズしたがっているので、クルミ材をイングランドから持ってきてほしいというのだ。

レンドラムは常に新しい機会をうかがっていて、1999年の初め、マリンを新規の事業に誘い込んだ。彼は南アフリカのあちこちにあって、景品用のTシャツから木彫りのサイまで何でも売っているおもしろ雑貨屋に目をつけていた。ヨハネスブルグの国際空港にまで、大きな店舗がある。ヨハネスブルグのショッピングモールで、シーフード・レストランチェーンのオーシャン・バスケットでカキを食べながら、レンドラムはマリンを説得した。「いい考えだと思わないか。アフリカの手工芸品を英国に持っていって売るんだよ」。マリンは、レンドラムが何事か企んでいるなと思いつつ、「やってみよう」と返事をした。

マリンとレンドラムは金を出し合い、合わせて1万5000ポンド用意した。ふたりはまずジンバブエに行ってみた。品物を卸してくれそうな、あてになる業者がいくつかと、関税手続きや出荷などを引き受けてくれる会社が見つかった。最初の店舗はロンドンの南約110キロの、サウサンプトンにオープンした。サウサンプトンは、マリンが家を持っていて、かつての恋人が、ふたりの間の5歳になる娘と変わらずに住んでいる町だった。マリンは元恋人を雇ってレジに入ってもらい、店をアフリカ風に飾りつけた。天井からテントを吊るし、壁はシマウマ模様に塗り、カウンターを藁で覆う。マリンとレンドラムは、この事業をアフリカ・エクストリームと名づけた。

共同経営者となったふたりは、手工芸品を求めて毎月ジンバブエへ出かけた。通信会社の仕事は自分で勤務をやりくりできたので、マリンが1週間不在にしても、文句を言う顧客はいなかった。ふたりはブラワヨから北へヴィクトリアの滝まで行き、それからワンゲ国立公園を通って南下した。約1600キロに及ぶ行程で、おおむね5日を要した。初めはサウサンプトンの店の棚を埋めるために爆買いしたのだが、すると複数の職人を抱えたある業者が、木彫りの猛獣を大量に生産する契約を申し出てきた。マリンとレンドラムは現金で支払ったうえ、職人たちに石鹸や砂糖、ミーリー・ミール（粗挽きトウモロコシ粉）、衣類その他の日用品も提供した。ほかの業者からも、黒檀（こくたん）の杖や石鹸石を彫ったカバやサイ、暗緑色の斑点が入った蛇紋石（じゃもんせき）でつくったヒョウ、磨き上げたムクワの木からこしらえたサギやコウノトリ、チーク材のサイドテーブル、果物籠、伝統的な太鼓、5センチくらいの小さなものから等身大に近いものまで、さまざまな大きさのキリンの彫り物などなどの商品が手に入った。

ふたりは買い求めた商品をレンドラムのピックアップ・トラックにつないだトレーラーに積み、ブラワヨに戻ると、レンドラムの少年時代の友人のひとりで、ヒョウ狩りのプロ、クレイグ・ハントが所有するホテル、サザン・コンフォート・ロッジでコンテナに詰め替えた。ロッジは喧騒から離れた藁ぶき屋根の建物で、プールがあり、駆除されたゾウの骨がいたるところに使われていた。運送業者は商品をすべて燻蒸（くんじょう）消毒したうえで、インド洋に面した南アフリカの港湾都市ダーバンへ運び、そこからロンドン行きの船に積み替えた。マリンは手工芸品を集めてサウサンプトンの店へ送った。マリンもレンドラムも、大量生産された安物は買わないようにして、腕のいい職人の手になる手彫りの作品を追い求めた。マリンはカメルーンの路上市で古い部族の仮面を見つけると、二束三文で購入し、イングランドでは1枚数百ポンドで販売した。

レンドラムはジンバブエの顧客に工業部品を調達する事業のほうも続けていて、マリンはしばしばそちらの行き来にも付き合った。南アフリカからジンバブエへの国境越えの主要ルートであるベイト・ブリッジで何時間も待たされるのを避けるため、レンドラムは行列の先頭にいる人に、200ランド（約20ドル）かコーラ1ケースで場所を代わってもらうのが常だった。それからジンバブエの税関職員と他愛ないおしゃべりをし、ささやかな袖の下をそっと握らせて通してもらうのだった。「もしもわたしが国境警備員で、顔パスにする代わりに1か月分の給料と同じだけ払われたら、それは目をつぶるね」とマリンは言う。レンドラムは調達した部品を配達し、現金で支払いを受け、激しく変動するジンバブエの貨幣価値をにらんで、ランドとジンバブエドル、アメリカドルを交換した。マリンの目にレンドラムは血も涙もないやり手ビジネスマンで、「手っ取り早く金をつくるためには手段を選ばない」ように見えた。

事業は新たな展開をみせた。ハラレの職人から買い取った鋼鉄製で高さ1メートル前後もあるサギの像が、サウサンプトンの店で飛ぶように売れたため、自分たちで製作に乗り出すことにしたのだ。南アフリカから溶接機械を輸入し、ブラワヨに金属加工工房を立ち上げ、地元の職人を雇った。また、英国の園芸用品販売チェーン2社と、鋼鉄製の鳥を大量に輸出する契約を交わした。さらにはまた、ナイロビで露店の並ぶ手工芸品市を見つけ、間もなく黒檀やキシイストーン（ヴィクトリア湖周辺だけでとれる石鹸石の一種。桃色で成形が容易）を彫る職人が自分の作品を携え、列をなしてホテルの部屋にやってくるようになった。ボツワナの湿地では葦を編んだ籠を、ザンビアでは木製の仮面を買った。レンドラムは交渉術を心得ていたし、アフリカの手工芸品を見る目もあり、商売人ともすぐに打ち解けた。少年時代に、ジンバブエ南部で話されているズールー語系のンデレベ語を少しかじっていたのと、民族も言語も違う方々の土地から集まってきたアフリカ南部の鉱山労働者らの間で共通語になっていた、〝ファナゴロ〟というズールー語と英語とアフリカーンス語をごちゃまぜにしたような言葉で話をすることもできた（ローデシアの白人で一定以上の年齢にある人の多くは、使用人と意思疎通するためにファナゴロを学んでいた）。

レンドラムが資金が足りないと言い出すと、マリンは財務上のリスクを引き受けた。マリンは、共同経営者が返済してくれることはないだろうと思っていたが、自分が資金を出し続けなければ手工芸品は入手できなくなり、事業が立ち行かなくなることもわかっていた。「あの人、ちょっと変よ」依然としてサウサンプトンの店で働いているマリンの元恋人が忠告してきた。「信用しちゃだめよ」。だがその時点でマリンは、どっぷりと深みにはまっていたのだ。

無謀ともいえるペースで動いていたため、命を落としかけたこともあった。マリンはアフリカの未舗装路を走るのにうってつけの四駆の三菱パジェロを、3リッターエンジンと、空気を圧縮してエンジンに余分な酸素を供給し、車の走りをぐっとよくしてくれるスーパーチャージャーでチューンアップしていた。焼けつくように暑いある午後、ベイト・ブリッジからブラワヨへとパジェロを飛ばしていたところ、車の脇から黒い煙が漂い出しているのに気づいた。道路には油の黒いあとがついている。あとになって判明したのだが、ピストンのひとつが焦げつき、クランクケースの内圧が高まってエンジンがオイルを被っていたのだった。車を止めてエンジンをチェックしようと、マリンがボンネットを開けたとたん、どっと流れ込んだ空気でオイルに火が点いた。レンドラムとマリンがやっとの思いで商品を車から運び出したところで、車は炎に包まれた。パジェロを路肩でくすぶらせたまま、ふたりはヒッチハイクで帰路についた。マリンは保険金でトヨタのプラドを買い、今度はＢＯＮＤと読めるナンバープレートをつけた。[3]

何度も奥地を行き来していると、マリンにはレンドラムの別の面も見えてきた。ふたりはよく車でマトボ国立公園に入り、コケに覆われた岩肌を登って、その頂から靄(もや)に包まれた山々が遠い丘陵へとなだらかに下っていくパノラマを眺めた。はるか下方の川にはカバがのんびりと浮かび、小さな目と鼻だけ水の上に出している。かと思えば、砂州(さす)では3、4メートルはありそうなワニが日光浴をしていた。時には、レイヨウやシマウマ、イボイノシシ、クリップスプリンガー、それにヒヒといった生き物が道路に現れ、車が近づくと飛び跳ねて横切っていく。コシジロイヌワシが営巣しているごつごつした岩を透かして空を見上げていると、レンドラムが披露する鳥類の知識に、マリンは瞠目したものだ。チュウヒワシ（*Circaetus gallicus*）からナベコウ（*Ciconia nigara*）まで、シロエリオオハシガラス（*Corvus albicollis*）からアカハラガケビタキ（*Thamnolaea cinnamomeiventris*）まで、どんな鳥も学名を知っている。猛禽をひと目見れば、その種類と雌雄を見分けられる。「目隠しをして10羽ほどのハヤブサを触らせても、どれがなんというハヤブサか、端から全部当てられるだろう」とマリンは言う。

レンドラムは、マリンをチパンガリ野生生物保護園へ連れて行った。ブラワヨ郊外に1970年代の初めにつくられた施設で、遺棄されたか、怪我をして保護された動物のリハビリテーションを目的としている。レンドラムはしょっちゅう傷ついた野生生物をこの施設に運び込んでいて、動物たちの特性にある程度精通するようになっていた。「肉を投げ込んだらライオンがどうするか、わたしの連れに見せてやってくれ」雄ライオンの世話係に、レンドラムが指示する。野獣が血まみれの肉塊を拾い上げ、水のたっぷり入った桶に突っ込んで、前足で器用に洗うさまを、レンドラムとマリンは目を輝かせて見守った。ヒョウの檻に移動すると、レンドラムはマリンに「柵(さく)のところまで行ってみろ」と促した。マリンが近づくと大型のネコは牙をむいて柵に突進してきてマリンの肝をつぶし、レンドラムは大笑いした。レンドラムが、森で保護したハゲワシに合図を送ると、マリンが驚いたことに、ハゲワシはレンドラムに向かってまっすぐ飛んできた。[4]「しょっちゅう野生生物を保護しているんだ」のちにレンドラムは、口癖のようにそう語るようになった。「アフリカの道路でウシの死骸を見つけたら、死骸を狙ってくるハゲワシがトラックにはねられないように、ウシを道路の外に引きずり出しておくんだ」[5]

ハゲワシ同様、人から嫌われがちな、ほかの種にも彼は同じように肩入れしていた。アフリカ南部で、冬、気温が氷点に近づくことがあると、ジンバブエではヘビが暖をとろうとアスファルトの道路に這い出してくる。そんな時、レンドラムとマリンは夜の帳(とばり)が下りてからレンドラムのトラックで出かけたものだ。ヘッドライトが前方の道路を照らし、パフアダーをとらえる。パフアダーは細胞毒を持つ攻撃的なヘビで、咬まれると成人でも24時間以内に死に至ることがある。レンドラムはその場で急ブレーキをかけて車を止め、トラックから飛び降りると棒で頭を動かなくしてヘビの首をつかみ、クーラーボックスに放り込む。何匹かまとまると、道路から離れた草むらに放すのだ。このころレンドラムが上げたYouTubeの動画に、2メートル半ほどもあるアスプコブラをいともたやすく扱っているものがある。コブラの尻尾をつかんでぶら下げ、口を開けさせてビデオカメラにその毒牙を見せつけたあと、そっと脇へ放り投げている。

またある時、レンドラムはアフリカタマゴヘビを道路から救い出した。アフリカタマゴヘビは彼のお気に入りだ。毒はなく、鳥の巣を狙って木に登り、もっぱら卵だけを食べる。レンドラムは、イングランドにいるマリンに電話をかけた。

「ヘビ、いる?」

「いいね」マリンが答えると、レンドラムはアフリカタマゴヘビをポケットに忍ばせてヒースロー行きの飛行機に乗った。マリンはヘビを娘に贈り、ヘビはトゥインクルという名前をつけられた。[6]

マリンとレンドラムが心血をそそいだにもかかわらず、アフリカ・エクストリームはなかなか黒字に転換しなかった。サウサンプトンの店舗はメインストリートに面していて興味を持った人が次々と入ってくるものの、ほとんどが見るだけで購入するには至らなかった。ふたりはふんだんに広告費を費やしてチラシやラジオで宣伝をうった。2001年から02年にかけては地元のふたつのラジオ局で、通勤時間帯に1日10回のスポット広告を流した。ゾウの雄叫びや甲高いサルの鳴き声、鳥のさえずりに重ねてドラムが打ち鳴らされ、荘重なアナウンスが、地元住民に、エキゾチックな彫刻を見に来るように誘いかける。「アフリカ南部の再生金属でつくられた、他に類を見ない鳥の像をあしらって、お宅の庭を南国のパラダイスにしてみませんか」[7]。だが雨あられと広告を降らせても、売上増にはつながらなかった。

それでもふたりは進み続け、富裕層の多く住む、イースト・ミッドランズのトウスターに2店舗目をオープンした。人口2万人ほどの町には、マリンの友人も複数住んでいた。ふたりは通信販売も始めた。マリンは通信会社の出張を利用し、ウガンダやザンビア、カメルーン、コンゴ民主共和国などへ赴くと、単独で買いつけをした。レンドラムのほうは、手工芸品売買の事業に割く時間とウォラス・ディストリビューターの事業に割く時間は区別していた。金が足りないとこぼすのは相変わらずだったが、彼は新しい気晴らしを見つけていた。アルジェリア系フランス人女性と付き合いはじめていたのだ。彼女には英国人の夫がいたが、離婚していた。トウスターのダンスパーティーで出会い、自動車レースの趣味が一緒だった。レンドラムは南アフリカの家を売り、トウスターの1Kのアパートに移って、そのあと、彼女がふたりの幼い娘とともに暮らしている家に引っ越した。トウスターの店は彼女にまかせることにした。ジンバブエに向かう間、レンドラムはほとんど彼女の話しかしなかった。

「ぞっこんなんだ」手工芸品の買いつけのため滞在していたサザン・コンフォート・ロッジの部屋でベッドに寝そべり、レンドラムは二言目にはそう言う始末で、そのたびにマリンは目をむいて、「頼むから、もう黙れよ」と答えたものだ。[8]

レンドラムは常々、1985年にジンバブエを離れたあとは、非合法の卵採集はしていないと表向き主張していた。だが1999年の終わりごろ、マリンは妙なものを目にするようになっていた。黄色や緑、茶色に塗られたゆで卵を入れた容器が、ブラワヨのロッジの部屋に置かれているることがある。何を始めたのかレンドラムに尋ねると、マトボ国立公園に行って名前は言えない依頼人のために、生きた猛禽の卵を集めてくるのだと答えた。空になった巣には用意しておいたゆで卵を入れておく。そうすれば親鳥が、卵は腐ってしまったと思って、もう一度産んでくれるかもしれない。

レンドラムは気が緩んだのか、マリンにもっと大胆な計画を打ち明けた。世界各地の珍しい猛禽類の卵を盗み、中東の富裕な愛好家に売りつけようというのだ。数か月後、レンドラムは手工芸品売買の事業をマリンにまかせ、名づけて「概念実証」のためにカナダ北部に飛んだ。目的は、アラブの愛好家に人気のあるシロハヤブサの卵を持ち帰ることができるかどうかを確かめることだった。[9]

計画の資金は自分で用意して、レンドラムはヘリコプターをチャーターし、数日間にわたって崖の上や人の住んでいないツンドラの上を飛び回った。「世界で一番美しい場所だよ」戻ってきたレンドラムは、マリンにそう語った。「1週間のうちにみるみる変わるんだ。最初は、凍結した湖にヘリが降りられたのに、1週間後にはすっかり緑一色になって、クマやらなにやらの生き物であふれかえる。一緒に来ていたら、きっと楽しかったはずだよ」[10]。ただし、シロハヤブサはたった1羽しか見かけず、巣もひとつしか見つからなかったと悔しそうに報告した。レンドラムが参考にしたガイドブックには、シロハヤブサは南向きに巣をつくるとあったのだが、その実、視察も終わるころには、巣がいずれも北を向いていることがわかった。長く日光にさらされて崖の雪が解け、湿気で卵が腐るのを防ぐためだ。彼は再挑戦を固く誓った。

レンドラムは、オウギワシの巣を襲いに南アメリカに行きたいと吹聴していた。オウギワシ（英名はharpy eagle、学名*Harpia harpyja*）の名前は、分類学の父カール・リンネが、ギリシャ神話に出てくる半神半鳥の風の精、ハーピーにちなんで命名したものだ。熱帯雨林で最も大きく、最も強力な猛禽で、鳥類のなかではかなり絶滅の恐れが高いほうだ。背面は灰色がかった黒で胸は白く、淡い灰色の頭頂部には冠羽がふたつある。体長は90センチほど、体重は最大でおよそ11キロにもなる。もう一種レンドラムが手に入れたい卵の上位に入っていたのが、ワシミミズクで、こちらはカボチャを思わせるオレンジ色の目にふさふさした羽角があり、ヨーロッパのほぼ全域とアジア、北アフリカの岩の割れ目に巣をつくる。だが、どちらも口だけだった。

ところが2001年初めのある朝、ヴィクトリアの滝周辺への買いつけの旅の途中で、レンドラムがサザン・コンフォート・ロッジの部屋から数時間姿を消した。戻ってくるとレンドラムはバックパックに手を突っ込み、ベッドの上にヒナを3羽並べた。黒白まだらの羽毛に包まれ、くちばしは鉤のように曲がり、長くて黄色い足に黒いかぎ爪がついていた。前日か前々日に孵ったばかりのように見え、チーチー、キーキー耳をつんざくほどの声で鳴いている。騒々しい鳴き声にかまわず、こいつらはラナーハヤブサだとレンドラムはマリンに教えた。ハヤブサより心持ち小型の渡りをする猛禽で、低空飛行で獲物を追いかけ、「追跡してつかむ」テクニックを持っているため、狩りに向いている。

ヒナたちをドバイに持ち込むつもりだとレンドラムは言った。

「何を馬鹿なことを言っているんだ」マリンは詰め寄った。

「心配ないさ」レンドラムは請け合った。顧客はいるし、計画もできている。

次の日の夜明け、レンドラムはタオルで巣をつくり、バックパックの底に敷くと、3羽のヒナを入れた。バックパックはピックアップ・トラックの運転席の横の床に置く。そこが暗くて涼しいのだ。ふたりはブラワヨからヨハネスブルグまで、13時間のドライブに出発した。マリンはレンドラムがこの芸当をやってのけるのかどうか自分の目で見てみたくて、ロンドンまでついていくことにした。南へ向かうドライブの間、レンドラムは2時間おきに、仔牛のレバーの細切れに生の卵黄を混ぜた餌をピンセットでつまみ、ヒナのくちばしに押し込んでやった。空港に着くと、レンドラムはヒナをバックパックから取り出した。保安検査場の手荷物検査で、ヒナの骨が映ってしまう恐れがあったからだ。ヒナをそっとフリースのポケットに入れると、そのまま金属探知機をくぐった。ヴァージン・アトランティック航空のビジネスクラス専用ラウンジのシャワーブースでもう一度餌をやるとバックパックにヒナを戻し、マリンとともに英国行きの飛行機に乗った。ヒナ入りのバックパックを頭上の棚におさめると、レンドラムとマリンはビジネスクラスのシートに落ち着いた。

真夜中、マリンは真上から降ってくる金切り声に起こされた。

ピーイ、ピーイ。ピーイ、ピーイ、ピーーイーーイーーイ。

「ジェフ、赤ん坊が泣いてる」マリンはレンドラムを揺り起こした。

レンドラムは耳を傾け、次いで笑い出した。

「早くうるさいやつらに食わしてこいよ」

レンドラムはバックパックと、レバーの卵黄和えを入れた小さなプラスチック容器を下ろし、トイレに向かった。レンドラムが戻ってきたときにはヒナたちは眠りに落ちていた。マリンもすぐに眠り込んだ。

それから2時間後、またしてもマリンは叩き起こされる。

ピーイ、ピーイ、ピーイーイーイ。

レンドラムは再びヒナと餌を抱えてトイレに直行。

その後ヒナたちはロンドンまでの間に4回目を覚ましたが、飛行機のエンジン音にかき消されたヒナの声はほかの乗客にも乗務員にも気づかれず、レンドラムご一行は何事もなかったかのように飛行機から降りられた。

ふたりはヒースローで別れた。「ちゃんと面倒みろよ」ドバイ行きに乗り継ぐため走っていくレンドラムの背中に、マリンは叫んだ。間もなくマリンはレンドラムから、ヒナは無事、正体不明の顧客のもとに届けられたと連絡を受けた[11]（後年レンドラムは、マリンの話は「徹頭徹尾つくりごとだ。ヒナがどれだけやかましいか、聞いたことないのか？」と主張することになる。[12] マリンのほうは、自分の話は事実だと譲らない）。

こうした突拍子もない寄り道が、レンドラムにとっては酸素のようなものなのだとマリンにもわかってきた。金のためではない。レンドラムが大金を手にしている様子は、少なくともすぐには、マリンには見受けられなかった。「彼はとてもつましい暮らしをしていた」20年ののち、マリンは当時を思い出して言う。「卵1個が孵って成鳥になった段階で6万ドル受け取っていたなら、邸宅を構えて高級車を乗り回しそうなものだろう？ たしかにトヨタのダブルキャブ4WDの新車は買ったが、大儲けはしていなかった」。マリンの推測では、レンドラムはおそらく、冒険ができれば報酬はわずかでも満足できていたのだろう。[13] レンドラムには挑戦が必要だった。崖っぷちを生きることを愛していたのだ。致死毒を持つヘビと戯れることでも、誰よりも高く崖や木を登ることでも、はたまた世界で最も稀少な生物をかすめ取ってくることでも、挑戦し甲斐さえあれば何でもいい。「ジェフが求めるのは、スリルだけだ」少年時代からの友人、ハワード・ウォラーも言っている。「決まった枠を壊すのが好きなんだ。ガキのころからずっとそうだった」

リスクを渇望し、ルールを出し抜こうとする意欲に煽られて、レンドラムは国境を軽々と越える事業へと乗り出していくことになる。

第10章 ドバイ

ジェフリー・レンドラムがアラブの富豪のために鳥の巣を襲うようになる何世紀も前から、罠師は木々や崖をよじ登り、貪欲にハヤブサを追い求めていた。1247年、ホーエンシュタウフェン朝のフリードリヒ2世神聖ローマ皇帝は、鷹匠たちに野からヒナを手に入れる方法を伝授している。「木に巣がかけられていて、登ることができるならば、ヒナを籠に入れ、持ち帰るべし」――鷹狩りについて皇帝が著した『鷹狩りの書――鳥の本性と猛禽の馴らし』にはそう書かれている。だが高い岩壁の割れ目に巣がつくられている場合は、「登り手は縄で体を固定し、山や崖の縁(ふち)から割れ目まで下り、割れ目に入って鳥を巣から持ち上げるべし」[1]

バースのアデラードは12世紀イングランドの自然哲学者で、ヒナは「孵ってから7日後」の早朝、ヒナの胃が空っぽで涼しい時分に捕らえるとよいと勧めている。[2] フリードリヒ2世のほうは、ヒナはできるかぎり長く巣にとどめるのがいいという考えで、「長い間、親鳥に世話をされたほうが、足や翼が強く丈夫になる」とする。またそのほうが、「大口を開けてキーキー喚（わめ）く鳥になりにくい」という。[3]

ヨーロッパ人が巣を襲ってヒナをさらっていたころ、アラブは「初渡り」のハヤブサを罠で捕らえる時代（その後数世紀続く）で、完全に巣立ちをした若い鳥が狙われた。9月から11月にかけて、東欧や中央アジアからおびただしい数の鳥がアフリカへと渡る時期、罠師はシリア砂漠やティグリス川とユーフラテス川の渓谷、さらにはずっと下ってアラビア半島などでハヤブサ科の鳥（多くはハヤブサだが、セーカーハヤブサも）を待った。シャビチェ・ヘーママという、軽い木枠にラクダの毛を編んでこしらえた輪縄を12本張ったものにハトを1羽縛りつけ、ハヤブサが頭上を通りかかったところで放つ。ハヤブサがハトに目をつけて飛び込んでくると、足が輪にからまり、罠ごとはらはらと地面に落ちる仕組みだ。

罠に、猛禽のなかでは飛ぶのが遅いラガーハヤブサを用いる罠師もいる。アラビア語でビスワールと呼ばれ、両の瞼（まぶた）を覆うように渡した糸で視界を遮られたラガーハヤブサは、ニギルと呼ばれる羽根の束のおとりをつかまされ、空に放たれる。通りかかった鳥は自分より弱いハヤブサの獲物を横取りしようと羽根の束を襲うのだが、おとりに隠された罠に足をとられ、地面に落ちる。

孵化後18か月以下の初渡りのハヤブサは、鷹匠にとって理想の鳥だと、アラブ通の外交官マーク・アレンがその著『アラブの鷹狩り』で書いている。巣からかすめ取られてきたヒナや、最初の渡りを終えた成鳥よりずっと有望なのだ。初めて渡りを経験する若いハヤブサの筋肉と羽は成熟していて、親から教え込まれた狩りの能力を備えつつ、「若さの特権としての冒険心と危険を顧みない大胆さ」をあわせ持つからだ、とアレンは言う。[4]

1970年代までには、罠で野性のハヤブサを捕らえる営みは、世界のほぼ全域で廃れていた。DDTをはじめとする殺虫剤のせいでハヤブサの個体数の90パーセントが失われたアメリカ合衆国では、1973年に「絶滅危惧種保護法（ESA）」が制定され、研究以外の目的でハヤブサ類を手に入れるのも、人に渡すのも、所持するのも、売るのも、売買の機会を設けるのも違法になった。同じ年、80の国が「絶滅の恐れのある野生動植物の種の国際取引に関する条約（いわゆるワシントン条約）」を批准した。最終的には180か国以上が署名するこの条約では、多くの猛禽類をはじめとして、1200種の動植物を「附属書Ⅰ」に指定し、「最も絶滅の恐れのある生物種」として、野生の猛禽類などの取引を厳重に取り締まっている。例外は研究用だが、これも許可をとるのは至難のわざだ。その後数十年のうちに、英国でもカナダでもドイツでもロシアでもパキスタンでもUAEでも、その他のヨーロッパ諸国でもアジアでも南アメリカでも、猛禽類のほとんどすべてが、罠猟（わなりょう）を禁じられた。

そのような禁制が新たに設けられたため、鷹匠たちは鳥を入手する新たな方法を開拓する必要に迫られた。飼育下繁殖は以前から試みられていた。飼育環境下でハヤブサ同士を交配させるのである。ドイツの画家で鷹匠のレンツ・ワラーは、ヒトラー統治下のドイツ空軍総司令官ヘルマン・ゲーリング国家元帥が所有する白いシロハヤブサの肖像を描いたことで最も知られているが、何度も飼育下繁殖を試みている。ただし成功例は限られていて、北ドイツ中部のリダックスハウゼンにナチスが持っていたハヤブサの飼養場で卵を産ませることができただけだった。ナチスの指導者たちは、鷹狩りを中世のチュートン騎士団と結びつけて崇拝しており、ヘルマン・ゲーリングや親衛隊指導者ハインリヒ・ヒムラーはふたりとも熱心な鷹狩り愛好家で、猛禽類の調教と鳥を使った狩りの教育のための幅広いプログラムを後援していた。

ワラーの実験は1944年、連合軍の空爆を受けて施設が全壊し、唐突に終わりを告げた。それから30年ほどのち、アメリカ中西部に本拠を置く猛禽類研究財団（RRF）、カナダ魚類・野生生物サービス、そしてコーネル大学のハヤブサ基金は、ハヤブサを自然に還して個体数を増やすために、飼育している個体の繁殖を試みる際、ワラーの記録を参照した。

レンツ・ワラーが発見したとおり、ハヤブサの飼育下繁殖は決して簡単ではない。猛禽は家禽などに比べるとはるかに神経質かつ繊細で、閉じ込められることの影響が大きい。輪を描いたり、急旋回したり、急降下したりと曲芸のような飛行は、野生状態では基本中の基本ともいえる求愛の儀式で、それがなければ鳥は普通、交尾を拒む。仮に交尾したとしてもメスは産んだ卵を温めない。ハヤブサの卵を孵卵器で孵すのは、これまた難しい。加熱されすぎたり、適切な間隔で転卵されなかったりして、胚の栄養となる白身に含まれるアルブミンが全体に行き渡らなくなるのだ。産卵されて間もない卵を動かすと、黄身と白身をつないでいるカラザがちぎれてヒナになる前の胚が死んでしまう恐れもある。卵を変な角度に傾けるだけで、カラザがよじれて胚が死ぬかもしれない。孵卵器の湿度を間違えるのも致命的だ。湿度が高すぎると孵化するまでに卵から水分が余分に失われて、脱水のためにヒナが小さく弱くなり、殻を破って出てこられない。逆に低すぎると、ヒナが大きくなりすぎて殻の中で身動きできず、これもまた狭い場所から抜け出すためにくちばしでつつくことができなくなるのだ。

ニューヨーク州立大学ニューパルツ校の鳥類学研究者ハインツ・K・メンクは、1971年、アメリカ合衆国で初めて、飼育下飼育のハヤブサのつがいを産卵させることに成功した。メンクはハヤブサ基金生みの親であるトム・ケイドにこのつがいを貸し出し、ケイドが最初のつがいのほか2組のカップルに繁殖を促し、1973年にはハヤブサのヒナが20羽誕生した。世界中のブリーダーたちが、相性のいいつがいを選び、具合のいい巣をつくり、交尾を促し、人工の抱卵期を完璧にこなし、親鳥か代理親に、孵卵器で孵ったヒナを育てさせ、さらには親鳥たちに2度目の産卵をさせてヒナの数をできるだけ増やすにはどうしたらいいか、学び始めていた。始まりはささやかだった繁殖計画が大きな成功をおさめると「すべてが雪だるま式に広がった」とジェマイマ・パリー＝ジョーンズは言う。[5] 彼女は1970年代の早い時期から、英グロスターシャーの田舎にある猛禽類国際センターで捕食鳥類の飼育に着手した第一人者だ。鷹狩りに心酔するアラブの人々は、オイルマネーで気が大きくなっているのに国際法で野鳥を手に入れる道を封じられてしまい、次第にアメリカ合衆国やヨーロッパで飼育下繁殖された鳥を購入するようになり、市場ができた。１９８０年代の初めごろまでには飼育計画により12種の猛禽類のヒナが数千羽誕生していて、そのなかにはハヤブサのヒナも２０００羽含まれていた。

１９６８年、アラビア半島南東端の湾岸部の７つの首長国の軍隊と政策を１５０年にわたって支配してきた英国が、７か国に完全な独立を認めると宣言した。それから数週間後、アブタビの首長ザーイド・ビン・スルターン・アール・ナヒヤーンがドバイの首長ラーシド・ビン・サイード・アール・マクトゥームと砂漠のオアシスで会談し、首長国を連合して新たな連邦を結成する方向で合意した。１９７１年12月2日、アブダビとドバイにシャルジャ、アジュマン、ウンム・アル・カイワイン、それにフジャイラが合流してアラブ首長国連邦（ＵＡＥ）が成立した（７つ目の首長国、ラアス・アル・ハイマはその1年後に加わっている）。ＵＡＥは立憲君主制を念頭に、連邦各国の首長からなる最高評議会が定めた法律によって統制される。首長に代替わりがあったとしても、アブダビの首長が大統領となり、ドバイの首長が首相となることになっている。

ザーイド首長はがっしりとして引き締まった体格で顔はよく日に焼け、強いカリスマを放ってＵＡＥの初代指導者になった。熱烈な鷹愛好家である首長は、鷹狩りこそ新たな国家の文化的支柱のひとつになると考え、西側の専門家をアラビア半島に招いて飼育下繁殖プログラムに着手することにした。１９７０年代半ば、ザーイド首長は英国の高名な鷹匠ロジャー・アプトンを、アラビア砂漠での狩りに招待した。ふたりは、当時はまだペルシャ湾に浮かぶ島の小さな町に過ぎなかったアブダビから1時間ほど、荒涼とした土地をラクダに揺られていき、6羽のハヤブサで1日中ノガンを狩りまくった。アプトンとザーイドは深く親交を結び、アプトンはアブダビにとどまってハヤブサ類の繁殖を手伝うことにした。

やがて1980年代の終わりごろに、その当時南アフリカで商売用にハヤブサ類を育てていたハワード・ウォラー（ウォラーも先のレンツ・ワラーも姓の綴りは同じ「Waller」だが、血縁はまったくない）が、友人を通じてUAEではハヤブサが大儲けにつながるかもしれないという噂を小耳に挟む。ハワード・ウォラーはジェフリー・レンドラムの少年時代の仲間で、これがのちにレンドラムの運命を決定づけることになる。ウォラーはブラワヨにいた少年時代から、ハヤブサやタカを使った狩りを始めていた。「9歳のころ、舗装されていない道を歩いていたらハイタカが飛んできて、すぐ目の前で小鳥を捕まえたんだ」ウォラーは当時の記憶を思い起こす。「わたしは『すげえ！』と胸のうちで叫んで、それが始まりだった」[6]（ハヤブサ科のハヤブサは羽が長く、平原で狩りをし、曲がって切れ目のあるくちばしで獲物をしとめるのに対して、ハイタカ属のタカはそれよりは短くて丸みを帯びた羽で、森林で狩りをし、かぎ爪で獲物をつかむ）。レンドラムは何年もあと、ウォラーの第一印象は決してよくなかったと語っている。ふたりとも、少年らしく野生の世界に無謀に分け入っていく仲間内のひとりだったが、「ひと目で互いを毛嫌いした」とレンドラムは言う。「わたしはわたしで、あいつが何でも知っているって顔をしてやがると思ったし、向こうもこっちをそう思っていたんじゃないかな。だけど最終的にはいい友達になった」[7]

１９８８年ごろ、ウォラーはカナダ人の元同僚がドバイで始めた新しい繁殖事業を見に来るように誘われた。ウォラーが到着したとき、繁殖業はまだ試行錯誤の段階で、アラブの金持ちは狩りには野生のハヤブサを使っていた。密輸業者がパキスタンやイランから陸路で鳥を運び、ホルムズ海峡を船で渡ってアラビア半島まで持ち込んでくる。鳥の渡りの時期にウォラーがアラビア砂漠に出向いてみると、大勢の罠師が砂丘の陰に身を隠していた。だがヨーロッパの猛禽の個体数は過去数十年のうちに減少していた。バルカン半島をはじめ、渡りの南下ルートにある国々で乱獲されたことが主な原因で、砂漠の上空を渡っていく鳥はめっきり減っていた。それにＵＡＥはワシントン条約の加盟国になっていた。連邦政府は野鳥捕獲の取り締まりを強化すると宣言しており、鷹匠の多くも新たな規制に従うことを表明していた。

その後ウォラーは、ドバイでシャイフのブティ・ビン・ジュマ・アール・マクトゥームに引き合わされた。シャイフは当時30代で、保険業界と建設業界の有力者、熱心な鷹狩り愛好家であり、保護論者でもあった。加えて何事にも熱心でエネルギッシュ、博識なシャイフは、見事な鷲鼻に表情豊かな眉、きれいに整えられた口ひげが特徴で、当時、ドバイの皇太子だったムハンマド・ビン・ラーシド・アール・マクトゥームの従兄弟だった。アール・マクトゥーム家の莫大な富と、鷹狩りに捧げる情熱にうたれたウォラーは、これはまたとないチャンスだと察知した。「こっちに来て（あなたのために）ハヤブサの繁殖に携わりたいと言うと、シャイフはいいと言ってくれたんだ」[8]

結婚して、まだ幼い子どもがふたりいたウォラーは、それからすぐにシャイフ・ブティが砂漠に構える宮殿の一画にハヤブサの檻を設置した。宮殿は220平方キロ以上あるラクダ牧場のすぐ脇にあった。のちにブティの従兄弟ムハンマド皇太子がこの牧場を買い取り、ドバイ砂漠保護区（DDCR）に転用した。ウォラーは首長国連邦で、ひいては世界で最も潤ったブリーダーへの道を歩み始めたのだった。

ウォラーがドバイへ来た時期は、ちょうどアラビア半島の鷹狩りが、環境破壊をほしいままにした結果を突きつけられていた時期と重なっていた。何世紀もの間、鷹匠たちはアラビア砂漠のフサエリショウノガンを制限なく狩り続けてきた。フサエリショウノガンは七面鳥ほどの大きさの不恰好な鳥だが、胸の白い羽を華々しくはためかせ、高速で輪を描いて走り回り、交尾の相手の気を引くためにブーンという呼び声を立てて求愛することで知られている。フサエリショウノガンはまた、攻撃されるとべとべとした分泌物を吐き出して捕食鳥を動けなくする。英国の旅行作家ウィルフレッド・セシジャーは、アブダビの首長一族のザーイドとともに1949年の冬、ルブアルハリ砂漠で狩猟の旅をしたが、そこらじゅうでノガンを見つけることができた。著書『アラビアの砂漠（*Arabian Sands*）』には、狩りの興奮や、砂漠の民ベドゥインを1000年にわたって釘づけにしてきた、追うものと追われるものとの死に至るまでの戦いの熱気がとらえられている。「不意に列の左にいたアラブ人が、新しい痕跡を見つけたと合図してきた」

鷹匠のひとりが自分のハヤブサの頭部を覆っていたフードを外し、空に放った。ハヤブサは降下して地面から数十センチのところを飛んでいく。ノガンは上っていったがハヤブサは苦もなく追いつき……誰かが「下りたぞ！」と叫んで、わたしたちは砂の上を駆けつけた。……ハヤブサは穴の中にいて、息絶えたノガンをつついていた。ザーイドが地面に散った油のようなものを指し、「あそこに反吐（へど）があるだろう。フサエリショウノガンは自分を攻撃してくる相手にあれを吐き出すんだ。シャヒーン［アラビア語でハヤブサ］の目に入ると、一時的に目が見えなくなる。羽に入り込んだらべたべたになって、その日はもう使い物にならないんだ[9]」

それから10年ほど経ったころ、シャイフ・ブティは父親、その他ドバイの王族の数名と四輪駆動車でアラビア砂漠に入り、ハヤブサとサルーキ（狩猟犬の一種）を使った狩猟を行った。獲物は、ノウサギにノガン、カイロワンと呼ばれる中型の鳥、オオカミ、リムガゼル（体高80センチ程度の小型のレイヨウ）などだ。「よく覚えているのは、われわれの車のほかには砂漠に轍（わだち）が一切なかったことだ。誰ひとり入り込んでいないまっさらな土地だった」。2011年、「ワイルドライフ・ミドルイースト・ニュース」のインタビューに答えて、ブティはそう語っている。容赦なく照りつける太陽と重くのしかかる沈黙の世界で、秋の激しい土砂降りのあとの2月、シャイフは砂漠でトリュフを集め、夜、道に迷っても「老いたベドウィンに先導され、植物の知識と砂丘に刻まれた風向きだけを頼りに、無事砂漠から連れ出して」もらった[10]。

だが、ドバイでも風景は変わりつつあった。シャイフ・ブティの伯父、ラーシド・ビン・サイード・アール・マクトゥーム首長が、1961年、ドバイ・クリークの浚渫(しゅんせつ)を命じた。ドバイを中東で最もアクセスしやすい港湾都市にするためだった。ラーシド首長はアラビア語しか話さず、読み書きがあまりできない夢想家で、先祖であるベドウィンの禁欲を受け継いでいる人物ではあったが、電気を引き、水道を通し、電話を敷設し、初の高級ホテルを建て、乾(かん)ドックをつくってドバイを国際物流拠点に生まれ変わらせた。アール・マクトゥーム一族がその後40年以上にわたって都市建設を続けたことにより、空港は広がり、ドバイは巨大なショッピングセンターとなって、観光客を惹きつけることになった。一族は野心的な建設計画には出資を惜しまない。例えばドバイ・インターネット・シティは、ヤシの木に縁取られた約14万平方メートルの芝地に、低層でスマートなガラス張りのコンクリート・ビルが点在し、マイクロソフトやオラクルといったハイテク企業を誘致するオフィス・商業施設だし、一方、ブルジュ・アル・アラブは、ペルシャ湾の人工島に建てられた帆の形をした高級ホテルで、高さは321メートルもある。建設ラッシュは砂漠を荒らし、ノガンの生息地を奪った。何千人もの労働者が「広大な砂漠に出向き、岩を集め、洗浄し、トラックに積み込んだ」とハワード・ウォラーは回想している。彼は、首都を広げる建築資材を調達するために、砂漠が掘り返されていくのを目の当たりにしていた。「岩の間には、甲虫やトカゲなど、ノガンが餌にしていた生き物がいた」[11]。すでにラクダは四輪駆動車にとって代わられていて、ハンターたちは以前より遠くまで遠征できるようになり、すっかり狭くなった生息地で、ノガンはハヤブサだけでなくショットガンで狩られるようになった。ハンターたちがアラビア半島のノガンを狩り尽くすのに、さして時間はかからなかった。

首長国連邦やカタールなど、巨万の富を持つアラブ諸国のシャイフたちは、慣れ親しんだ狩りの獲物が近辺からいなくなっていることに気づくと、狩り場を国外に求めるようになった。アール・ナヒヤーン家やアール・マクトゥーム家をはじめ、アラブの富豪たちはウズベキスタンやカザフスタン、アフガニスタン、パキスタン、アルジェリア、モロッコ、イラクなど、フサエリショウノガンがまだ充分に生息している国々の砂漠を広く借り上げ、毎年秋になると何百羽というハヤブサを自家用ジェット機に乗せ、1週間かそれ以上もブッシュの野営地から狩りに繰り出し、夜ごとハヤブサがしとめた獲物で宴会をはった。7日から10日にも及ぶ贅をきわめた狩りには、通常、四輪駆動車が数台に数十人の鷹匠、獣医、運転手、シェフ、その他が随行し、シャイフ同士の連帯感を高めると同時に、競争心も煽った。それが、もっと大きくて、速くて、強いハヤブサを求める欲望を加速した。

21世紀になるころには、こうした狩りの旅に影が差してくる。世界的な規模でフサエリショウノガンの絶滅を早めることになると、環境保護団体などが懸念を表明するようになったためだ。

あるサウジの王子の一行は、ノガンが晩秋から冬にかけて繁殖シーズンを過ごすパキスタンで１週間狩りをし、狩猟の許可は１００羽までしか認められていなかったにもかかわらず、１２００羽のノガンを殺したとされる（２０１５年、パキスタンの最高裁はこれ以上ノガンの狩猟許可書を発行しないことを定めた）。だが「地元の連中はたいして気にしてやしない」と言うのは、毎年10月にはウズベキスタンに、11月にはアルジェリアに、ドバイの皇太子ハムダン・ビン・ムハンマド・ビン・ラーシド・アール・マクトゥームとその父、２００６年にドバイの首長になったムハンマドの狩りに同行する鷹匠だ。[12] 狩りは、経済状態の不安定な地域に巨万のドルを落とす。それが悲劇につながった例もある。２０１５年の11月、イランの後押しを受けたシーア派の民兵がイラク南部の砂漠で狩りをしていたカタールの王族の一行26人を拉致したのだ。16か月に及ぶ交渉の末、10億ドルの身代金が支払われて王族らは解放された。

ひとつには、そうした環境保護の声の高まりとイラクでの誘拐事件のような恐怖とが重なって、ハムダン皇太子は、首長国の内部でハヤブサのレースを開催することを思い立ったのだった。

１９８０年代初め、より大型でより力強く、より美しい鳥を追い求めていたシャイフ・ブティは、中東にシロハヤブサを持ち込んだ先駆けのひとりになった。ハヤブサの仲間で最大にして、英国の鷹匠エマ・フォードが１９９９年の著書で「並ぶものなき殺戮（さつりく）兵器」[13] と評しているシロハヤブサが生息するのは、ほぼ氷原や凍土に限られ、アラスカとカナダ北部からグリーンランド、ノルウェー、ラップランド、シベリアにかけての一帯だ。スコットランドの北部に定住したヴァイキングが、この鳥を、鳥の意のfugelに槍を意味するgeirを冠して「geirfugel」と呼んだ。学名は*Falco rusticolus*で、「田舎に住む者」の意だ。ブリザードや強風から身を守れる岩の裂け目をねぐらとし、外洋に浮かぶ氷山の上で何週間も持ちこたえることができるし、獲物を追って何時間も空を旋回することもできる。狙うのはレミングやノネズミといった小型のげっ歯類、海鳥、ライチョウなどだ。ハヤブサなみに強靭な筋肉と優れた循環・呼吸器系のおかげで、消耗する水平飛行を獲物よりも長く続けることができ、時にはミサイルのように上空から急降下してしとめることもある。作家のT・エドワード・ニッケンズは、自然・環境保護団体であるオーデュボン協会の雑誌「オーデュボン」に、シロハヤブサは「モハメド・アリとフロイド・メイウェザーを足して2で割ったような猛禽で、スピードがある上に大型で、逃げるオナガガモを空中で捕らえられるほどだが、一方、ツンドラの茂みに隠れているツメナガホオジロを素早く捕まえる敏捷さも持ち合わせている」と記している。[14]

罠師がヨーロッパやモンゴルの王族のために、北極圏までシロハヤブサを捕獲する旅に赴くようになった始まりは、中世期にさかのぼる。そうした旅には「勇気と、信じがたいほどの一途さが求められた」とエマ・フォードは書いている。罠師の多くが凍死したり、氷河の裂け目に飲み込まれて行方がわからなくなったり、崖を転がり落ちて命を失ったりした。高貴な人々にとってシロハヤブサ——ことに真っ白な個体——は、富と威信を示す、このうえない象徴となった。

1396年、オスマン帝国軍がのちのブルゴーニュ公ジャン・ド・ヌヴェールを捕らえた。ニコポリスの戦いのさなかのことだ。オスマン帝国の皇帝は身代金をつり上げられても交渉に応じようとせず、ド・ヌヴェールがようやく解放されたのは、純白のシロハヤブサ12羽を引き渡すことに同意したときだった。イヴァン雷帝の異名で知られるロシア皇帝イヴァン4世は、1550年にイングランドに初めて使節を送り、「大きくて美しい純白のシロハヤブサ」を、ヘンリー8世の娘、のちのエリザベス1世に贈っている。[15] 19世紀半ばにはペルシャの王位請求者ハサン・アール・ダウラー・ティムール・ミールザーが、ロシアから持ち込まれ、父親であるシャーに献呈された純白のシロハヤブサについて書いている。テヘラン近郊の湿った砂地に置かれた「鳥はひどく暑がっているようだった。そこで、たっぷりの氷と雪を与えねばならなかった」。彼は狩りでシロハヤブサが空に放たれ、獲物を狙って地面へと急降下するたびに、驚嘆して見守った。「ただ言えるのは、わたしにせよ、ペルシャで最も古参の鷹匠にせよ、これほどのハヤブサは見たことがなかったということだ[16]」

ブティの純白のシロハヤブサは、シャイフを取り巻く人々全員を魅了したが、ほとんど誰もが、ブティがドイツのブリーダーから手に入れたその鳥が砂漠の熱波にやられてしまわないか、地域固有の病原菌に侵されてしまわないかと恐れた。しかも、シロハヤブサを調教できる者などひとりもいないのだ。だがブティが自らの勘に従い、丁寧に世話を続けた結果、ハシームと名づけられたシロハヤブサは優れた狩人になった。その能力は、シャイフが早朝の砂漠で行う調教や、毎年、国外へ出かけて行う秋の狩猟で見ることができる。エマ・フォードの名著『シロハヤブサ（*Gyrfalcon*）』には、手首に巻いたマンカラに巨大なシロハヤブサを止まらせて誇らしげなブティの写真が載っている。鷹匠によっては、手袋の代わりに、帆布かカーペット生地でつくられた筒状のマンカラを手首に巻くのだ。こうしてブティの周辺から、アラビア半島の愛好家たちの間に、シロハヤブサを輸入する動きが広まっていった。

ハワード・ウォラーがドバイで与えられた設備は、あらゆる点で南アフリカ時代には想像もつかないものだった。彼は拠点を広大な宮殿の一画、ドバイの中心部から東に1時間ほど離れた、晴れた朝には都心のビル群が見渡せる静かな場所に置いた。ウォラーは夜明け前、調教を見守るために砂漠に出ていく。ハヤブサの血統や傷の具合、過去の成績、水平方向と垂直方向のスピードといった観点から、観察した様子をシャイフ・ブティと話し合う。雇い主は次第に、心を許せる相談相手、友になっていく。「あたかも長年連れ添った夫婦のように、ふたりは熱心に相手の言い分を待ち、余人にはほとんど理解不能な略語を使って意思疎通する」――2018年10月に発行された「ナショナルジオグラフィック」誌で、同誌の編集者ピーター・グウィンがふたりの横顔を紹介している。「『〝ハイイロ〟の父親とは、2年前まで一緒に狩りをしていた……〝シロ〟の尾羽（おばね）の折れているのは、われわれが治したんだ』のように」[17]。ウォラーはたいてい宮殿の敷地内で、ひとりか、シャイフと一緒に、数百羽のハヤブサを飼育している小屋を点検しているか、毎日の餌に大量のウズラやハトがさばかれている厨房に入り込んでいるかしていた。

シャイフの勧めで、ウォラーは繁殖小屋にシロハヤブサを導入した。アメリカ合衆国で合法的に入手したものだと彼は言う。ここからウォラーは、純血種だけでなく、それぞれの種の最も強い特徴を引き継いでいることを期待してシロハヤブサの交雑種の繁殖も手掛けた。ウォラーはシロハヤブサにセーカーハヤブサをかけ合わせた。セーカーハヤブサは持久力があり、モンゴルや中央アジアの乾燥地帯に生息する。この2種の組み合わせで「ターボ・セーカー」を生み出そうと試みたのだ。大型で降下速度が速く、砂漠の気候にも耐え、純血種のセーカーよりも獰猛なハンターだ。また、シロハヤブサとハヤブサのかけ合わせも試した。これもまた、アラブのハンターに人気となった。ウォラーとシャイフ・ブティは時間をかけて、「ナショナルジオグラフィック」誌が「文句なく……世界でも選りすぐりのハヤブサ類を集めた鳥舎のひとつ」[18]と評したコレクションをつくり上げた。

ハヤブサたちの翼を鍛えるため、ウォラーとシャイフ・ブティはドバイに「ハックペン」を持ち込んだ。巨大な室内訓練場だ。そこに数百万ドルをかけて空調システムを装備し、ハヤブサが夏は摂氏50度以上になる熱波の直撃を受けずにすむようにした。また、シロハヤブサの換羽期は通常3月から9月末にかけてで、北極圏にいる鳥は44枚の羽根と12枚の尾羽を落とし、新しい羽を生やす。この時期はとりわけ砂漠の気候に敏感になるため、健康に換羽期を過ごさせるため、ウォラーは空調を施した「換羽部屋」を設けた。このおかげで生存率は高まり、それが中東でシロハヤブサを育てる標準装備になっていった。

鳥たちが病気になると、シャイフ・ブティのおじのひとりが建てた、ドバイのハヤブサ専門病院に連れて行く。病院には空調のきいた部屋が複数あり、ICUと眼科、最新のX線装置、心電図モニター、内視鏡、ありとあらゆる抗生物質を含むさまざまな薬品が備わっているうえ、アスペルギルス症（真菌を原因とする肺疾患）から足裏（バンブルフット）の潰瘍（かいよう）（細菌感染で蹴爪（けづめ）に起きる炎症）、羽の傷まで、鳥のどんな症状も治療してきた獣医が世界各地から集められていた。

シャイフ・ブティの砂漠の宮殿では、ウォラーが人工授精の研究も手掛けていた。孵化して2、3日にしかならないころから毎日オスのヒナと何時間も一緒に過ごし、話しかけ、歌いかけ、一緒に遊んで、しまいにはウォラーを繁殖のパートナーだと思い込ませる（鳥は孵化したての時、自分の同種を本能的に見分けることができず、鳥ではなく人間を繁殖の相手と思い込ませることが可能だ。これを「刷り込み」という）。ウォラーがハチの巣に似せたぴったりした「鳥帽子」を被ると発情しているオスがその上に飛び乗り、穴に射精する。ごく細い管に精子を集めて、メスに注入するのだ。

3月から5月にかけての繁殖期、日が長くなり、気温が徐々に高くなっていくことでホルモンの変化が起こり、生殖のサイクルが始まる。卵細胞が成長し、メスの卵管の出口に下り、授精の準備ができる。「背中に手を添えるとメスは臀部（でんぶ）を持ち上げる。尾羽を脇によけて、総排出腔に精子を垂らすんです」。総排出腔が鳥の生殖口だとウォラーが説明してくれた。この時ウォラーとわたしはスコットランドのインヴァネスにいた。2013年、シャイフ・ブティが自前の繁殖設備のほとんどをこの地に移したのだ。猛禽類は寒くて風の強い土地のほうが繁殖がうまくいく。ウォラーは現在1年のほとんどを、風の吹きすさぶ岩がちな荒野で、ふたり目の妻とふたりの子どもたちと一緒に過ごしている。「メスがうまく（精子を）取り込んでくれると、授精の可能性は非常に高くなります」。すると卵細胞は固まって、浸透性のあるカルシウムの保護膜となり、中の胚が1か月ほどでヒナになる。ブリーダーであれば誰しも安定して精子を供給してくれるオスを1羽か2羽は確保しているものだが、ウォラーのもとには常に10羽以上の繁殖オスがいるし、メスは数十羽いる。

ウォラーも気づいていたことだが、交雑種を産出するには、人工授精させるしかない。鳥はおしなべてそうなのだが、ハヤブサとセーカーハヤブサ、シロハヤブサが野生状態で交雑することはごくまれだ（1963年のある研究では、野生での異種間交雑は5万羽に1羽の割合だという）。また、同種間でも、これと思ったオスとメスの精子と卵子を授精させる唯一効果的な方法が人工授精だ。「オスとメスとをただ一緒にしたからといって、交尾してくれるわけではないんです」とウォラーは説明する。「ハヤブサ類は人間と似ていて、恋に落ちるんですよ」。抱卵もまた難関だ。砂漠で自然な孵化を望むのは不可能で、というのもメスは慣れない殺伐とした環境で卵を抱こうとしないからだ。だが人工的に孵化させるには、常時監視していなければならない。水分量の低下によって重量が落ちていないかを常に確認し、成長している胚が冷えないように周囲の温度を保ち……ウォラーがざっと計算したところでは、初期のころ、人工孵化の成功率は50パーセントをはるかに下回っていた。もちろん年月を経て、成功率は上がってきてはいるのだが。[19]

ウォラーとシャイフ・ブティは、飼育下で数多くのハヤブサ類を繁殖させることが、野生の捕獲数の減少につながるため、世界的な環境保護に寄与していると自負している。「わたしは鷹匠だが、わたしの望みは、野生のハヤブサ類の個体数を維持することだ」ブティは２０１１年のインタビューで公言している。ブティは家族や親しい友人には無償でハヤブサを贈り、首長国の富裕な愛好家を多く顧客としている。「地元の愛好家たちは、わたしのつくるハヤブサの狩りの能力に、非常に満足している」[20]

野生生物保護活動家としてのシャイフ・ブティの評判は、本人が公言するようになる前から広まりつつあった。１９９０年代にはシャイフ・ブティ・ビン・ジュマ・アール・マクトゥーム野生生物センターを設立した。ここはドバイ中心部の壁で囲まれた約15万平方メートルに及ぶ動物園で、絶滅の危機にある生物を飼養している。この構想は、5歳の時、ドバイの浜辺沿いの高級住宅地ジュメイラの邸宅で飼うために、父親がノウサギの赤ちゃんとハリネズミ、それにガゼルを連れ帰った日に始まり、以来ずっととりつかれてきた動物飼育の魅力の、いわば総仕上げだった。「特によく覚えているのは、人の手で育てたマウンテンガゼルで、庭中わたしたちについて歩いていたんだよ」[21]

センターで、彼はアラビア半島から消えかけていた生物の息を吹き返らせた。例えばアラビアオリックスやアラビアンサンドガゼル、オジロスナギツネなどだ。また、危機にさらされているセーブルアンテロープやケープキリン、ジェレヌク（首の長いレイヨウで、ソマリアなどアフリカの角と呼ばれる半島の乾燥地帯に生息する）、スペックガゼル、ボンテボック（アフリカ南部に生息する、中型で茶色いレイヨウ）、グラントガゼルなども飼育している。シャイフ・ブティの砂漠の宮殿には巨大な鳥舎があり、ハトやソマリアのホロホロチョウ、ホオジロカンムリヅル、250羽のフラミンゴ、そして（ブティがとりわけ自慢にしている）ホオアカトキがいる。ホオアカトキは見事なまでに不恰好な鳥だが、環境保護団体からは「きわめて絶滅の恐れが高い」とされ、全身はもしゃもしゃした黒っぽい羽に覆われ、羽毛のない赤い顔に、長く弧を描く赤いくちばしがついている。ブティはまた、メスのチーターまで育てて、シャルジャの野生生物センターにいたオスとつがわせた。カップルがもうけた6頭の子は、アラビア半島で数十年ぶりに生まれたチーターとなった。

それでもシャイフ・ブティの最大の関心はハヤブサだった。

1990年代の終わり、ちょうどアフリカ・エクストリームが立ち上がろうとしていたころ、ウォラーはジェフリー・レンドラムを、シャイフ・ブティの砂漠の宮殿に誘った。ふたりはレンドラムが南アフリカに移った当初こそ親しく行き来していたが、1990年代の半ばには疎遠になっていた。レンドラムは交換部品の輸出業で忙しかったし、ウォラーはウォラーで家庭内がごたついていたのだ。「ハワードと奥さんは離婚を争っていたんで、わたしは巻き込まれないように離れていたんだ」のちにレンドラムはそう言っている。[22] 家の中が落ち着いたところで、ウォラーは昔の友達（シャムワリ）が懐かしくなった。

レンドラムは、豪華絢爛な宮殿や、ハヤブサたちが配慮を尽くして世話されていること、そして友人の出世に大いに感銘を受けた。ウォラーはレンドラムをシャイフ・ブティに引き合わせ——レンドラムはシャイフを、ごく当たり前のように「すこぶるいいやつ」と評している——アール・マクトゥーム動物病院を見せに連れて行った。ただし、ひとつだけ、ウォラーが決して譲らないことがあった。繁殖小屋で精子を集めるときには、同行できない。「知らない人間を見るとストレスになるということだった」とレンドラムは言う。「ハワードだけが小屋に入るのを許されていた」。南アフリカに戻ったレンドラムは息せききってポール・マリンに報告することになる。「ハワードが手に入れた仕事ときたら、すぐには信じがたいようなものだぞ」。ドバイのハヤブサのための医療は、人間が受けられるものより進んでいて、ブティの地所にある鳥舎に至っては「サッカー場3面分もあるんだ」[23]

レンドラムによると、ある日ウォラーは彼に驚くべき提案をしてきた。野生状態の鳥を捕まえる罠師として働いてもらえないかというのだ。登攀家としての技術に優れ、国境をまたいで物品を動かす経験も豊富なレンドラムは、野生の鳥を交えることでウォラーの鳥たちを強化する極秘計画のパートナーとして、理想的だった。ウォラーがレンドラムにとってきてほしかったのは、成鳥よりも卵だった。そのほうが国境を越えるのが容易だろうからだ。

レンドラムは、その計画は見込みがありそうには思えないとウォラーに告げたと主張する。「99パーセントうまくいかないだろう」という言い方をしたそうだ。[24] 卵が巣から離れる時間——巣から鳥舎まで数十時間はかかる——が「長すぎる」。卵を、おそらくは自分の体に巻きつけるなどして温めておかなければならないが、とても現実的ではない。そしてレンドラムは、ウォラーがそもそもなぜ野生の卵を必要とするのかを尋ねた。シーズンごとにかなりの数のヒナを飼育下で繁殖させているのに。「鳥舎を訪ねたときにはだいたい100羽のヒナがいた。いったい100羽もどうするつもりなんだって聞いたんだ」。この話し合いのあと、ウォラーはもう計画を持ち出さなかったとレンドラムは言う。

のちのウォラーは、そのようなやりとりがあったことを否定はしなかったものの、他愛のないおしゃべりに過ぎなかったとしている。「レンドラムとわたしはそういう構想を話し合ったかもしれないし、レンドラムが持ちかけてきたかもしれない。だがそこからは何事も始まらなかった」とウォラーは主張している。[25] レンドラムはその後、南アフリカに戻り、ふたりは時折連絡をとり合う関係を続けた。

中東で怪しげな事業をもくろんだ西側のブリーダーは、何もレンドラムとウォラーが最初ではない。1981年、アメリカ合衆国とカナダに捕食性の鳥の捕獲と売買を禁じる法律ができて数年後、合衆国魚類野生生物局はジョン・ジェフリー・マクパートリンを雇った。マクパートリンはモンタナ州グレート・フォールズの狩猟家で鷹匠であり、野生の鳥の売買で有罪になった人物だが、オペレーション・ファルコンと名づけたおとり捜査の支援要員に選ばれたのだ。これは、西側の業者と中東の富裕な顧客の間で地下の猛禽類取引が行われていることを証明しようとする、司法当局の初めての取り組みだった。3年に及ぶ捜査で、連邦や州や郡の捜査官300名が、合衆国の14の州とカナダの4つの州で、マクパートリンから野生のシロハヤブサを購入した鷹匠やブリーダーを摘発した。逮捕された者が30名、さらに数十名が事情聴取され、100羽のハヤブサが押収された。魚類野生生物局の捜査官はサウジアラビアの王族が、捜査対象となった個人から非合法に野生の猛禽を入手し、外交特権を使って税関をすり抜けさせていると主張した。

しかし、携わった捜査官たちが「数百万ドルが動く国際的な猛禽のブラックマーケット」を指摘しているにもかかわらず、オペレーション・ファルコンでは何ら決定的な証拠をつかめなかった（野生のハヤブサ類の捕獲と売却に関与していたと断定された唯一の組織は魚類野生生物局で、おとり捜査のために50羽のシロハヤブサの捕獲を許可したことを認めている）。容疑が濃厚だったサウジアラビアの王族はワシントンDCの弁護士を雇い、この弁護士が精力的に片端から容疑を否定した。最終的にサウジアラビア人からはひとりも有罪者が出ず、有罪とされたバイヤーのほとんども微罪に終わり、オペレーション・ファルコンは公的資源の無駄づかいだったと多方面から批判された。[26] 逮捕者の弁護士のひとりは、マクパートリンの手口は典型的なおとり捜査だと非難し、ブリーダーに純白のシロハヤブサを買わないかと持ちかけるのは、「マリリン・モンローを連れて行って、ひと晩一緒に過ごせるがどうだと持ちかけるようなものだ」と言った。[27]

オペレーション・ファルコンから10年ほどあとの1993年、英国のITVネットワークが、「鳥泥棒（バード・バンディッツ）」と題してアラブのコネクションを暴く30分番組を放送した。番組ホストのロジャー・クックが、「絶滅の恐れのある猛禽類が、組織的に売買され、巨大な利益をあげている証拠を」示すと約束し、王立鳥類保護協会の捜査員の案内でスコットランド北部のハヤブサの巣を見張り、スティーヴン・マクドナルドなる卵泥棒が一度に産まれた卵を抱えて岩肌を下り、逃げていく姿をカメラでとらえた。クックは付け髭に白いクーフィーヤとローブでアラブのシャイフに扮し、隠しカメラでヨーロッパ人の中間業者と対面する自分を撮影した。業者は彼に、スコットランドの巣から盗んできたハヤブサをお届けすると確約した。「アラブ人の多くは、野生の個体のほうがスピードも殺傷能力も上だといまだに信じていて、……スコットランドはなかでも最も優秀な個体の産地だ」クックのナレーションが語る。「ヒナが闇の売買ネットワークに投入されると、（英国や）フランス、ベルギー、ドイツなどにいるさまざまな中間業者が」ヒナを中東へと運ぶ手はずを整える。野生のハヤブサにアラブ人が支払う金額は、クックによると平均1万5000ポンド、当時のレートでおよそ2万5000ドルだ。[28]

ハヤブサをめぐる業界は、番組の主張を猛烈に論駁（ろんばく）しようとした。英国の鷹匠の集まりである「ホーク・ボード」は、番組がペルシャ湾岸地区でスコットランドのハヤブサを買い取ってくれるシャイフを「躍起になって」探したものの、失敗したと非難し、番組中で紹介された金額は大幅に誇張されていて、野生か飼育下繁殖かを問わず、英国産ハヤブサの市場は中東にはなく、卵もヒナも巣立ち前の若鳥も、成熟して立派に飛べるようになっていない個体はアラブの鷹匠からは評価されないのだと主張する。[29]

アラブのシャイフが、スコットランドで捕獲されたハヤブサ類をさほど購入していないのはもしかしたら事実かもしれないが、ソビエト連邦の崩壊後、カムチャツカ半島とアルタイ山脈で捕獲されたセーカーハヤブサとハヤブサの大規模な闇市場があったことが明るみに出た。２００６年、ウラジオストクの世界自然保護基金の事務所が、ロシアのセーカーハヤブサの個体数が、20年の間に６万組から２０００組へと、「壊滅的に減少」したと報告している。アブダビで活動する獣医と鳥類学者による研究機関、中東ハヤブサ研究所では、減少の原因をロシアの大学で学ぶシリアとレバノンの学生たちであると指摘した。あるシリア人学生のグループは、リーダーが逮捕され3年半の実刑を受けるまでに50羽のセーカーハヤブサを捕らえていた。鉄道関係者や空港の手荷物搬出入係など、ロシア人の共謀者のネットワークがロシア国内での鳥の移送を助け、モスクワやノヴォシビルスク、エカテリンブルク、イルクーツクといった方面への飛行機に乗せ、さらに、アゼルバイジャン、アルメニアなど近隣諸国へと運び出す。「コンテンポラリー・ジャスティス・レビュー」誌によると、鳥はそうしたロシアの近隣国から中東へと送られるらしい。密輸業者はハヤブサを布でくるんでチューブに押し込み、スポーツバッグの中や、果実を詰めた箱の底、外交手荷物の中に隠したりするらしい。「落ち着かせるために目を縫い閉じ、いったん布でくるんでしまえば、穴を開けた硬いスーツケースにおさめておくことができる」と記事には書かれている。輸送途中に窒息する鳥も少なくなかった。高温やストレス、餌と水の不足で絶命する鳥もいた[30]。

捕獲されたハヤブサ類が中東に運ばれたことは、ほかの捜査でも裏づけられた。英国の新聞「テレグラフ」が、警察がキルギスの軍用飛行場を離陸する直前の民間航空機に踏み込み、127羽のセーカーハヤブサを押収したことを、2004年10月に報じている。闇価格で総額260万ポンド、当時のレートでほぼ470万ドル相当とされるそのセーカーハヤブサは、シリアに移送されるところだった。同じ「テレグラフ」紙の記事で、モンゴルの首都ウランバートルの動物学者がハヤブサを捕まえる方法を解説している。プラスチックの輪縄をつけたハトをおとりにおびき寄せるのだ。「草原中をアラブ人とモンゴル人の罠師がランドクルーザーで走り回っています」と学者は述べている。「ハヤブサを見つけるたびに車から飛び降り、20羽ほどのハトを四方八方に放ちます。正気の沙汰じゃない[31]」。2013年10月、パキスタンの新聞「エクスプレス・トリビューン」は、野生生物保護の当局が、カイバル峠に近いハヤブサ狩りキャンプの手入れを行い、ハヤブサやセーカーハヤブサを捕獲するおとり用のハトを押収したと報じた。森林管理官が新聞の取材に応え、セーカーハヤブサのほとんどは「アフガニスタンと中国、それにロシアで網にかけられ」、パキスタンのペシャワールに運ばれて買いつけに来ているアラブのシャイフに売られると話している。

ヨーロッパで認可を受けて開業し、中東の王族ともよく取引をしているというあるブリーダーは、わたしの取材に対し、猛禽の売買が盛んに行われていることは認めつつも、それについて話すのは禁句だと語った。「野生のハヤブサには、それはそれは大きな額が動くんだ」とブリーダーは言う。なかでも垂涎の的は「純白の」シロハヤブサで、アラブ世界では27万ドルから40万ドルの値がつく。ブリーダーはつい先ごろもあるシャイフの宮殿を訪ねたのだが、商談はロシア東部から違法にシロハヤブサを運んできた罠師の到着で中断された。「ハヤブサは目隠しのフードを被せられ、ひどい状態だった。あの子たちは4800キロ以上も車に揺られて来たんだ」。闇市場には、UAEやバーレーン、カタール、クウェートなど鷹狩りにとりつかれた国の王族が関わっていることをブリーダーは認め、近年ではサウジアラビアの参入が著しいという[32]。サウジは周辺地域で唯一、国内でのハヤブサの捕獲を認めている国だ。

中央アジアのセーカーハヤブサは、何年にもわたって違法に捕らえられ、連れ出された末に、2012年、ようやくスイスに本部のある国際自然保護連合（IUCN）によって「世界的に絶滅の恐れがある」と宣告された。それから6年後、「移動性野生動物種の保全に関する条約（ボン条約）」が20か国から40人の専門家を集めてセーカーハヤブサ作業部会を発足させ、セーカーハヤブサを観察し、絶滅しないよう見守ることとなった。見方によっては、首長国は鳥の密輸をうまく取り締まってきたようにも思える。2017年に、ワシントンDCに本部のあるアメリカのNGO、先端国防研究センター（C4ADS）が発表した報告によれば、2009年から16年にかけて世界で最も多く鳥の密輸を押さえたのはアラブの首長国だ（猛禽類の大多数はドバイに向かう）。だが、卵を手にした熟練の密輸業者が国境を越えるのを捕まえるのは、ヒナや若鳥の密輸を防ぐよりはるかに難しい。そして野生のハヤブサや卵が一度、首長国に入ってしまったなら、ワシントン条約の規制がいまだごく緩やかにしか及ばないこの国では、くだんのヨーロッパ人ブリーダーが言うように、「非合法の鳥のロンダリングはたやすい」のである。[33]

数十年前にハヤブサの飼育下繁殖が試みられるようになったときから、アラブの狩猟家の間では野生のハヤブサが遺伝的に優れていることが信条のようになっていた。自然界で生き延びることができるのは、丈夫で強くて速い個体だけであり、その遺伝子が世代を越えて受け継がれていくのだ、と。だが、グロスターシャーで猛禽の繁殖を手掛けているジェマイマ・パリー＝ジョーンズは、「野生の巣からとってきたハヤブサの卵のほうが、優れた環境下で繁殖された卵より生存率が高くて、強くて健康だと信じるのは誤りです」と断言する。「『野生の馬のほうが、手間暇かけた競走馬より優れている』と言うようなもので、馬鹿げています」[34]

ドバイの支配層のために長年ハヤブサ類の繁殖を行ってきたニック・フォックスは、アラブの鷹匠が野生の卵をほしがる理由は少し違っていると語る。飼育下繁殖に新たな血統を導入したいのだ。飼育下繁殖用の個体は数が限られるため、やがて「遺伝子崩壊」に陥りやすくなり、そのため定期的に野生から新しい血統を導入して遺伝子を一新する必要がある、という説が広く信じられている。「近親交配は生存率を下げる」とフォックスは言う。彼はニュージーランド産のハヤブサ6羽から繁殖を始めたものの、輸出入制限のためにそれ以上の個体を入手できず、子孫が35年間のうちに少しずつ劣化していくのを見ることになった。[35] シアトルにあるワシントン大学生物学部のトビー・ブラッドショー学部長は熱心な鷹匠であり、学部のウェブサイトに掲載された2009年の学術論文で、飼育下繁殖のハヤブサの「野性味」、鷹匠が求めてやまない特質であるスピードと力、それに狩猟本能を維持するには、「自然個体からの定期的な遺伝子注入が不可欠である」と説いた。「それゆえに、ハヤブサの捕獲が禁じられている国であっても、繁殖目的での適度な捕獲を維持することが強く推奨される」[36]

アラブ人の野生好みについて、ジェフリー・レンドラムには彼なりの見解があった。「異種交配があまり進むと、自分の鳥が何者なのかわからなくなると心配しているんだ」と、彼は説明する。「シロハヤブサといっても4分の1はハヤブサかもしれない。するとアラブ人は、『自然界から素性の知れたのをとってくるほうがいい』と考えるんだ」[37]。UAEに居住するレンドラムの取引相手も、そう考えて彼を送り出したのかもしれない。最も難しい相手を野生で捕獲するために、レンドラムは白紙の小切手を手にし、スポンサーからは絶大な信頼を寄せられ、ハヤブサのなかでも最も高く評価されるハヤブサを捕らえに行こうとしていた。

第11章 オペレーション・チリー

２００１年６月10日の夕方、ジェフリー・レンドラムはベル４０６ジェットレンジャーの前部座席に座り、窓の向こうに広がるカナダ、ケベック州北東部の広大な原野を見つめていた。極地に近い空にはまだ太陽が高く残り、気温は氷点のやや上あたりだ。ヘリコプターが北へ進むにつれ、窓の外はカラマツやクロトウヒが林立する黒っぽい湿地帯の渓谷から、まだまばらに雪の残る、樹木のほとんどないツンドラにとって代わった。アメリカクロクマとオオカミがぬかるんだ大地をゆったりと歩いていく。ヘリがクージュアクに向かって降下しはじめる。クージュアクは２５００人ほどのイヌイットが暮らす集落で、19世紀半ばにはハドソン湾会社の毛皮の交易拠点となっていた。ケベック州ヌナヴィク地区最大の河川、コクソアク川の巨石が散らばる河畔に沿って、数百軒のバンガローが整然と並んでいる。ヌナヴィク地区はケベック州北部にあって州面積のほぼ3分の1を占め、カリフォルニアより広い。バフィン島とハドソン海峡のすぐ南、コクソアク川河口の凍りついたようなアンガヴァ湾は、クージュアクの北55キロほどのところにある。

パイロットはヘリコプターをそっとクージュアク空港に降ろした。空港といっても、轍の目立つターマック舗装の滑走路が1本あるだけだ。ヘリが停まると、パイロットとレンドラム、そしてもうひとりの乗客ポール・マリンが青く塗られたトタン小屋にいる係員にパスポートを提示した。3人は客待ちしていたタクシーに乗り、オーベルジュ・クージュアク・インに向かった。川を望む2階建ての質素な建物だった。

3人は1週間部屋を予約していた。人に聞かれたら、「ナショナルジオグラフィック」誌の記録用に、カナダ北部に自然の情景の撮影に来たドキュメンタリー制作者と答えることになっていた。だが、本当の目的は別にあった。猛禽の卵をこっそり採取するためにやってきたのだ。その4か月前、英国で、レンドラムはビジネスパートナーでもあるマリンにある提案をしていた。レンドラムはシロハヤブサの主要な生息地のひとつであるカナダ北極圏への2度目の旅を準備していたところで、彼の鞄にラナーハヤブサのヒナを隠し、ふたりしてヨハネスブルグからロンドンに飛んでから2年が経っていた。彼はもう一度ついてこないかと持ちかけたのだった。

「一生忘れられない冒険になるぞ」レンドラムは請け合った。[1] その上、経費はすべてスポンサー持ちだ。

後年レンドラムは、この旅は単なる観光目的だったと主張する。「死ぬまでに実現したい夢」

のひとつで、英国に所有していた自宅が売れた金で賄ったものだ、と。[2]だがマリンは、レンドラムはトウスターの彼女の家に間借りしていて自分の家など所有していなかったという。マリンによれば、レンドラムはそれより数か月前にドバイでハワード・ウォラーに会っていて、完全な野生個体を入手するための費用を出してほしいとプレゼンテーションしたのだった。「あのあたりじゃ、シロハヤブサもクロバエ並みだ。そこらじゅうにいるんだぞ」。レンドラムはウォラーを納得させたようだとマリンは見ている。[3]ただし、2000年の計画は失敗に終わっていた。

ドバイでレンドラムは100ドル紙幣で10万ドルを受け取り、外貨申告を逃れるために紙幣を体に巻きつけ、ドバイ国際空港から英国に飛んだのだった。一方ウォラーは、マリンの証言を捏造だと主張している。「幼馴染だからといって」レンドラムに資金提供したのが「わたしだといつも決めつけられる」。レンドラムによる卵窃盗劇でウォラーが果たした役割を聞きただそうとすると、彼はそうため息をついた。ウォラーによると、レンドラムが逮捕されるたびに、もう巣を襲って卵を盗んでくるのはやめるよう、忠告していたという。「『いい加減やめてくれよ。お前がことを起こすたびに、こっちが火の粉をかぶるんだから』って大昔に言ってやったよ」。[4]レンドラムもウォラー同様、カナダでシロハヤブサをとってくるようウォラーから頼まれたというマリンの証言を否定している。だがウォラーの発言を突きつけると、レンドラムは幼馴染を「大ぼら吹き」呼ばわりし、「あいつがわたしを諫めたことなど一度もない」と断言して、ウォラーがシロハヤブサも含め稀少な野生の鳥を世界中から手に入れていると非難した。「自分の罪を隠そうとしているんだ」。レンドラムによると、彼は1980年代に南アフリカで、ウォラーに頼まれてオオハイタカの卵を巣からとってやったことがあるという。「自分の立場が危うくなるととたんにこっちを非難してくる」[5]。ウォラーのほうは、南アフリカであれどこであれ、レンドラムに野生の猛禽の何かを盗んでくるよう頼んだ覚えはないということだ。

カナダ政府は、1976年に野生のシロハヤブサの捕獲を禁止しているが、それでレンドラムのような人間が止められるものではない。シロハヤブサ保護プロジェクトのリーダー、デイヴィッド・アンダーソンによれば、純白のシロハヤブサは闇市場でとんでもない高値がつくため、彼ら研究者仲間はもしシロハヤブサの個体を見つけても、目撃したことを秘密にしておくのだという。シロハヤブサの色合いは黒いものから茶色いもの、灰色のものと多彩なのだが、巣から姿を消すのは常に真っ白な個体だ。「あいつらは一番大きくて、抜け目なくて、美しくて、とにかくヤバいハヤブサなんです」とアンダーソンは言う。「だからこんなに神秘的に扱われるのは、不思議でもなんでもない」[6]

シロハヤブサへの脅威は、闇市場だけではない。水銀やDDE［DDTの代謝物］、アルドリンなど有機塩素化合物、ポリ塩化ビフェニルといった有毒物質が、グリーンランドやノルウェー北部といった極北地の鳥や卵にまで浸透しており、鳥と、その鳥を食べる鳥たちを危険にさらしている。さらに北極圏の夏の温暖化によって、移動性のハヤブサがテリトリーを広げ、シロハヤブサの巣を襲ったり、もともと乏しい食料やテリトリーを争って競合することになる。イリノイ州オリオンにある極北研究所（ＨＡＩ）の教官で猛禽類の専門家カート・バーナムは、シロハヤブサとハヤブサの競合が激しくなっており、２０３０年までには「どちらか一方が絶滅する」かもしれないと、２０１６年に「アトランティック」誌に寄せた記事で警告している。[7]

野生状態での鳥の生息が困難になっていることは、レンドラムに口実を提供することとなった。野生の鳥の巣から卵をとってくることが倫理上の問題にはならないというのだ。彼はマリンに、近年ますます棲みづらくなっている環境から鳥を「救出」し、献身的なアラブの鷹匠に世話をされる満ち足りた生活に——気前よく餌を与えられ、充分なスペースを飛び回り、最先端の医療を受けられる生活に——送り届けることができる喜びを語っている。

レンドラムは極北地へ向かうヘリコプターのパイロットとして、幼少期からの友人を雇った。ローデシア紛争時、特殊部隊の工作員だった人物の息子で、アラスカやカナダで伐採業者や電力会社と契約してヘリを飛ばし、原野に建設資材を下ろしたりしていたが、最近は北カリフォルニアの保安官事務所に雇われ、救助用ヘリを操縦していた。ビジネスツールのＳＮＳ、LinkedInのプロフィールには、「小回りのきく辺境地パイロット。凍えるアラスカから煮え立つ暑さの（パプアニューギニアの）ジャングルに至るまでありとあらゆる条件下で1万６０００時間以上の飛行経験あり」と書いている。「これまでに赴いたのは、アフリカ、オーストラリア、ベネズエラ、ハワイ、太平洋の各地だが、現在はカリフォルニアを拠点とし、軍用ヘリ、ヒューイを飛ばす特権を享受している」。[8] 保安官事務所からの要請では、怪我をした登山者とその救助者を、約30メートルの救助ロープに吊るしたまま運ぶような仕事もあった。途方もない集中力と高度な操縦技術を必要とする作業だ。そしてそのスキルは、新たな秘密のミッションを遂行するのにも必要とされるものだった。

レンドラムはベル406ジェットレンジャーをチャーターした。頑丈で多目的に使える機体で、パイロットの友人がペンシルヴェニア州のチェロキー・ヘリコプター・サービスでの操縦訓練で主に使っていたものと同型だった。ヘリコプターを、モントリオール・ドルヴァル国際空港に回送する手配をし、マリンとレンドラム、そしてパイロットの3人は、主としてロンドンで派手に買いあさった装備をヘリに積み込んだ。買い物の資金は、マリンによれば、前払いの現金だった。チタン加工の極地対応防寒ジャケットにスノーパンツ、防寒下着、ロープ、発電機、GPS3台、ハーネス、サバイバルキット（ナイフ、輪縄、コンパス、のこぎり、防水マッチ、ろうそく、釣り糸と針）、携帯用孵卵器、照明、ブーツ、それにジェット燃料を入れる携行缶が数十缶。さらにはプロ仕様のキャノンXL10のビデオカメラと数種類のレンズも持った。「ナショナルジオグラフィック」誌用の撮影という建前をもっともらしくするためだ。マリンは実際、シロハヤブサの映像を録って、帰国したらネイチャービデオを扱う企業にこっそり売りつけるつもりでいた。スパイ小説愛好家らしく、いまだに自分のトヨタ・プラドにBONDのナンバープレートをつけて走っていたマリンは、自分たちの作戦にもコードネームをつけた。「オペレーション・チリー」と。3人は、妻にも、パートナーにも、友人にも、取引相手にも、誰にも計画を口外していなかった。

6月10日の早朝、はるか北のクージュアクへ出発する準備を整えている3人はひどく興奮していた。クージュアクまでは約1450キロ、12時間かけての飛行であり、途中ケベック・シティで燃料を補給し、その先はサグネ、ベーコモー、ラブラドール・シティ、シェファービルといった、昔のフランスの交易拠点や鉱山の町、林業の町などが中継点になる。シロハヤブサが抱卵するのは5月半ばから6月半ばにかけてで、彼らはちょうどぎりぎりのタイミングで亜北極圏に向かおうとしていた。

マリンはビデオカメラを引っ張りだして、パイロットとレンドラムが最後まで積み残していた装備をジェットレンジャーの荷室におさめるところを撮影した。

大柄で金髪のパイロットはレイバンのサングラスをかけた顔でまっすぐにカメラを見据え、にやりとした。

「おれたちを見ろよ」彼は言った。[9]「立派な犯罪者だぜ」

レンドラムは親指を上げた。

6月11日、クージュアクの朝は冷えて空気が澄み渡っていた。パイロットは装備を満載したヘリをイヌイットの村から西へ向けた。人間の気配はことごとく背後に消えていく。淡い緑と朽ち葉色のなかにところどころ雪と氷が残る丘や、浮氷がひしめき合う川の上を半時間ほど飛んだ。後部座席のマリンは、ロンドンで調達したＮＡＴＯ（北大西洋条約機構）の地形図上でルートを追っていたが、凍てつく川で戯れているシロイルカの群れを見つけ、歓声を上げて指さした。ヘリはとうとう、玄武岩湖にほとんど垂直に切り立った断崖の上空にやってきて、湖を覆う薄い氷の上で高度を保った。氷のわずかな裂け目から、澄み切った青い湖水が覗いている。

　前部座席のレンドラムは、窓の外に目を向け、空を探した。湖の上を何度か往復したあと、パイロットは湖面よりかなり高い位置にある堅牢な地面に着陸し、３人はヘリを降りた。ツンドラは地衣類やタソックスゲ、ホッキョクヒナゲシ、背の低いヒースの茂み、ヒメカンバやヤナギに、豊かに覆われていた。そこは、マリンがそれまでに見てきたなかで、最も人の手に損なわれていない場所だった。ややあって、つんざくような叫びが突然静寂を破った。上空をハヤブサのつがいが舞い上がっていく。つがいは甲高い警戒音を発していた。巣が近いのだ。

「美しい」レンドラムが言った。マリンは再びビデオカメラを構えた。「オスのほうを見てくれ」

　数十メートルも離れているのに、レンドラムは雌雄の大きさの違いを見分けていた。メスのハヤブサはオスよりひとまわり大きい。これは「性的二型の逆転」というもので、メスのほうが大きいのは、フクロウやワシ、タカ、ハヤブサといった猛禽の特徴だ。進化生物学者によっては、オスは空中で縄張り争いをするので、自然淘汰の結果、小型で軽く、動きのよい個体がより有利だったと考える。また、オスがもっぱらエサ取りに専念すればいいのに対し、巣を外敵から守り、捕食者に卵をとられないようにしなければならないメスのほうが強くなる必要があったのでは、とみる研究者もいる。

「ったく、うるせえな」パイロットが笑いながらビデオカメラに向かって話しかけた。「レンドラムのやつ、にやにやしてるぜ」

「最高だ」レンドラムが応じた。

そうするうち、水平線に白い点が見え、まだ数百メートルほども遠くにあるのに、レンドラムは即座に、あれこそ自分がこんな地の果てまでやってきた目的だと見て取った。鳥の中の鳥、捕まえることの困難なシロハヤブサだ。湖水を見下ろす場所で、3人は魅せられたように、巣に近づく鳥を見守った。「右から来るぞ」ビデオには、そう叫ぶパイロットの声が入っている。「来る、来る、稜線から外れないようにして近づいてくる」。まるでスポーツの実況中継をするアナウンサーだ。「来るぞ、今度は稜線を越えた。横切ってくる」。シロハヤブサは岩棚の上に舞い降りた。「美しい」パイロットが言う。目はシロハヤブサを追い続ける。「行くぞ」

それはシロハヤブサにしても白い個体で、繁殖の相手も白ならば、ヒナも同じ色合いになる可能性は高い。とはいえ、そうなる保証はない。シベリア極東、カムチャツカ地方のコリャーク山地での学術調査では、白いシロハヤブサの両親の巣に、灰色のヒナが見つかっている。もし白い個体が灰色や黒やオレンジ色といった個体と交尾した場合、どんなヒナが生まれてくるかは予測できないのだ。同時に孵ったヒナでも、羽の色が3種類も4種類も生まれる場合がある。だがレンドラムは楽観的だった。

パイロットとレンドラムはヘリコプターの滑走部に30メートルほどの開傘索をとりつけた。索の先端には何も結んでいないロープの端が垂れている。亜北極圏の凍てつく空気に備え、革製ブーツ、スノーパンツ、手袋、それに緑色のパーカーを身につけたレンドラムは、ナイロン製のハーネスに脚とウエストを、ベルトにとりつけたカラビナにロープの端を通し、一重の8の字結びと止め結びで固定した。パイロットはゆっくりと浮上し、ローターからのダウンウォッシュで索がからまないよう、細心の注意を払った。索がぴんと張ると、レンドラムは膝を曲げた姿勢のまま青い空に上がっていった。[10]

間もなくレンドラムは、湖水の上約210メートルにぶら下がった。この時マリンが撮影したビデオは、9年後、英国の野生生物犯罪部に押収され、世界中で放送されることになる。レンドラムはまぶしいほどに青い空と湖水を背に、弱い風のなかでゆったりと揺れている。片方の手には、緑色のクーラーバッグを持っていた。缶ビールがちょうど4本入る大きさだ。もう一方の手は索を握っていた。虚空と自分を隔てているのは小さな結び目ふたつだけだというのに、レンドラムは余裕たっぷりに見えた。レンドラムがそれまでに何回くらいこの手のアクロバットをやってのけているのかは知らなかったが、軽々と高い木に登り、断崖をよじ登るところを見てきたので、「ヘリコプターからぶら下がるなんて朝飯前なんだろう」と思ったと、マリンは語っている。[11]

ベル社のジェットレンジャーは岩の壁の近くでホバリングした。ローターは回っているのに、ほとんど静止しているかのようだ。パイロットは、サイクリック・スティック、コレクティブ・レバー、アンチトルク・ペダルを巧みに操作し、ヘリコプターの水平を保った。ほんのわずかな狂いでブレードが折れ、卵泥棒はパイロットもろとも真っ逆さまに落ちてしまう。

レンドラムは岩棚のほうに向きを変えた。じりじりと巣に近づいていくと、シロハヤブサのメスは苛立った様子で上空を旋回する。巣は、えもいわれぬ臭いの塊で、鳥の糞でそこらじゅう白く染まっているなかに、ライチョウの羽根といった餌の残骸が散っていた。「巣は……これ以上ないほど汚らしかった……エトピリカかハジロウミバトのものと思われる古びた羽根やらなにやらにびっしりと覆われ、ノミみたいな黒い生き物が飛び跳ねていた」――１９３８年の自伝的著書『シロハヤブサを探して（*In Search of the GyrFalcon*）』にそう書いているのは、隻眼（せきがん）・隻腕（せきわん）の博物学者アーネスト・ヴィージーだ。本書は自らが、アイスランド北西部に赴き、猛禽の巣を襲った記録だ。[12] ヴィージーの遠征からおよそ１００年前、アメリカの鳥類学者ジョン・ジェイムズ・オーデュボンも純白のシロハヤブサの巣を見つけ、似たような記録を残している。彼が見つけた巣は、クージュアクからも遠くないラブラドール州南部の浜辺にあった。「これらタカ類の巣は岩のてっぺんから15メートルほど下、地面から30メートルほど上のあたりにつくられていた」とオーデュボンは書いている。「巣は木の枝や海藻、コケからつくられ、直径60センチほどで、ほぼ平らである。巣の縁には餌の残骸が散らばり、下のほうには、ハジロウミバトやニシツノメドリ、ライチョウの仲間の羽根が大量に積もったなかに、毛皮と骨とそれ以外の何かがまとまった大きな塊がいくつも落ちていた」[13]

巣に手の届くところまで来ると、レンドラムは手を伸ばして報奨を手に入れた。クリーム色に赤茶色の斑点の散る大きな卵が4つ。チャールズ・ベンダイアは、オビオノスリの卵を盗もうとして危うくアパッチ族に殺されかけたこともあるアメリカ軍将校だが、シロハヤブサの卵について、1892年の観察記録に目に浮かぶような描写をしている。

殻は、はっきりと見えれば……クリームがかった白い色とわかる。地の色は普段は淡いシナモン色がにじんで隠されていて……卵には、小さくて不規則な斑点がびっしりとついている。あるものは濃い赤茶色、あるものはレンガ色、あるものは黄土色や黄褐色だ。標本のなかには、斑点がほとんど見られず、ほぼ単色の卵もある。……形は、卵形から丸みを帯びたものまでさまざまである。殻は、触れるとところどころざらついていて、光沢はない。[14]

レンドラムは卵をクーラーバッグに入れ、手で合図を送った。パイロットは崖から離れて上昇し、レンドラムをそっとツンドラに降ろしてから近くに着陸した。

その日マリンは、試しにハーネスをつけ、ヘリコプターからぶら下がってみた。彼は体の自由がまったくきかないことを知って、怖気をふるった。「ヘリの羽からの下降気流に身をまかせるしかなくて、右に行ったかと思えば左に行くんですよ」当時を思い出してマリンは語った。開傘索に吊られてみて、マリンはレンドラムの身体能力にあらためて感心したのだった。[15]

その後数時間にわたって、パイロットとレンドラム、マリンの一行はシロハヤブサが多くいる地域を数百平方キロも飛び回り、シロハヤブサやその巣を見つける目も肥えていった。パイロットが断崖をはるかに見下ろす高度で旋回し、空に向かうシロハヤブサをみとめると、白っぽい糞が飛び散った巣が見えてくるまで、岩肌を追いかけていく。次いで、断崖上部の草地にヘリコプターを降ろす。レンドラムが登攀可能と判断すれば、命綱をつけて巣まで這い下り、卵をとって、クーラーバッグをベルトにぶら下げ、登ってくる。断崖の下にヘリを降ろせるスペースがあるときには、下でレンドラムを拾うこともある。それができれば危険な岩登りを省けるからだ。だが通常は、渓流の水が断崖ぎりぎりまで来ていて、着陸は不可能だ。その日は3か所の岩が上り下りするには急すぎることがわかり、レンドラムはヘリにつないだ命綱の先から巣に近づいた。

卵を1回盗むごとに、一行は6～8キロほど離れた。それがシロハヤブサのテリトリーの範囲なのだ。そうして新たな探索を始める。ヘリの後部座席から進行を見守るマリンは、シロハヤブサの優雅さと景観の見事さに感嘆していた。「湖と山、そして彼方の海」——鷹匠ロナルド・スティーヴンスが、アイスランドで捕まえたシロハヤブサのヒナを育て、狩りを教え込むまでを記した1956年刊行の『ジンギスを飼いならす（*The Taming of Genghis*）』に書いている。「極地の夏がつかの間微笑み、空はどこまでも蒼い。それ以外の時、空は1年を通してずっと重苦しく垂れ込めている。そんな環境にジンギスのねぐらはあった[16]

大胆なことに、一行は自分たちの行為を隠そうとする努力を少しもしていなかった。映像や音声を当局に押さえられることなどありえないと考えていたようだ。「下りたか？」ある動画のなかで、パイロットが断崖の上から叫んでいる。その上空をオスのシロハヤブサが旋回し、興奮した鳴き声を立てている。「位置はいいか？」

「ああ、いいよ」レンドラムが答える。「もしかしたらロープが足りないかもしれない」

「こっちで下ろすぞ、そのまま下りろ」パイロットが言う。「下で拾う」

「わかった」レンドラムは言い、岩にとりつくと、卵をとるため巣に近づいて見えなくなった[17]。

3人は、罪深い遠征のなかで出会うシロハヤブサ以外の動物に、とりたてて配慮を示していない。その日の行程の半分くらいを行ったころ、パイロットがカリブーの群れを見つけ、ヘリで追い立てた。カリブーが怖がって逃げまどい、滑りやすい地面に足をとられて転んだり、水たまりに突っ込んだりするさまを、マリンが動画におさめた。次に3人が追い回したのは、バッファローとヤクをかけ合わせたような毛むくじゃらの大型動物ジャコウウシだった。そのあとパイロットとレンドラムがふたりでヘリで偵察に行き、マリンは崖の前でひとりになった。身を守るすべもないまま、ホッキョクグマに遭う不安に駆られつつ、何とか崖を巣までよじ登っていくと、生まれたばかりの真っ白なシロハヤブサのヒナが4羽、巣に取り残され、恐怖にヒナ同士身を寄せ合いながら寄る辺なく鳴いていた。

何年ものちのこと、マリンは彼曰く「非合法作戦」における自分の役割を何とか正当化しようと試みることになる。自分は巣を襲ったこともなければシロハヤブサの卵に触れたこともない。それは全部「レンドラムの役割」で彼のではなかった。「レンドラムはいつだって、卵を抱え込んでいた」とマリンは記憶している。「手触りを確かめたくて触るのさえ許されなかった」[18]。卵を盗むのは、一風変わった野生生物保護の手段であり、猛禽を野生状態で予測される不慮の死から「救っているのだ」というレンドラムの主張を、マリンもなぞっている（レンドラムの主張にも一理あり、野生のシロハヤブサの60パーセントほどは1年以上生き延びられない）。さらに、遠征は欲から始まったのではなく、冒険心から出発していたのだと強調している。自分が得たのは、費用のかからない休暇旅行だけだったのだ、と。実際には白いシロハヤブサの卵1個につき7万ドルから10万ドルが支払われたことをあとになってマリンは聞かされたが、支払いはマリンがレンドラムと離れてずいぶん経ってから行われたという。

とはいえ、身元を偽ること、秘密裏に決行すること（マリンは南アフリカの恋人に、旅行のことは秘密にしていた）、逮捕されるかもしれないという予感は、強烈な魅力でもあった。レンドラム同様、マリンが悪ぶることを楽しんでいた時期もあったのだ。

カナダ北部での初日、マリンによればレンドラムは6か所の巣に登り、シロハヤブサの卵8個を手に入れた。ホテルに戻ると、レンドラムは獲得した卵をスーツケースに仕込んだふたつの孵卵器におさめた。次の朝、一味は再びヘリコプターに乗り込んだ。4日の間にレンドラムは19か所の巣を襲い、12クラッチの卵を見つけ、27個の卵をとった。3人の誰ひとり、これほどの収獲があるとは夢にも思わなかったとマリンは言う。親鳥たちが、卵が腐ったと思ってもう一度産卵してくれるかもしれないから、卵を盗ったあとにゆでた鶏の卵を置いておいたらどうかという計画をレンドラムは口にしていたが、「それは実行されなかった」とマリンは認めている。[19]

レンドラムは12時間かけてヘリコプターでモントリオールに戻るとき、卵を毛糸の靴下に包んで手荷物に入れ、燃料補給のつど、取り出して懐中電灯を当て――「検卵」という――胚の心臓が動いていることを薄い殻越しに確かめた。モントリオールから、パイロットは北カリフォルニアに飛んで保安官事務所の仕事に戻ったが、ヌナヴィクに行っていたことは誰にも言わなかった。マリンとレンドラムは、27個の卵をレンドラムの機内持ち込みの荷物に隠して英国航空のヒースロー行きのフライトに乗った。ヒースローでふたりは別れた。マリンはヨハネスブルグへ、レンドラムはドバイへ。卵のすべてを生きたままスポンサーに届けたとレンドラムは報告してきた。

「大成功だ」レンドラムは宣言した。[20]

成功に気をよくしたレンドラムは早くも翌年の遠征を考え始めた。1回目より2、3週間早くクージュアクに行けば、ヒナがまだそれほど孵っておらず、もっと卵を手に入れられる、とレンドラムはマリンに持ちかけている。次回はカリフォルニアの友人を呼びだすのではなく、クージュアクでパイロットとヘリコプターを調達しようと決めていた。2回目の遠征は自費で賄うつもりで、費用を最小限に抑えたかったのだ。マリンは外部の人間を巻き込むことに不安を感じたが、レンドラムは取り合わなかった。これがその後20年もの間マリンを苦しめる惨劇への序曲だった。

第12章
逮捕

くそっ、まるで何も見えない。

ポール・マリンは、ビデオカメラを引きずり、毛糸のスキーマスクで顔を覆って、凍りついた湖をはるかに見下ろす尾根を膝まで埋まる雪のなか、足を引きずって歩いていた。身につけている重たいダウンのパーカーに、毛皮の裏地がついたブーツと手袋は、ロンドンで探せたもののなかでは最上級品だったが、指はすっかり冷え切って、ほとんど何も感じなくなっていた。小便をしようとすると体外に出た瞬間に凍りつく。吸い込む息はナイフのように肺を切り裂いた。

マリンは、コクソアク川沿岸の小さなイヌイット集落、クージュアクの西約60キロの崖の上にいた。ここを訪れるのはほぼ1年ぶりだが、舞い狂う雪のせいでほんの数メートル先も見通せない。彼と相棒のジェフリー・レンドラムは、ヘリコプターのパイロットに90分後に迎えに来るよう伝えて、ふたりをこの大自然のど真ん中に降ろさせたのだ。ふたりは「ナショナルジオグラフィック」誌の撮影に来たと嘘をついており、ヘリコプターがとどまると、羽の凍結を防ぐためエンジンを止められないから、その爆音で鳥が逃げてしまうと言い訳していた。

マリンは気乗りがしなかった。もしもパイロットが何かに足止めされたらどうする。こちらから連絡する手段はないのだ。衛星電話はないし、携帯の電波も届かない。サバイバルキットもなく、腹が減ってもマーズのチョコレート・バーが1本あるだけだ。ホッキョクグマやらその他の猛獣から身を守る武器もなく、唯一身を守れそうなのは、マリンが脚にくくりつけている22インチの折りたたみナイフだけだ。

レンドラムはいったい何を考えているんだ。

5月の初めにカナダに入るというのはレンドラムの考えで、孵ってしまっている卵は1回目の時より少なく、かといってドバイまでの移動に耐えられないほど生まれたてでもないだろうとの計算からだ。計算しきれなかったのは、亜北極圏での4週間のずれが、どれほど大きな違いをもたらすかだった。雪解けの春とホワイトアウト。気温約4度と零下23度。天候は荒れ、クージュアクに着いて最初の3日は、たった1回しかヘリを出せず、3か所の巣から卵を5個盗んだだけに終わった。それ以外の時間には、凍りついたコクソアク川をスノーモービルで行ったり来たりするくらいしかやることがなかった。

そんな思いにとらわれていたマリンの耳に、ヘリコプターのローターが回る機械音が聞こえてきた。分厚い霧と雪を透かして、ヘリコプターの輪郭がぼんやりと見えた。ＡＳｔａｒ３５０が

45メートルほど離れた氷原に着陸し、レンドラムとマリンが乗り込んだ。だがレンドラムは、クージュアクに戻るとは言わず、さらに西の観察地点へ向かうよう指示した。パイロットはクージュアク出身のイヌイットのピート・ダンカンで、細心の注意を払って、雪嵐のなかへリを方向転換した。前部座席にいたマリンには、フロントガラスに細かい雪の結晶が吹きつける「スター・ウォーズ効果」[1]に幻惑されたことがその後しばらく経っても蘇ってきた。「これ以上は無理だぞ」ダンカンは着陸できる場所を探しながらつぶやいた。[2]

ダンカンは、ケベック州の北では最も大きな民間航空会社であるエア・イヌイットの一部門、経営陣の全員がカナダ先住民のヌナヴィク・ローターズの共同設立者で、副代表、チーフ・パイロットでもあり、ヌナヴィクの大自然の奥深くを訪ねる観光飛行を何百回と経験する一方、救助活動にも何度となく協力していた。クージュアク生まれのダンカンは、スノーモービルが燃料切れになったり、歩いているうちに奥地に入り込んで道に迷った観光客などを助け出したこともあれば、ボートが転覆して浮氷に取り残された5人を救い出したこともある。ハンターや釣り人、ちょっとした冒険を望む観光客やカメラマンを、サグレク・フィヨルドからラブラドール州の北端にかけて、約9700平方キロにわたって広がるトーンガット山脈へ案内することもある。ホッキョクグマが数多く出没する氷原が、氷河の山に囲まれている別天地だ。

だが飛行サービスを提供してきて20年、ダンカンはこの日のふたりのような客には出会ったことがなかった。ふたりのうち背の低いほう、南アフリカの訛りがある男には見覚えがあることに、すぐに気づいた。2000年に、大自然の映像を録るためのロケハンだと言ってヌナヴィク・ローターズでパイロットとヘリコプターを調達し、岩壁の上を飛ばせた人物だった。この南アフリカ人は、帰り際にヘリを購入できないかと聞いてきてダンカンを仰天させた。「何年か続けて来ようと思っているんだ。ヘリが必要なのは5月と6月だけだから、それ以外の季節は好きに使ってもらってかまわないんだが」。高額の現金を提示されたが、不審を覚えたダンカンはその話を断っていた。

翌年の6月にもその南アフリカ人を見かけていたが、言葉をかわすことはなかった。その時は自分でアメリカ合衆国からヘリコプターとパイロットを調達してきており、英国人の友人が同行していた。それから11か月が経った今、南アフリカ人と英国人がクージュアクに戻ってきて、さらにドキュメンタリーの撮影をするという。ダンカンはふたりの言い分をこれっぽっちも信じていなかった。英国人の手つきはビデオ撮影をしたことがあるようにはまるで見えなかったし、カメラにバッテリーが入っているかどうかも怪しいものだとダンカンは思っていた。自称「撮影隊」が崖っぷちに降りては1、2時間後に拾わせ、また別の場所へ移動するのを繰り返すうち、ダンカンは彼らが何かしら胡散くさいことに手を染めているに違いないと確信するようになった。「本気で自然相手に撮影しようとする人間なら、日の出る時間に撮影場所に入って、日の入り時刻に拾ってくれと言うものだ」数年後、ダンカンは取材にそう答えた。「自分たちは山のまわりにとどまって、こっちには町に戻って2時間ほどでまた来いなんて言うやつがいるか？　きっと何か隠していたんだ」

　自称ドキュメンタリー撮影隊と1日をともにしたあと、ダンカンはケベック州の野生生物保護機関のクージュアク支部に立ち寄り、長年の友人であるデイヴ・ワットに会った。

「あのふたりはどこか怪しい」ダンカンはベテラン取締官のワットに打ち明けた。「約束は5月11日までなんだ」。ダンカンは旧友に、最終日の支払いが終わるまで、ふたりに接近するのを待ってくれるよう頼んだ[3]。

　次の日の朝早く、天気が小康状態になり、レンドラムとマリンがスノーモービルを乗り回している間に、ワットともうひとりの自然保護取締官ヴァレー・サンダースは、ふたりの自称撮影隊が前日にダンカンとたどった行程を辿った。凍ったツンドラの上を、警察のヘリで低く飛んでいくと、崖に沿った踏み荒らされていない雪の上に足跡が見えた。足跡は明らかに、ハヤブサやシロハヤブサの営巣地へ向かっていた。旋回して近づきさらに観察すると、新しい巣から卵がいくつかなくなっているのがわかった。

「やつら、卵を盗んでいるんだ」ワットはサンダースに言い、サンダースもうなずいた[4]。

　取締官たちは、ケベック州中央部にある林業と鉱業の町チブーガモーの本部の上司に連絡をとり、捜索令状の発行を依頼した。5月11日の午後遅く、ワットとサンダース、そしてケベック州警察の捜査官2名が、オーベルジュ・クージュアク・インに乗りつけた。ホテルではマリンとレンドラムが、ブリザードのなかで卵をかすめ取る過酷な1日を終え、休息のひと時を過ごしていた。

ブーツとゲートルを脱ぐ気力もないほど疲れ切った卵泥棒ふたりは、ツインベッドに背を預けてホテルの部屋の暖かさに気を緩めていた。その20分前、ダンカンがふたりをホテルの前に下ろし、現金で5000ドル受け取っていた。8時間の飛行と燃料の代金だ。ダンカンはその晩、警察が手入れすることは承知していたが、素知らぬ顔をしていた。捜査官たちが近づきつつあるなかで、ふたりは氷点下の気温や、凍傷にならないようにとダンカンがマリンに貸してくれたアザラシの毛皮の手袋のこと、次の日の出立予定のことなどをとりとめもなくしゃべっていた。

この日は気象条件がとりわけ悪く、雪のなかでレンドラムは1度しかシロハヤブサの巣に下りて行けず、手にした卵は2個で、1週間取り組んで合計7個にしかならなかった。収穫は前年の4分の1だったものの、「そこそこの儲けを得るには充分だった」と、のちにマリンは語っている（マリンは自分に分け前が回ってこないのは納得していた。彼はただ冒険を求めていたのだ）[5]。卵は目下、携帯用孵卵器に入れられ、壁のコンセントから電源をとって温められている。ロープにカラビナ、登攀用のハーネス、卵容器などが部屋のあちこちに散乱していた。

午後5時、何者かが部屋のドアをノックした。マリンとレンドラムは顔を見合わせた。警察に違いない、とマリンは思い、鼓動が速くなった。「ここまでだな、ジェフ」マリンは言った。

「そうだな」レンドラムは観念して答えた。

マリンは勢いをつけて脚をベッドの脇に下ろし、立ち上がってドアを開けた。サンダースとワット、それにケベック州警察の捜査官が踏み込んできた。

「ポール・マリンとジェフリー・レンドラムだな」ワットが言った。

ふたりはうなずいた。

「あちらに立って」ワットが指示した。

レンドラムとマリンは、捜査官たちがマリンのビデオカメラからカートリッジを抜き、登攀用具やGPS、携帯電話などをかき集めるのを黙って見ていた。捜査官たちはキャリーバッグを開け、孵卵器の電源を抜いて中で温められていたクリーム色がかった白と黄色の卵を覗き込んだ。

「あなた方は卵を盗んでいたのか？」ワットが問いつめた。

「いやいや、撮影をしていたんだ」マリンはぬけぬけと、自分は「ナショナルジオグラフィック」誌の依頼でシロハヤブサの〝独占映像〟を録っていたのだと釈明した。[6] 4人の捜査官はレンドラムとマリンに外へ出るよう促し、別々の四輪駆動車の後部座席にそれぞれを乗せて、クージュアクの町中を抜け、野生生物保護局へと連行していった。

レンドラムとマリンは窓の外を、雪と氷に覆われた1階建て、2階建てのバンガローが通りすぎていくのを眺めていた。ふたりはもしも捕まったら、当初の言い訳を貫きとおそうと申し合わせていた。捜査官たちはふたりを連れて野生生物保護局の建物に入ると、蛍光灯に照らされた廊下を進んで、別々の部屋に押し込んだ。シロハヤブサの卵を7個、ホテルの部屋で温めてどうするつもりだったのかと尋ねられ、まだ脚に22インチの折りたたみナイフをつけたままだったマリンは、何も知らないと言い張った。

レンドラムのほうはいささか多弁だった。自分は「ナショナルジオグラフィック」誌のための撮影の合間に気晴らしをしていて、営巣地で「腐った」卵を集め、殺虫剤による汚染の影響を調べようとしていたのだ、と説明した。1960年代、英国でDDTの影響を調査するために鳥類学者のデレク・ラトクリフがやったように、卵の大きさと重さをはかるつもりだった。明日には卵を巣に返す予定だったんだとも主張した。

だがワットは、押収したノートパソコンに、前年のふたりの遠征費用の記録を見つけていた。ヘリコプターのチャーターに3万ドル。ロンドンからフィラデルフィア、フィラデルフィアからモントリオールまでの航空券に数千ドル。レンドラムとマリンは富裕なスポンサーがついた野生生物の国際的な密輸業者に違いなく、ケベック州で最も絶滅が心配されている動物の生きた卵を売りさばくことで利益を得ようとしていたのだろうという確信がワットにはあった。自分の判断だけに頼るなら、野生生物密売の罪で起訴しただろう。カナダでは最大で罰金100万ドルおよび5年の刑にあたる罪だ。だが、シロハヤブサの卵を持ったまま実際に飛行機に乗るなど、ふたりが卵を密輸しようとしていた動かぬ証拠に欠けていることも、ワットは自覚していた。そこで彼はチブーガモーにいる地方検事に相談したのち、ふたりに持ちかけた。

「罪を認めて罰金を払うか、このまま勾留されて月曜日に法廷に出るか、どっちにする？」

「いくらだ？」マリンは尋ねた。

「7250ドル」。野生生物に関するカナダの法律のなかでは最高額の罰金だった。[7]

「連れと話をしたい」マリンは言った。

30分後、マリンとレンドラムは罪を認めた。罪状は違法な狩猟と野生の卵の所持に関わり、12に及んでいた。ふたりがアメリカドルで罰金を払うと、捜査官たちは暗くなった町に車を走らせ、ふたりをホテルまで送り返した。

「明日一番の飛行機に乗るといい」ワットは告げた。「二度とカナダに来るな」

野生生物保護局は、押収した卵をモントリオール近郊の猛禽類のリハビリセンターに運んだが、孵ったのは1個だけだった。それ以外の卵はおそらく、巣から持ち出されたショックか、盗人か警察かどちらのせいかは不明だが、揺り動かされたショックで死んでいた。デイヴ・ワットは、逮捕されたあと、ホテルの部屋か保護局で孵卵器のそばにいたわずかな隙（すき）に、レンドラムが温度を上げたのだと主張している。「証拠を消したかったんですよ」[8]。だがマリンは、どんな状況であれレンドラムが故意に猛禽を死なせようとするなどありえないという。「自分の命を危険にさらしても、鳥を守ろうとしますよ」と彼は言うのだった。[9]

マリンとレンドラムは逮捕に震え上がり、密告したのは誰か、あれこれ推測をめぐらした。モントリオールまでのフライト中、マリンはふたりが外出している間にホテルの清掃係が装備を物色したのでは、という仮説まで立てたが、最も疑わしいのはパイロットだと結論づけた。「この作戦の最大の弱点だったよ」マリンはレンドラムに言った。「こういうやり方をすべきじゃなかったんだ」。一方のレンドラムは、旧友のハワード・ウォラーが「嫉妬心」から裏切ったのかもしれないと言った。この時点まで、マリンは最終的に卵を受け取るのがウォラーだと考えていた。レンドラムは今回の顧客をマリンに明かそうとしていなかったが、ここへきて、自分はフリーの立場でUAEの金持ちのために動いているとほのめかした。[10]

ふたりの記事が初めて出たのはそれから4日後、ケベック州北東部で出ている週刊「ヌナチャック・ニュース」紙の1面だった。世界を渡り歩く犯罪者の悪事は、職業学校の卒業式や空港の改修といった、ふだん地方紙の紙面を埋めている小さな町の話題のなかでひときわ目を引いた。「ハヤブサの卵を不法に入手した密猟者に罰金」という見出しで記事は始まる。「ネイチャー映像の撮影隊を自称する南アフリカ人と英国人のふたりが、先週クージュアクでハヤブサの卵を隠し持っているところを現行犯逮捕された。卵は国際的な闇市場で数千ドルの値がつくという」。記事のなかで、ケベック州野生生物保護局のガイ・トランブレーは、「クージュアクは大きな町ではなく、噂は瞬く間に広がります。多くの人がふたりの行動をいぶかしんでいました」と述べている。トランブレーの概算では、シロハヤブサの卵は闇市場でひとつ3万ドルになり、密猟者たちが「何らかの組織につながっていた」可能性を示唆している。また、ケベック州政府が「連邦当局にふたりの個人情報を提出して、今後カナダに入国できないように注意を喚起する」計画であることも伝えている。[11]

トロントの「ナショナル・ポスト」紙も5月18日にこの事件を取り上げた。「偽撮影隊から密猟された卵を取り戻す――野生生物保護局、孵卵器を押収してハヤブサの密輸を阻止」。カナダの環境省の広報官も取材に応えている。「オムレツをつくるための卵をクージュアクまで集めに行く者がいるわけがない。明らかに別の目的を持っていたのでしょう」[12]。カナダのテレビ局もニュース番組で逮捕について短く報じた。マリンとレンドラムはのちに、アメリカの猛禽専門の生物学者が運営する、あまり人に知られていないハヤブサ類の保護団体のウェブサイト「savethefalcons.org」の世界猛禽密猟者ランキングで、57位に格付けされた。だがこのつかの間の注目のあと、事件は忘れ去られた。マリンが恐れていたように、公に恥がさらされることにはならなかった。マリンの友人も親類も、誰ひとりクージュアクでの恐るべき1週間の出来事を知ることはなかった。

それでも当局と接近遭遇して、マリンはすっかり目が覚めた。法的手続きをとって正式に改名し、新たな名前でパスポートをつくった。カナダにも取引先があったマリンは、トランブレーの警告を真摯に受け止めたのだ。カナダの入国審査で追い返される事態だけは避けたかった。また彼は、レンドラムの卵の密猟には二度と同行しないと固く決意した。楽しくはあったが、結果として予想されることも考えておくべきだった。レンドラムはリスクを負いたがる人間なのだ。

だがレンドラムも、逮捕に怖気づいたようだった。「これまでだ」英国に戻ったレンドラムはマリンにそう言ったという。「お楽しみはおしまいだ」。世界を飛び回るのはしばらく控えて、アルジェリア系フランス人の恋人と英国に落ち着き、アフリカ・エクストリームの経営に専念するつもりだ、と。[13] とはいえレンドラムは長い間じっとしていられる質（たち）ではなかった。ことに、すぐ近くで野生のハヤブサ類が数多く営巣しているようなときには。

第13章 英国野生生物犯罪部

ジェフリー・レンドラムがカナダ北部で野生のシロハヤブサの卵を密猟し、逮捕された2002年までには、英国の立法府も野生生物に関連する犯罪の取り締まりに本腰を入れるようになっていた。そのわずか15年ほど前までは、そうした行為を調べる組織は、王立鳥類保護協会といった民間の動物福祉団体しかなかった。協会の捜査官であるガイ・ショーロックは、ハヤブサをはじめとする動物に危害を加える者に対し、私人刑事訴追まで行った。召喚手続きをし、証拠を集め、弁護人を雇い——それというのも、司法機関がそうした犯罪を扱いたがらなかったからだ。野生生物がらみの犯罪捜査に熱心な捜査官がいる警察署は少数で、密猟や密輸、あるいは虐待に対する処罰はわずかな罰金程度のものだった。

だが今はイングランドとウェールズの43の警察署の約半分にフルタイムの野生生物犯罪捜査官が雇われている。2名置いている署もあった。2000年制定の「田園地域及び通行権に関する法律（ＣＲｏＷ）」では、野生生物に関わる犯罪に拘禁刑を科すことができるようになり、保護鳥類の捕獲や販売、致死行為には最高2年の刑が定められた（２００5年に議会は最高5年に引き上げた）。また北ウェールズ警察の本部長で、英国で最も耳目を集めることの多い警察関係者のひとりリチャード・ブルンシュトロムが、野生生物に対する犯罪者を追跡するための情報収集機関の創設を提起していた。

ブルンシュトロムはアンディ・マクウィリアムの長年にわたる盟友で、ふたりはブルンシュトロムが野生生物犯罪に関する本部長委員会の専門家メンバーとして、全国の警察を「リード」していたころ、ある会議で出会っている。ブルンシュトロムは精力的だが、彼の手法はしばしば論議を巻き起こした。例えば立ち小便を厳しく取り締まるため、パトロール警官にバケツとモップを持たせ、違反者にはその場を掃除するか即時逮捕かを自分で選ばせたことがある。スピード違反の取り締まりにはひときわ熱を入れ、道路脇のカメラを3倍に増やすと同時に交通警察官を看板や茂みの裏に潜ませておく案を考え出して、大衆紙から「交通タリバンの〝マッド・ムッラー[1]（もとは英国からの独立を訴えたソマリアの政治家を揶揄した表現）〟」なるあだ名をつけられた。彼はまた、5万ボルトのスタンガンで撃たれている自分自身の動画を録り、致死性がないことを証明しようとした（警察本部のウェブサイトにアップされた動画には、両脚をスタンガンで撃たれて叫ぶ姿が映っている）。深夜、足場を伝って自分のオフィスに押し入り、警察本部にもセキュリティの隙があることを示しもした。

ブルンシュトロムはまた、ウェールズ北部のバンガー大学で動物学の学位をとった野生生物保護論者でもあり、警察に入る前に、学位はとらなかったものの博士課程にまで進んでいた。したがって彼は、野生生物関係の犯罪の脅威が大きくなっていること、犯罪の手口が巧妙になってきていることを敏感に感じ取っていたのだ。密売買の範囲も種類も、象牙やサイの角がアフリカの狩猟区で乱獲されて極東に売られるという、昔からおなじみの構図をはるかにしのぐものになっていた。数百に及ぶ保護種が対象となり、地球全体を巻き込み、えてして乱暴に行われた。インドネシアの東ジャワ州では密輸業者が島からオウム科のコバタンを一掃し、ブラジルのアマゾンでは英国のペット業者が、スーツケースに稀少種のクモ（タランチュラを含む）を１０００匹も隠し持っていて捕まった。ガイアナでは密輸業者がフウキンチョウ科のヒメコメワリをラム酒で酔わせ、ヘアカーラーに詰め込んでニューヨークに運んだ。そこでは籠に入れたヒメコメワリを対面させ、どちらが早く50回鳴くかを競うイベントが行われる。

野生生物犯罪部の前身、野生生物犯罪情報部は、２００２年にロンドンで活動を開始した。「インディペンデント」紙は、新しく発足した部が、「年間50億ポンドにのぼる」と推計される「違法取引」を取り締まるために、「おとり捜査や盗聴といった、麻薬密売捜査で培われた手法を用いて捜査することになるだろう」と報じている。[2] だがブルンシュトロムのまなざしは時代の先を行っていた。野生生物犯罪情報部は予算も限られ、捜査官はたったの3人、その要請を地方警察はほとんどまともに取り合わなかった。マクウィリアムの概算では、部は3年間でおよそ

250件の捜査要請を各警察署に送っているが、取り上げられたのはわずか30件程度だった。当時マージーサイド警察で野生生物犯罪を専門にしていたマクウィリアムは、そのうち数件に携わった。リヴァプールで、ヒョウやトラをはじめ絶滅が危惧される哺乳類の骨を原料につくられる中国の「強壮剤」を売っていた店の事件もそのひとつだ。だが彼は例外で、「たいていの警察官は、『ドラッグがらみも重大犯罪もあるなかで、動物のことなどかまっていられるか』と言いたかったと思いますよ」とマクウィリアムは言う。[3] 2005年、部の上部組織である犯罪情報局が新たに誕生した重大組織犯罪局に統合され、とりたてて成果をあげていないとみなされた野生生物犯罪情報部は徐々に廃止の方向へ向かっていった。

マクウィリアムは、自分が一般にはほとんど顧みられない大義のために闘っているように思えることがよくあったが、それでも時として、気にかけてくれる人がいることを思い出させる出来事が起こった。2004年、マージーサイドにBBCがやってきて、英国で最も有名な野生生物犯罪捜査官の1日を追うことになったのだ。マクウィリアムはプロデューサーに、何事も起こらない日のほうが多いので、テレビ映えする逮捕の模様を再現してはどうかと持ちかけた。2、3週間ほど前、妻とバスに乗っていたマクウィリアムは、若者がヤドリギツグミという小型の鳴鳥を蹴り殺している場面を目撃していた。鳴鳥はヒナを守ろうとしていたのだった。マクウィリアムはバスから飛び降り、鳥殺しをその場で逮捕して、被害鳥の遺骸を獣医に運んで死因を特定してから、証拠として保全するために警察署の冷凍庫に入れておいた。

ＢＢＣのチームが再現場面を撮影するために到着する直前になって、マクウィリアムは前の晩に鳥を冷凍庫から出しておくのを忘れたことに気がついた。彼はカチカチに凍った鳥を上階のひと気のない職員食堂に運び、皿にのせて電子レンジに入れた。

解凍するまでの7分が半分ほど過ぎたところで、女性警察官がオートミールを温めようとキッチンに入ってきた。マクウィリアムは焦って彼女の隣に立ち、他愛のないおしゃべりを仕掛けた。電子レンジがピンと鳴り、マクウィリアムが皿を取り出すと、女性警察官は目を丸くして死んだツグミを見つめた。

「見た目で判断せずに、食べてみたらどうだい？　塩コショウ、そこらへんになかったかな」冗談めかして彼は言った。

それ以来その女性警察官は、彼を見かけたらなるべく距離をとるようになった。[4]

野生生物犯罪情報部が地方警察からほとんど捜査協力を得られなかったことは、リチャード・ブルンシュトロムの気をくじくどころか、自然破壊を効率的に取り締まる部局をつくろうとする決意をよりいっそう固めさせることになった。２００５年、ブルンシュトロムは内務省――米国で言う司法省と国土安全保障省を部分的に合わせたような政府機関で、出入国管理、国家安全保障、治安などを管轄している――に働きかけ、全国を歩き回って地方警察を支援できるような実践的な組織に予算をつけるよう請願した。ブルンシュトロムの構想では、野生生物犯罪部（「情報」の部分は名称から抜け落ちた）のスタッフは7人で、現場捜査官がふたり、上級捜査支援員がひとり、分析官がふたり、事務官がひとりに長官ひとりという構成だ。管轄にうるさい警察組織の意向を逆なでしないように、現場捜査官には引退した警察官で野生生物犯罪捜査に携わっていた者をあてる。彼らに逮捕権はない。２００６年、内務省と環境・食糧・農村地域省は、1年目の野生生物犯罪部に45万ポンドの予算を割り当てた。

その年の夏、マクウィリアムは部の初代長官クリス・カーから電話を受けた。カーは長年野生生物犯罪に携わってきた警察官で、マクウィリアムとは野生生物犯罪撲滅全国会議で知り合っていた。これは1年に1度、警察官と自然保護団体のメンバーが集う会合で、マクウィリアムがブルンシュトロムと知り合ったのも、この会議の場だった。

「応募してみることは考えたか？」カーがマクウィリアムに尋ねた。

そこまでは考えていなかったが、警察に奉職して31年、そろそろ変化がほしい頃合いでもあった。マージーサイド警察は機構改革の真っただ中にあり、マクウィリアムは意に反して、これまで30年勤めたクロスビー署から、知っている捜査官がひとりもいない新しい署に配置換えになっていた。署の殺風景な壁を彩るポスターには空高く舞い上がるワシとやる気を奮い立たせようとするスローガンが描かれ、それを眺めてはマクウィリアムは辟易していた。マクウィリアムはクロスビー周辺で多くの人々と親交を深め、数百人に自分の電話番号を教えていて、すっかりコミュニティの一員になっていた。「わたしは突然に、少しの理解もない上司の下に行かされたんです。これだけ積み重ねてきた経験も、誰にも気に留めてもらえなかった」

新しい仕事に関して、マクウィリアムにはいくつか迷いがあった。旅行することがとりたてて好きではないが、野生生物犯罪部で働くと、週に3日、時には4日、家を離れなければならない。部は存続自体が1年ごとに見直される予算次第で、不安定だ。だが妻のリンダは前向きだった。「やってみなさいよ」と言われ、マクウィリアムは形ばかりの面接を受け、採用された。2006年7月、彼は警察を退職し、1か月後、現場捜査官として12か月間の雇用契約に署名した。[5]

10月5日、生物多様性大臣のバリー・ガーディナーが、エディンバラの科学教育施設ダイナミック・アースで、野生生物犯罪部の設立を宣言した。ガーディナーは、「毛皮ほしさに絶滅危惧動物を殺していいと考える者、コレクションにないからといって、珍しい鳥の卵を盗っていいと考える者」を批判し、マクウィリアムも見守るなか、「これは麻薬密売や人身売買と同じ、欲にまみれた人間が関わる犯罪なのです」と明言した。[6]

野生生物犯罪部は人里離れた場所で活動を開始した。スコットランド、フォース湾の南岸に、4000人ほどが住む美しい村がある。釣りの名所として知る人ぞ知るノース・バーウィックで、ここが最も名高いのは、おそらくシロカツオドリの世界最大の生息地であるところだろう。この地域を管轄するロージアン・アンド・ボーダーズ署の副本部長が小さな警察署の最上階を提供してくれた。「（内務省は）この部をロンドンベースにしたくなかったんです」と説明するのはアラン・ロバーツだ。元刑事の彼はイースト・アングリア出身の鳥の専門家で、オペレーション・イースターにも参加していた。野生生物犯罪部には、捜査支援員としてマクウィリアムと同じ時に入部した。「もしロンドンに本部を置いたら、結局ロンドンで働きたいんだろうと言われてしまうのではないかという心配があったんです」[7]

ほどなく野生生物犯罪部は、もっと便利な場所に本部を移した。エディンバラ近郊のスターリング署の3階にある2部屋続きの広い場所で、長官と事務官、情報分析チームがここに常駐した。マクウィリアムとロバーツは在宅で、家から国中の現場に赴き、捜査に携わっている警察官に合流し、野生生物に関わる複雑な法制度を解説した。ふたりとも例えば、国の定めた「1997年絶滅危惧種貿易管理規則」について勉強している。この規則では、3万6000種の野生生物を3つの段階に分け、野生生物の密売に対して刑事罰を科す権限を警察に与えている。また、ワニ革やキャビアのラベルの記載内容から、センザンコウ（アフリカと東南アジアに生息する、鱗（うろこ）のある哺乳類）8種、ホエザルとクモザル9種など、学術目的以外では売買が禁止されている生物は何かまで、細かく規定されている。この区分は野生生物犯罪捜査官にはなくてはならない情報で、捜査対象となる行為が何か、どの生物にはどういった認可が求められるか、法に触れたのはどの部分であるかを知る手掛かりになる。マクウィリアムは英国の北半分、ロバーツが南半分を受け持ったが、活動領域が重なるケースもままあった。部ではすぐに捜査官を2名増員して、ウェールズとスコットランドに割り当てた。

生の情報が次々と入ってくるようになるのに、さして時間はかからなかった。毎月300件から350件の情報が、地方警察や自然保護団体、一般市民からも寄せられてくる。ある時、マクウィリアムは、田舎道を四輪駆動車で駆け回る密猟ギャングを追跡した。銃やクロスボウ［弓の一種］で武装し、暗視ゴーグルを装着して、犬や罠、毒を使ってシカやノウサギといった生き物を蹴散らして楽しんだり、売りさばいて金にしたりしようとする輩だ。猛禽類を脅かす者も捜査した。ハヤブサをはじめ、保護対象の猛禽類が、鳥害に業を煮やした農家や、スコットランドやイングランド北部の猟場管理人たちに銃や罠や毒で命を奪われていく。「猛禽類を殺す輩の多くは連続犯で、卵泥棒も同じだ」とガイ・ショーロックは王立鳥類保護協会のブログに書いている。「猟場を管理する仕事に就いて以来、数百羽にのぼる猛禽を殺したとみられる猟場管理人に関して、詳細な報告を受け取っている」と。[8] 猟場管理人が猛禽を殺すのは、猟場内のキジやライチョウが狙われ、自分の仕事が脅かされるのを防ぐためだ。マクウィリアムはもっと多くのハヤブサを死に追いやった犯罪者の摘発にも、ひと役買ってきた。

時にはもっとややこしい犯罪に巻き込まれることもあった。リチャード・ブルンシュトロムが陣頭に立った計画のひとつにオペレーション・バットがある。これは2004年、夜行性の哺乳類を林業や開発業者から守るために着手されたものだ。ブルンシュトロムの指揮のもと、マクウィリアムはウサギコウモリのねぐらをわざと破壊した建築業者を逮捕した。ウサギコウモリはよく屋根の隙間や煙突に隠れ棲んでいて、「1976年絶滅危惧種保護法（ESA）」で、絶滅が危ぶまれるとされている生き物だ。さらには、これも優先度の高い危惧種であるカワシンジュガイ［淡水の二枚貝］でいっぱいの川床を浚（さら）ってしまった農家も捕まえている。

マクウィリアムは、自宅のパソコンの前にいながらにして、重要な仕事をこなすこともある。オランウータンの剥製に英国の闇市場で1万6000ポンドの値がついた1993年以来、フィリピンワシ、アムールトラ、パラワンコクジャク、コオオハナモドキ、ワオキツネザル、ゴールデンライオンタマリンなど稀少動物の剥製の価格はうなぎのぼりになっていた。マクウィリアムはeBayやアリババ、バードトレーダー、プレラブドなど、生体や剥製、動物の一部を売買している通販サイトを渉猟し、怪しい取引を見つけると裁判所の開示命令をとってウェブサイトの管理者に取引記録を提出させ、捜索令状を盾に販売者と購入者双方の身柄を警察官とともに押さえにいく。

例えばeBayに、「アンティークの象牙彫刻」を売りに出している骨董商がいた。放射性炭素による年代測定で、この象牙は1980年代に違法に殺されたゾウの牙であることが判明した。[9]このゾウが殺された年代は、ワシントン条約でアジアゾウの牙の取引が禁止され（1975年）、さらにアフリカゾウのガーナの個体群も追加されて（76年）から10年はあとだ［アフリカゾウの牙の取引全面禁止は1990年］。また、進行性の目の病気になり、視力を失う前に標本を手に入れたい野生生物をずらりとリストにしたコレクターがいた。リストのトップは中央アフリカのマウンテンゴリラの頭蓋骨。世界で最も絶滅が危惧されるうちの一種だ。コレクターはアリババを通じてカメルーンの業者にコンタクトをとり、切り落とされたばかりの類人猿の頭部の写真を入手して、現物を郵送させていた。警察がコレクターのガレージを捜索したところ、肉片がいくらかこびりついたままの頭蓋骨が発見された。「まだひどく臭っていましたよ」マクウィリアムの同僚、アラン・ロバーツは言う。写真はおとりで、カメルーンの業者はマウンテンゴリラの代わりにチンパンジーの頭を送ってよこしたのだが、こちらも「附属書Ⅰ」に記載されており、つまり最高レベルの保護を要する種とされている。コレクターはワシントン条約違反で逮捕された。

野生生物犯罪部は、ウェスト・ヨークシャーでペットショップを営んでいる怪しげなカップルの動向も監視していた。インドネシアや南アフリカなどから珍しい動物の頭蓋骨を輸入して販売していたのだ。大口の取引相手のひとりに、アラン・ダドリーがいた。3人の子がいる父親で、ジャガー・ランドローバーの整備で暮らしている人物だ。捜査官たちがコヴェントリーにあるダドリーの自宅倉庫に入ると、そこには2000個からの頭蓋骨があった。エクアドルのホエザル、ペンギン、アカウミガメ、チンパンジーにキリン、カバ、ボリビアのゲルディモンキー、グレートデンの骨まであった。これら気味の悪い記念品は、非合法のものも含めオンラインで入手するほか、動物園や学術施設と展示や研究用に骨からきれいに肉を削ぎ落とし、死骸を「浄めて」戻す契約を結び、それを悪用していたとみられる（明らかに頭蓋骨の一部を返却せず、自分のコレクションに加えていた)。ダドリーは7項目のワシントン条約違反で有罪となり、50週間の執行猶予、3か月の夜間外出禁止、裁判費用3000ポンドに加えて1000ポンドの罰金を科された。判事は「研究への熱意が度を越し、違法な執着へと発展した」と述べた。[11]

スターリング署内にある本部の証拠保管室は、ネコ科のオセロットやヒョウの毛皮、サルの頭蓋骨、ゾウの牙、珍しい蝶、アナグマや猛禽類の剝製といった禁制品ですぐにいっぱいになった。悪臭を放つ証拠保管室に、マクウィリアムは「死の部屋」という名称を奉った。だが彼が職務上出会う生き物は全部が全部死んでいるわけではなかった。英国中の非営利の動物保護団体から、危機に瀕している生物を生きたまま守れるように力を貸してほしい、と要請する手紙がマクウィリアム宛てに届き始めたのだ。「フロッグライフ」は、絶滅の恐れがある英国の両生類と爬虫類を守りたいと言ってきた。「バグライフ」は、テントウムシグモやフォルミカ・エクスセクタ[アリの一種]、シュリル・カーダー・ビー[マルハナバチの仲間]のプロジェクトなどを企画し、生存が危ぶまれる昆虫を「瀬戸際から引き戻す」ために、慎重に管理された生息地に新たな個体を導入する計画への支援を要請してきた。[12]「プラントライフ・イングランド」は、セイヨウオキナグサやスナカナヘビ、セイヨウシジミタテハといった、脆弱な草花や生物を守りたがっていた。マクウィリアムは同情して話を聞くことはしたものの、具体的な支援を提供できることはまれだった。彼の守備範囲からは大きく外れていたからだ。「昆虫がらみ、カエルがらみの犯罪は多くはありませんでした」淡々と、マクウィリアムは語る。[13]

1984年、英レスター大学の遺伝学者アレック・ジェフリーズが、世界で初めてDNA型鑑定法を発表し、犯罪捜査に革命を引き起こした。細胞からDNAを抽出し、酵素を用いてDNA鎖（さ）を切断、断片を培地に入れて放射性同位元素の「トレーサー」を当てると、特定のたんぱく質や遺伝物質の配列に付着する。これをX線フィルムに露出させると、30本以上の筋のある特有のパターンが浮かび上がる。ちょうど、バーコードのようなものだ。2年後、レスターシャーの小さな村で強姦されたうえに殺されたふたりのティーンエイジャーの体に残された精液から採取したDNAが、DNA鑑定を使った初めての有罪判決を導き、疑われていた無実の男性の嫌疑を晴らすことになった。王立鳥類保護協会のガイ・ショーロックはすぐに、この手法を、ハヤブサのロンダリングと闘う道具に使い始める。

飼育下繁殖の成功率はわずか33パーセントに過ぎないので、節操のないブリーダーは、自然界から孵化寸前の卵なりヒナなりをかすめてきて（違法）、自分の繁殖地で孵った（合法）ように装うほうがはるかに効率的だと考える。「1981年野生生物及び田園地域法」では、9種の猛禽――ヨーロッパハチクマ、イヌワシ、オジロワシ、ハヤブサ、ミサゴ、コチョウゲンボウ、ヒメハイイロチュウヒ、ヨーロッパチュウヒ、それにオオタカ――を「附則4」に分類し、飼育下で繁殖する際、永続的に同定できるように、孵化して2週間以内に足環をつけることを義務づけた。ワシントン条約の第10条に定める許可書も必要だ。だがブリーダーにとって野生のヒナをこの仕組みのなかに紛れ込ませるのはたやすいことだ。通常は、足環をつけられる前のごく若いヒナを、飼育下繁殖用の親鳥から生まれたヒナのなかに混ぜてしまうのだ。ショーロックの情報源によると、飼育下繁殖とされているハヤブサの30パーセントは、実際には野生の巣から盗まれてきたものだという。楽な金儲けになるし、野生の成鳥や野生の卵を直接、闇市場に出すよりもリスクが少ない。

1992年10月、検察はDNA鑑定を使い、リヴァプールの無職の鳥飼いジョセフ・シーガが、野生のオオタカのヒナ4羽を、飼育下のメスから生まれたと偽っていることを証明しようとした。用いられた鑑定法は粗いものだったが、4羽のヒナには互いに共通する遺伝子マーカーがあったのに、問題のメスとはひとつも一致していなかった。シーガは有罪となり、罰金を科された。3年後、DNA鑑定による証拠で、今度はノーサンブリアのハヤブサのブリーダー、デレク・カニングが刑務所送りになった。彼はスコットランドとウェールズ一帯の営巣地を記した地図を持っており、野生で捕獲した何十羽ものハヤブサをロンダリングした罪で18か月間投獄された。

マクウィリアムのかつての同僚たちのなかには、野生生物犯罪捜査を軽んじる者もいたが、本人は捜査のやりがいを愛していた。追いかけている相手と同じように、彼自身も追跡のスリルを楽しんでいたのだ。彼はまた、ブリーダーを自称しながら繁殖の努力を怠る者たちを商売から遠ざけることは、同業者への警告にもなるし、その一件一件が、環境保護という目的のための勝利を積み重ねていくことになると信じていた。2009年、マクウィリアムが狙いを定めたのは、イングランド東部のブリーダー、ジョン・キース・シムコックスだった。彼は、1980年代にハンガリーのブリーダーから購入した23歳になるメスのオオタカの足環が抜け落ちてしまったと申し出た。検査官がオオタカの足に再度、足環をつけたが、情報提供者によれば検査官は知らず知らずのうちに、野生の個体に飼育下繁殖のしるしをつけさせられていたらしい。老鳥は死に、シムコックスは野生の鳥から飼育の鳥への転換をやりおおせた、かに思われた。

マクウィリアムは捜索令状を携えて踏み込み、オオタカの血液サンプルをとった。さらに、10条許可書に添付された家系図を使って、このオオタカの子孫ということになっている鳥を探し当て、そちらの血液サンプルも手に入れて、両方をDNAラボに送った。結果は疑う余地のないものだった。足環をつけられたくだんのメスが、家系図の子孫の親である可能性はなかった。シムコックスは野生の鳥を違法に所有していたことと、許可書を得るために虚偽の申告をした罪を認めた。マクウィリアムは、この老鳥をウェールズ北部の営巣地から捕獲されたものとみていた。シムコックスは3か月の刑を受けた。ほかにも同様の虚偽申請を長年にわたって行ってきたものとみられたが、この判決で「引導を渡された」とマクウィリアムは言う。というのも、判決は彼に、オオタカを含む「附則4」記載の鳥を扱うことを終生禁じたからだ[14]。

稀少な鳥の闇市場は、スコットランドやウェールズの営巣地をうろついている英国のひと握りのロンダリング業者など及びもつかない規模だった。犯罪者たちは東南アジアからかつてのユーゴスラヴィア、果てはアマゾンのジャングルまでを跋扈（ばっこ）し、猛禽類を略奪し、輸出入の規制を鼻であしらい、ヒナや成鳥をこっそりと国外に持ち出しては欲の尽きることのない市場を肥やす。鳥たちは往々にして過酷な状態で運ばれる。2000年、クラウズ・ファルコンリーなる英国の猛禽類センターのオーナー、レイモンド・レスリー・ハンフリーが、23羽の猛禽を生きたままプラスチックのチューブに押し込んでバンコクから英国に運ぼうとした。23羽のうちには、タイのカンムリワシ類やカオグロクマタカなど、それまでヨーロッパで知られていなかった種が含まれていた。ハンフリーはチューブを大型スーツケース2個の中に隠し、与圧もなく暖房もないロンドン行きの航空機の貨物室に預けた。

ヒースロー空港の税関は事前情報を得ていて、ハンフリーを脇へ呼び、手荷物を押さえた。スーツケースの中は悲惨なことになっていた。23羽のうち6羽が息絶えていて（ほどなくもう1羽も死んだ）、残りの17羽も、大きな気圧がかかったことによる傷ができ、窒息した低体温の状態に陥っていた。ハンフリーの自宅を捜索したところ、絶滅危惧種の鳥が何十羽も見つかったほか、世界で最も稀少なサルの一種、キホオテナガザルまで現れた。ハンフリーは、保護対象の生物を違法に輸入していた罪で、6年半、刑務所に送られることになった。2003年、控訴審の判事は、「きわめて胸の悪くなる非道な」行為であると断じて、ハンフリーの有罪を支持した。[15]控訴審では刑期が1年減じられたが、それでも英国で野生生物犯罪に科された刑としては最長だった。

鳥を密輸するためにプラスチックのチューブを使った商人はもうひとりいる。ハリー・シッセンは、東ヨーロッパの闇市場で購入した鳥を陸路フランスに運び、そこからはフェリーでイギリス海峡をドーヴァーへと渡った。ノース・ヨークシャーにあるシッセンの繁殖場で、マクウィリアムの同僚のアラン・ロバーツは保護鳥を140羽押収し、なかにはブラジルのアマゾンから来たコスミレコンゴウインコ3羽（全身が青いこの鳥は、野生では150羽ほどしか生存していない）、ペルーのジャングルで捕獲されたヤマヒメコンゴウインコ3羽も含まれていた。ワシントン条約違反で30か月の刑を受けたシッセンについて、「繁殖用に絶滅危惧種を手に入れるためならどんな長い刑期もいとわないだろう」と判事は述べている。[16] 世界オウム基金の機関誌「プシッタ・シーン［psittaは、ラテン語でオウムを意味するpsittacusから］」によると、コスミレコンゴウインコのつがいは、闇市場で5万ポンドの値がつくという。

こうした密輸業者のなかでも、マクウィリアムが最悪のひとりとして思い出すのはイングランドの田舎で逮捕した「テリアマン」――犬を使ってアナグマを巣穴から追い出し、切り刻む輩――だった。動物たちに苦痛をもたらすことに喜びを覚える人間、あるいは、欲に駆られるあまり、自分たちがほかの生き物に苦痛をもたらしているかもしれないとは想像もできなくなっている人間はいる、とマクウィリアムは考えている。そのような残虐行為を前に、自分の心の平穏を保つのは難しい。「野生生物犯罪の捜査官でいるには」――2015年のドキュメンタリー映画「ポーチド」で、マクウィリアムは監督のティモシー・ウィーラーに語っている。「感情を切り離すことが必要です。動物好き、鳥好きであっても……極力感情を交えず、事実だけを見つめるという態度でいなければならない……もしも感情的に巻き込まれてしまったら、夜も眠れなくなると知っていなければならないんです[17]」

法を犯してでも稀少な鳥を入手したいという要望が最も大きいのは、アラブ世界であることは、マクウィリアムにはわかっていた。シベリアの猛禽を中東に流すルートの報告を読んでいたし、同僚のアラン・ロバーツは、ベルギーの当局がＥＵをまたにかけて鳥のロンダリングを手掛けていた動物園経営者を追いつめるのに協力していた。この経営者は、スペイン南部の営巣地から盗んできたハヤブサの卵に、ベルギーのマーリン動物園名義で10条許可書を捏造し、アラブや中国の富裕層に１００万ユーロあまりで売りつけていた疑いが持たれていた。「われわれはドバイやカタール、サウジアラビアに向かう野生の鳥の流れについて、情報を集め始めました」。その当時から10年近く経っても、捜査情報の漏洩を恐れ、マクウィリアムは慎重に語る。「ドバイに関する情報が最も多かったのは、レースのためです」。ハヤブサレースは、２０００年代の初めに湾岸地域で始まって以来、人気を博していた。「ハヤブサの繁殖も鷹狩りもしたことのない人間が大勢入り込んでいるのには気づいていました。新たな儲け口に惹かれてね[18]」

２００５年ごろ、ガイ・ショーロックは、カナダ北部でシロハヤブサの卵を盗み、おそらくは中東の顧客に売りつけようとしていた野生生物犯罪者がふたり、有罪になっていたことを伝え聞いた。そのうちのひとり、ジェフリー・レンドラムについては、１９８４年にジンバブエで有罪判決を受けた事実がすでに王立鳥類保護協会のデータベースに載っていた。もうひとりのポール・マリンの履歴はなかった。ショーロックは書面で情報を求めたが、個人情報保護の観点からカナダ当局は一民間団体に情報を提供することを拒否した。その後ショーロックはロンドンで行われたワシントン条約関連の講演会に出席したのだが、これを主催したのがたまたまカナダの自然保護当局だった。2002年のシロハヤブサの卵泥棒に話が及び、スクリーンにポール・マリンの名前とサウサンプトンの住所が現れたのを見て、マリンという人物は今でも野生の卵を狙っているのだろうか、とショーロックは考え込んだ。

ショーロックはこの情報をマクウィリアムには伝えなかった。2000年代初めの卵コレクターたちの一斉取り締まりでは協力して実り多い結果を得られたものの、野生生物犯罪部と王立鳥類保護協会の間、とりわけこのふたりの間には、嫉妬と恨みの感情が積み重なってきていたのだ。「ひとえに、警察当局が非政府組織と情報共有しない、できないことに、非政府組織側が苛立ちを募らせたということです」。マクウィリアムは映画「ポーチド」のなかで、監督のインタビューにそう答えている。[19] 英国の「情報公開法（FOI）」に基づいて公にされた電子メールのやりとりからは、野生生物犯罪部が、次第に民間保護団体と協力することに及び腰になるばかりか、下に見るようにさえなっていく様子がうかがえる。「たしかに彼らの情報が必要と思われることはある」――マクウィリアムは2013年に同僚に宛てて書いている。「だが、彼らの専門知識が求められるときでも……主導権は警察が持つべきだ」。マクウィリアムの気持ちも揺れ動いていたようだ。「でなければ、われわれはまた、おととい来やがれと言うだけだ」[20]。どうやら王立鳥類保護協会の側も同じ気持ちだったようだ。

のちに判明したことだが、野生生物犯罪部には、マリンとレンドラムのカナダでの犯罪と罪の確定、その後の動きについてのファイルがあった。ただ、スターリング署内の野生生物犯罪部の記録の山をかき分けてみようとした者がいなかっただけだ。記録は前身の野生生物犯罪情報部が創設された2002年以降のものが蓄積されていて、マリンとレンドラムがケベック州で逮捕されたのがたまたまその年だった。それが2005年の情報部閉鎖後スコットランドに送られ、そのまま忘れ去られていたのだ。記録を丹念に読めば、マリンが事件後、名前を変えてイングランドに戻ったことも、さらに別の悩ましい展開も見えていたかもしれない。しばらくの間、世界を放浪したあとのレンドラムが、現在の妻とともにウェスト・ミッドランズの郊外の町に腰を据えていたのだ。ほんの少し手を伸ばせば、スコットランドとウェールズのハヤブサたちに届く場所だった。

第14章 ロンダ渓谷

カナダ、ヌナヴィク地区でシロハヤブサの卵を盗んだ罪を認めてからのちの数年間、ジェフリー・レンドラムは、当たり前の生活に落ち着こうと努力した。2002年の夏、逮捕されてからわずか数週間後に、彼はフランスのソスペルでかねてからの恋人と結婚した。中世の面影を残すソスペルは、フレンチ・リヴィエラの北、アルプ＝マリティーム県にある山間の村だ。野生生物犯罪の前科を葬るために名を変えたポール・マリンが、花婿の付添人を務めた。村の役場で婚姻の宣誓をすると、外には結婚を祝うために150人が集まっていた。ほとんどが花嫁側のアルジェリア移民の親族だったが、アフリカ南部やイングランドからレンドラムの友人も少しばかり来ていた。ソスペルの古風な通りや広場の内外で、アラブ式の歌って踊って友好を深める祝賀が3日も続いた。祝祭が終わるとレンドラムは花嫁が所有するトウスターの家に戻り、ふたりで南アフリカ・エクストリームの事業を続けた。レンドラムは商用と、友人や家族の訪問を兼ね、南アフリカとジンバブエに定期的に出かけた。妻の連れ子、幼いふたりの娘の継父にもなり、卵泥棒に明け暮れた日々は過ぎ去ったかにみえた。

だが、アフリカ・エクストリームの事業は2003年には暗転した。アフリカの手工芸品の販路は英国では飽和状態に達していて、売上が急激に落ち込んだのだ。損失が拡大する一方で、マリンはサウサンプトンの店舗を閉め、残った出資をすべてレンドラムに譲った。イギリスポンドで数万単位の投資を行っていたが、すべて失ったわけだ。レンドラムはトウスターの店舗名をアフリカン・アート&キュリオズに変え、一度はジンバブエの在庫を穴埋めするため妹のポーラの夫に金を借りてまで、事業を立ち行かせようと奮闘した。それでも2008年には事業から完全に手を引かざるを得なくなり、売れ残った商品はすべて手放した。同じ年、婚姻も破綻し、レンドラムとマリンの友情も終わりを迎えた。きっかけは、南アフリカからイングランドにマリンを追いかけてきていた恋人が、まだ幼いマリンとの娘を連れてヨハネスブルグに休暇を過ごしに行ったことだった。休暇の間に彼女はレンドラムと関係をもったのだ。レンドラムはそのころ妻とうまくいかなくなっていた。いまや「元」になったマリンの恋人は、レンドラムと娘とともに、南アフリカにとどまることにした。この決断が熾烈な親権争いを引き起こすこととなり、レンドラムは女性側についた。

婚姻が破綻し、事業も失い、親友とも決裂したレンドラムは再び放浪の身になった。トウスターにある元妻のほとんど空っぽになった家——元妻は家具をすっかり持ち出し、家を売ろうとしていた――と、ヨハネスブルグの仮住まいを行き来する日々。錨が外れたようになり、生活費を稼ぐ新たな手段を探していたレンドラムは、いくつかの痕跡から推測すると、足が地につかなくなるたびにそうであったように、結局は中東の顧客にたかる道に戻っていったようだった。

マイク・トーマスが不審な出来事に初めて気づいたのは、2007年のハヤブサの繁殖シーズン中のことだった。10人あまりのメンバーのいるボランティア団体、サウス・ウェールズ・ハヤブサ見守り隊のリーダーであるトーマスは、3月から5月にかけて、週末ごとにかつて産炭の中心地であったガルー渓谷や近隣の峡谷の営巣地へと登攀して過ごす。このあたりは英国でもハヤブサの生息密度が高い地域のひとつで、およそ50組のつがいが生息している。5月初旬のある曇った朝、トーマスはブラインガルの自宅から、カラマツの林を抜けて放棄された石切り場へと足を運んだ。がっしりした体格で、細縁の眼鏡をかけ、突き出した顎が特徴の当時50代のトーマスは、砂岩の崖のてっぺんへと険しい山道を登り、ロープを固定し、3月から継続して観察している巣のある岩棚まで、岩の壁を下りていく。卵が棚から落ちないように、また温度がたもたれるように小石や砂利で埋めた浅い窪み、「スクレイプ」に近づいていくと、とんでもないことがわかった。4つの卵がなくなっていたのだ。

トーマスが最初に思ったのは、これはハヤブサ最大の天敵、鳩愛好家に盗まれたのだろうということだった。伝書鳩の繁殖と育成は1万年近くも前から行われている伝統だが、ハトはハヤブサに最も狙われやすい。だが、この巣は岩登りの装備がなければ近づけないし、トーマスの経験では、鳩愛好家は近づくのが難しい巣は襲わない。それに彼らは、えてして襲った巣のまわりにビールの空き缶やつぶした卵の殻を散らかしていく。卵を持って立ち去るということはめったにない。第一、トーマスはもとより、ボランティアたちはみんな、ガルーの鳩愛好家をほとんど全員知っていた。見守り隊のメンバーは、鳩愛好家たちに、「もし卵を盗んだら、あんたたちのハトに仕返しするぞ」と充分すぎるほどはっきりとわからせていたのだ。

ブラインガルで卵がなくなってから数日後、その近辺でさらに2クラッチ分の卵が消失した。次の繁殖シーズンには、ロンダ大渓谷中でも高い山の岩棚からハヤブサの卵が1クラッチ分そっくり消えた。この岩棚へ登るには、相当な危険を覚悟しなければならないので、トーマスはプロの仕業だと確信して、「ここに登ったやつが何者にせよ、われわれの知らない人物だ」と、ボランティア仲間に述べている。グループでは次の2009年、6個の卵が消えたと記録している。だがそのほかに、そもそもグループが把握していなかった卵がもっと盗まれていたとしても知るすべはなかった。グループはまったくの持ち出しで活動していたため、遠く離れた場所につくられた巣までは見に行けていなかったのだ。

トーマスの頭は、消えた卵の謎でいっぱいだった。誰が盗んだのか。なんのために。盗人は明らかに熟練の登攀家で、ハヤブサを捕捉する技術にも長けている。だが地元にも協力者がいるに違いない。「営巣地を特定しようとしたらあっという間に何日も経ってしまいますからね」とトーマスは説明する。この卵泥棒がもたらした損害を推定するのは気の重いことだった。「年によっては、この一帯で26クラッチもの産卵があったんです」[1]。仮にこの泥棒が2007年からハヤブサの営巣地を端から荒らしていたとしたら、100個以上の卵が盗まれていたとしてもおかしくはない計算だった。

2010年4月28日水曜日の朝、ジェフリー・レンドラムは、トウスターで自家用のボクスホール・ベクトラのトランクに登攀用具を積み込み、ひとりでウェールズの田園地帯を目指し、南西へ2時間あまり車を走らせた。ロンダ川がタフ川へと流れ込む場所にかかる古い石の橋が有名な町、ポンティプリッドのヘリテージ・パーク・ホテルにチェックインし、翌朝、夜明けすぎには出発して、ひと気のほとんどないロンダ大渓谷の上流へ向かった。後年彼は、2002年から10年にかけて何度もウェールズに行っていたことは認めたものの、卵を盗んだのはこの時1回だけだと主張することになる。

7年後、わたしはアンディ・マクウィリアムと、ウェールズに駐在する野生生物犯罪部の捜査官イアン・ギルフォードと待ち合わせ、この日のレンドラムの行程を辿ることにした。5月にしては寒いその朝、ギルフォードがわたしをカーディフ中央駅で拾ってくれた。ロンドン生まれのギルフォードは眼鏡をかけ、手足のひょろ長い男性で、もう40年もウェールズに住んでいるという。新緑の瑞々（みずみず）しい丘の間を縫い、古くからの炭鉱の町アベルヴァンを抜け、マクウィリアムが待つマーサー・ティドビルの町にあるマクドナルド目指して北へ車を走らせた。白髪まじりのたくましい捜査官は、その日の朝のうちに、リヴァプールから車で来ているはずだった。マクウィリアムは2010年の4月にレンドラムが卵を盗んだ4つの巣の場所をGPSに入れてあり、それを頼りにわたしたちはレンドラムの行動を辿ることになっていた。だがマクウィリアムは、ハヤブサを見ることができるかどうかはわからないと言っていた。野鳥を見つける勘は、実践から遠ざかってかなり鈍っているということだった。「2、3年前なら、森に入って『あそこにコキアシシギがいるぞ』なんてすぐわかったものですが、今では『えーと、あの鳥は何だっけ？』という感じですからね」[2]

わたしたちは砂岩の露出した山をジグザグに登り始めた。山肌は地衣類と淡い緑色の草に覆われ、ロンダ大渓谷からは千数百メートル上がっていく。1万8000年前から1万年前にかけての最終氷期中にできた氷河のゆったりした流れで形成されたロンダ大渓谷と、その東にあるやや小さいロンダ小渓谷は、かつてはうっそうとした森に覆われていた。それが19世紀半ば、ふたつの渓谷の地中、あるところはほんの数十メートル下、深くても数百メートル下を豊かな炭鉱脈が走っているのが発見された。かつかつの農村暮らしを捨てて、地面を掘って確実な現金収入を得る道を選んだ男たちが大挙して押し寄せてくるのに、時間はかからなかった。森は、炭鉱の坑道を支える坑木を得るために瞬く間に裸にされた。「丘は美しい森を失い、あとには広大な岩だらけの裸地に、みっともないゴミの山がいくつもできている」と書いたのはアーサー・モリスで、

1908年に発表した著書『グラモーガン（*Glamorgan*）』の一節だ。モリスはウェールズ南部のこの地についてこう続ける。「ロンダ川は暗く、汚物で膨れ上がった排水路と化し、川沿いに約20キロにわたって続くいくつもの炭鉱の廃業物が流れ込む」[3]。やがて1970年代になると無煙炭は尽きていき炭鉱は次々と閉鎖されはじめた。最後の炭鉱が操業を終えたのは2008年で、現在大小ふたつのロンダ渓谷一帯は、英国で最も失業率の高い地域である。

道はどんどん高くなり、淡い緑の斜面はところどころ、土砂崩れ防止のネットがかけられ、近年、英国森林委員会が浸食を食い止めるために植林したマツが、そこここに影をつくっていた。赤い砂岩の頂に青銅器時代の石の墓標が点在して、雄大な光景が広がるブレコン・ビーコンズ国立公園は、ほんの数キロ北だ。近在の村々への距離を示す道路標識に書かれた地名は、アベルグインビとかブラングインビ、ナントアモイルといった具合で、英国の中心部から遠く離れたこの辺境で使われる言葉の風変わりさを伝えている。言語は古代のケルト語に由来し、2500年以上も前にヨーロッパ大陸からイギリス諸島に伝播した。1800年くらいまで、ウェールズでは大多数の人が第1言語としてウェールズ語を使っていたが、19世紀後半には教育課程からウェールズ語が抜け落ち、たちまちのうちに英語が支配的になった。今日、ウェールズ語の復権が進められてはいるものの、話せる人は5人にひとりくらいだという。

崖の上で車を降りたとたん、強風に吹き飛ばされそうになった。足を踏みしめて、ふたりの捜査官のあとを追い、紫や黄色の野の花が咲き乱れ、ビルベリーという背の低い漿果［ブルーベリーの一種」がそこここで固まっている草原を突っ切った。ヒツジがメエエと鳴き声を上げ、首の鐘を鳴らしながらふかふかした草を踏んで前を横切っていく。わたしたちは向かい風に体をかがめつつ、崖の縁にたどり着いた。

地面はいきなり途切れ、下を覗くと黒っぽい灰色の岩棚が石段のようにいくつも続いていて、ちょうどいい風よけになっている。ハヤブサが産卵するにはうってつけの場所だ。「世界の果てに来ましたよ」ギルフォードが声を張り上げた。[4]

わたしたちは崖っぷちを巡り、別の地点から眺めた。こちらからはぐるりと崖が見渡せた。黒と褐色の砂岩がなめらかに弧を描く円形劇場だ。ところどころまだらに草が生え、崖は渓谷の底からほとんど垂直に立ち上がっている。マクウィリアムとギルフォードは双眼鏡で雲の浮かんだ空を見渡し、ハヤブサを探した。1羽も見つけることはできなかった。

レンドラムはもっと幸運だった。卵泥棒レンドラムはこの崖の上で辛抱強く待ち、双眼鏡を覗き、オスのハヤブサが卵を抱いている伴侶のために巣に食べ物を持ち帰る姿を探し続けた。7年前の4月29日木曜日の午前8時、レンドラムは崖の頂上に固定したロープを垂らし、6メートルほど下の岩棚まで下りて、脅えたハヤブサのつがいが飛び去ったあとの巣から悠々と卵をかすめ取った。保温バッグに4個の卵をおさめ、午後4時には別のクラッチを捕獲したあとでヘリテージ・パーク・ホテルに戻った。さらに次の朝も8時半にやってきて岩壁を2回下りた。この日彼は7個の卵を手にしているが、そのうちの1クラッチは見守り隊のマイク・トーマスの住むブラインガルの村に近いガルー渓谷の、使われなくなった石切り場の巣から盗ったものだった。トウスターに戻ったレンドラムは、保温のために、緩衝材にもなる毛糸の靴下でふんわりと卵を包み、箱に入れてからキャリーバッグにしまった。そうして、何も知らない恋人――ポール・マリンの元のパートナーで、今はレンドラムと南アフリカで同棲している――を助手席に乗せ、バーミンガム空港へ出発したのだった。

「わたしには幸運の才能があるんだ」。後年、人里離れた土地で、一歩間違えば死に至るかもしれない状況で、どうやってうまく巣を見つけられたのか尋ねられ、レンドラムは答えた。「いつも自分に問いかけてみる。『自分がハヤブサだったらどうする？　どこに卵を産む？』とね。よさそうな場所に行って注意深く目を凝らすと、見つかるんだよ」[5]

5月3日月曜日の午後、エミレーツ航空ラウンジの清掃員からの念のための通報を受けて、テロ対策班の捜査官がレンドラムを勾留し、彼がロンダ渓谷やその周辺からかすめ取ったハヤブサの卵14個を押収した。レンドラムの逮捕から30時間後、5月4日火曜日の夕方、アンディ・マクウィリアムとテロ対策班の捜査官1名（保安上の理由から名前は出せない）は、ソリフルの警察本部に借りた部屋で、その日の午後に行った事情聴取の記録を検討していた。ソリフルの本部長はレンドラムの勾留期限を24時間から36時間に延長した。ひと筋縄ではいかない事件では標準的な手順だ。その期限の終わりに検察が警察から提出された報告書を検討し、起訴するかどうかを決める。もしマクウィリアムと同僚が、検察官にレンドラムが重大な犯罪を犯したと納得してもらえなければ、警察は彼を釈放するしかない。留置場から出たレンドラムが「高飛び」を決め込み、取るものも取りあえず英国を離れることは目に見えていた。

マクウィリアムとテロ対策班の捜査官はその晩ひたすらメモを見直し、事件の概要を清書した。そして時間切れになる4時間前の午後9時、ふたりはCPSダイレクトという、毎日24時間警察からの訴追案件を受けつけ、当番検事につながるホットラインに事件概要をファックスしてから、テロ対策班の捜査官が当番検事と電話で話した。

「わたしたちは現在、ハヤブサの卵14個を英国外に持ち出そうとした男を勾留しています」

捜査官は、ハヤブサが「附属書I」に記載の鳥であること、ワシントン条約によって最高レベルの保護対象とされていることを説明した。その卵を密輸することは、「1979年関税・物品税管理法」にも「1997年絶滅危惧種貿易管理規則」にも抵触する。容疑者の行為はそれ以外にも、「1976年絶滅危惧種保護法」「1981年野生生物及び田園地域法」、「1968年窃盗処罰法(TA)」、EUの「1996年野生生物取引規則(WTR)」、「1979年野鳥指令」および「1992年生息地指令」など、多くの法を犯すものだ。逮捕された容疑者は、孵卵器、衛星ナビゲーション装置、それに登攀用具を持っており、状況はすべて、「手慣れた単独犯」であることを示している。加えて、容疑者は英国民ではなく、英国内に定まった住所がなく、外国のパスポートで移動している。

「保釈すればまず間違いなく逃亡するでしょう」

検察官の女性はほとんど口を挟まずに耳を傾けていた。

「周辺の法制度のことをほとんどわかっていないんです」検察官は言った。「少しばかり調べてみないといけない。そのうえでまた連絡します」

マクウィリアムともうひとりの捜査官は廊下をうろうろと歩き回り、しきりに時計を見た。1時間、2時間、3時間……時間は刻々と過ぎていき、マクウィリアムは焦りを募らせた。留置場の入り口では、夜勤の担当者が釈放に備えてレンドラムの私物をまとめはじめた。そしてついに、時間切れとなる午前1時のわずか2分前に、その夜、署内にいた警察官で最も階級が上位の当番警部が、決定を告げにやってきた（容疑者を起訴するかどうかの最終告知は通常、検察官が行うものだが、緊急の場合は上級警察官がその代わりを務めることもできる）。

「起訴だ」警部は通常の手続きを飛び越えて、レンドラムをひと晩留置するよう命じた。[6]

翌朝早く、ソリフルの治安判事裁判所はレンドラムの保釈請求を棄却した。かけられている容疑の重さと、逃亡の恐れを勘案したものだ。廷吏（ていり）が手錠をかけられたレンドラムを、ヒューウェル刑務所内の拘置所に護送した。バーミンガムの南西、ウスターシャーにあるヴィクトリア朝のマナーハウスの敷地に建てられたこの矯正施設は、最大1200人を収容し、セキュリティの最も高い区画から最も低い区画までを備えている。レンドラムはここで、8月の罪状認否までを過ごすことになっていた。それは3か月先のことだった。

レンドラムが、彼自身と同様、保釈を認められなかった被告たちばかりの監房に閉じ込められると、マクウィリアムは彼に対する罪状を組み立てていく作業に着手した。卵泥棒を逮捕して2日しか経っていない時点では、容疑者が常習的犯罪者である証拠は、状況的なものしかなかった。だがそれも、テロ対策班の捜査官たちがレンドラムのキャリーバッグで見つけたラベルのないDVDを見るまでだった。映像はやがて、レイバンのサングラスをかけたヘリコプターのパイロットがにやにや笑いながら、自分とレンドラムが「ツアーに出かける」と宣言する姿を映し出し、レンドラムが凍結した湖の上空約200メートルのところからロープでぶら下がっている姿を映し出し、ベル社のジェットレンジャーが崖すれすれにホバリングするところを映し出し、その上空で輪を描くシロハヤブサを映し出した[7]。マクウィリアムは呆然と見入った。レンドラムが雇ったパイロットが「おれたちは立派な犯罪者だぜ」と言い放っている映像が、警察の手に落ちたのだ。ウェールズのハヤブサの卵に関しては、本人が主張しているように、たまたま手に入ったというのも現段階ではありえない話ではなかったものの、映像に映っているほうは、かかったリスクも要した費用も立案も、途方もない計画であったのは明らかだ。

マクウィリアムはほどなく、レンドラムの重大犯罪が地球の隅々にまで及んでいたと知ることになった。レンドラムはあたかもハヤブサそのもののように、干渉されることなく、自由に飛び回っていた。レンドラムのノートパソコン（パスワードは設定されていなかった）にあったＷｏｒｄ文書をマクウィリアムはじっくり読み込んだ。シャヒーンハヤブサ（*Falco peregrinus peregrinator*）の巣を探すため、2010年2月にスリランカに赴いたときのことが記録されていた。シャヒーンハヤブサは、渡りをしないハヤブサの亜種で、パキスタンからミャンマー北部にかけての岩場に営巣するたくましい鳥だ。スリランカの島に生息しているつがいは、わずか40組と言われている。「1羽（のハヤブサ）が岩から飛び立った……大きなオーバーハング［ひさし状に張り出している岸壁］もあり、そこかしこに排泄物のあとが見られるので、見込みのある場所だ」。ウェラワヤに近いジャングルの崖地についてはそう書かれている。近くの別の場所はそれほど有望ではなかった。「軍用ゾウが警備しており、車を降りるたび木立の間から出てきて、何をしているか聞いてくる。岩場に近づくのも楽ではなく、おまけに軍隊がいるので、ここに近づくのは得策ではない」

レンドラム――にせよ誰にせよ、とにかくこの記録を書いた者――は、その後シーギリヤを訪れている。いまはもうない火山が噴き出したマグマが凝固してできた195メートルもの巨大な岩の柱で、頂上には5世紀にカッサパ1世によって建造された王宮跡がある。とはいえ、この考古学上の傑作も、1500年以上も前に中腹に描かれたハーレムの女性たちの繊細なフレスコ画も、記録の筆者の関心の対象ではない。「朝はカメラのレンズに日光が入り込み、岩肌を観察することができなかった」と記録には書かれている。「岩にオスの成鳥が止まっている。羽色（はいろ）はすばらしく、胸にごく小さく白毛の部分がある」。記録の筆者はさらに、コロンボのバンダラナイケ国際空港のセキュリティ事情についても論評している。「空港に車で乗り入れると検問があり、多くの車がトランクやドアを開けられ、中を見られていた。出発ロビーのドアを入って数メートルのところにセキュリティチェックがあり、標準的な手荷物検査装置が並び、ウォークスルー式の金属探知機があるほか、ほとんど全員がボディチェックを受ける。わたしのボディチェックを担当した男性は非常に手慣れていた」

記録からは、筆者が密林の島から飛び立ってどこへ行こうとしているのか、明らかだった。「ドバイの税関はわたしたちの手荷物にあった暗視眼鏡に強い疑いの目を向けてきた」と警告するように書かれている。[8]「わたしたち」というのが誰を指すのかは特定されていない。レンドラムは記録を書いたことを否定し、スリランカに行ったことがあるかと尋ねられると、突如饒舌（じょうぜつ）になった。数年後、彼は「いや、そのことは覚えていない」と言ってから、「わたしたちは現地にハヤブサを見に出かけた。いつだったかは覚えていないが……多分、ウェールズに行く直前ではないかな。スリランカのハヤブサは美しい。また別の亜種なんだが。しかし、そこへ行ったのはハヤブサを捕まえるためではないよ」と付け加えた。[9]

数日ののち、レンドラムのキャリーバッグから見つかった鍵とレンタル倉庫のレシートに導かれ、マクウィリアムはノーサンプトンシャーのトランクルームにたどり着いた。スーツケースやダッフルバッグ、大手スーパーのセインズベリーのロゴ入り袋が詰め込まれた高さ180センチほど、奥行き150センチほどのロッカーからは、容疑者の非合法生活を物語る証拠がさらに見つかった。ウェールズ南部に出かける数日前にeBayで購入した孵卵器、2002年、カナダで逮捕された当時の警察の記録と「ヌナチャック・ニュース」紙の記事、記事を書いた記者宛てにレンドラムが書いた手紙のコピー。それによると彼は、「地球温暖化がシロハヤブサに及ぼす影響」を調査するプロジェクトに携わっており、卵は巣に戻す予定であったと主張している。[10]レンドラムのいたずらはさらに数十年さかのぼる。マクウィリアムがこれまで追いかけた英国の卵コレクター同様、レンドラムも自分の悪行を記念する宝物を蒐集していた。例えば、１９８０年代の初め、コシジロイヌワシの卵とヒナをバーミンガムのブリーダーにひそかに売り渡すために、エイドリアンとジェフリーのレンドラム父子が構想したと思われる手順が書かれた書簡があった。これはジンバブエの鳥類学者で１９８４年のレンドラムの公判で検察側の証人となったキット・ハスラーがずっと疑っていたことだった。父子が接触していたブリーダーはフィリップ・ダグモアといい、書簡から2年後、コシジロイヌワシ6羽を不法に所持していた罪で有罪になり、罰金刑を科されている。この6羽が「本件被告人よりブリーダーにもたらされた卵から孵った個体である蓋然性は非常に高い」と、今回の法廷で検察官が述べることになる。[11]

マクウィリアムはさらにもうひとつ強力な証拠を手に入れた。ポール・マリンはそのころイングランド南部に住んでいて、ニュースを見てかつての友人がハヤブサの卵もろともバーミンガム空港で逮捕されたことを知った。いまだにレンドラムへの恨みを抱えていたマリンは――「日ごろの行いが悪いからだ」と口癖のように言っていた――空港警察に電話した。「ジェフリー・レンドラムについて知りたければ、いくらでもお手伝いできますよ」電話に出た相手に、マリンは告げた。警察官がマクウィリアムに電話の内容を伝えると、彼はものの数分でマリンに折り返した。ふたりはオックスフォードの南にある市場が有名な町、ニューベリーの警察署で会ったものの、最初の接触はうまく運ばなかった。「レンドラムがカナダで逮捕されたとき、わたしは彼と一緒でした」。マリンがマクウィリアムに話すそばを、ニューベリーの警察官がふたりうろついていて、マリンに、あなたの証言は不利に使われることもある、と口を挟んできた。「わたしが話そうとしていることは、そちらの管轄外でしょう」マリンは突っぱねた。「気に入らないなら、帰らせてもらう」。マリンは面談を早々に切り上げた。[12]

マクウィリアムは、2度目はプライベートで会うことにし、オックスフォードシャーの高速道路のパーキングエリアを面談場所に選んだ。今回は野球帽とサングラスを身につけたマリンは、尾行されていないか心配しているんだと言いつつ、捜査官と向かい合って座るなり1時間ノンストップで話し続けた。マリンは、写真や航空券、レシート、フィールド・ノート、地図、カナダのクージュアクで逮捕にあたった捜査官の名刺など、レンドラムとヘリコプターのパイロットとの向こう見ずな冒険の証拠を持参していた。彼は、かつての親友と決別したいきさつを語った。レンドラムがマリンの恋人と付き合うようになり、娘の親権を100パーセント自分のものにしようとする恋人の主張を支持する嘆願書を裁判所に送ったことがきっかけだった。マリンはさらに、ヒースロー空港で撮った写真をマクウィリアムに見せた。レンドラムと、マリンがカナダ行きのスポンサーであろうと確信しているハワード・ウォラーが写っている。マクウィリアムはマリンを、情報源として「E41」に分類した。警察の隠語で、「検証されていない情報源」の意味だ。[13] マリンが真実を語っている保証はどこにもない。だがマクウィリアムはマリンを、人柄もよく、信用できる人物だと見た。また、彼が持参してきた書類も、本人の説明を裏づけている。「彼が嘘をつく理由は見当たりませんでした」とマクウィリアムは語っている。

その後まもなく、ローデシア鳥類協会の元会員だというパット・ローバーが、イングランド東部イースト・アングリアのキングス・リンからマクウィリアムに連絡してきた。20年前にジンバブエを離れた彼女は、キングス・リンに落ち着いていたのだ。ローバーもレンドラムが逮捕されたという新聞報道を読んでいた。ローバーは、レンドラムの並外れた人生の、別の部分を埋めてくれた。1984年、ブラワヨでの騒動と裁判だ。

その傍らマクウィリアムは、ウェールズでのレンドラムが決して単独行動とは言えなかったことを示す、説得力のある証拠を手に入れていた。野生生物犯罪部で情報分析のトップであるコリン・ピリーが、全国を網羅する警察のナンバープレート認識システムを使い、レンドラムの車の動きを追いかけていた。ピリーはレンドラムが4月の初め、巣から卵を盗む3週間前にもロンダ渓谷に行っていたこと、そして地元のブリーダーと200件もの通話とショートメッセージのやりとりをしていたことを突き止めた。営巣場所を絞り込むためだ。「現地でハヤブサの様子に目を光らせている人間がいれば、卵の採集はぐっと楽になりますからね」とマクウィリアムはのちに説明している。[14]

警察の専門官が特定した通話相手はロバート・グリフィスといい、ロンダ大渓谷の上流側にあるトン・ペントレ村の住人だった。レンドラムが最初に巣を荒らした地点から数キロの場所である。彼は、警察から猛禽類の密猟者としてよく知られた人物で、野生生物犯罪部のイアン・ギルフォードが1980年代にはハヤブサを盗んだかどでスコットランドで逮捕、1990年代にも、小型で力強いコチョウゲンボウを自分の繁殖施設でロンダリングしていたとして再び逮捕している。相変わらず出所のあいまいな鳥を売り続けており、ロンダ渓谷とその周辺の岩棚や岩山を知り尽くしていると言われていた。「あいつは、野鳥を守ろうと見回っている人たちよりもよほどよく野鳥のことを熟知しているんです」ギルフォードは言う。「繁殖習慣も把握しているし、どこを探せば見つけられるかも、ピンポイントでわかっている」。ギルフォードが、レンドラムに巣の位置情報を提供していた証拠を携え、トン・ペントレ村にグリフィスを訪ねると、彼はくだんの卵泥棒のことは知らないと答えた。[15] 野生生物犯罪部はグリフィスの訴追は断念したが、通話とショートメッセージの発見により、レンドラムのやり口はかなり明らかになってきた。

事件の経過で、マクウィリアムが解明できなかった点もいくつかあった。例えば、エミレーツ航空のラウンジの清掃員が使用済みおむつ入れで見つけた赤く塗った鶏の卵は、なんのためのものだったのか。これについてはのちにレンドラムが説明している。空港に着く前、14個のハヤブサの卵を9個入りケースと6個入りケースにおさめたが、残った1個分のスペースに似たような卵を入れておく必要があった。ありきたりの産地直送の卵をスーパーで買ったように見せたかったのだ。「もし（保安検査場で）卵ケースを開けられても、どれもみんな斑点のある卵にしか見えないから、『ほしければどうぞ』と言ってやればいい」[16]

未解明の部分は残ったものの、マクウィリアムのひと夏の捜査で天才的犯罪者の行動パターンはかなり暴かれた。冒険心にあふれ、運動能力に優れ、資材の調達にも長けた天才は、何十年にもわたって自信たっぷりに犯罪行為を繰り返していた。彼は氏名を明らかにできない「UAEの上流社会の複数の人物」と共謀し、「相当な」利益を得るため、自然の生態系からの略奪行為をはたらいていた、とマクウィリアムがその年、メディアや同業者たちへの報告としてまとめたパワーポイントに示されている。[17] マクウィリアムにはレンドラムの顧客が何者であるか、かなりの確信があったが、英国の個人情報保護の法規に触れるため、彼らが正式に訴追されるまでは公表することはできなかった。

マクウィリアムは、盗人であるはずのレンドラムに対して複雑な思いを抱くようになっていた。「実にあちこちを旅していて、恐れを知らず、人脈もあり、準備は周到」と評し、「彼の行いを大目にみるつもりはないですが、ある意味尊敬しています」。野生生物犯罪部を２０１２年から14年にかけて統括していたネヴィン・ハンターも、レンドラムの才能に一目置くマクウィリアムに共感していた。ふたりともに職務上、何百人という野生生物犯罪者と接していたが、レンドラムほど広範囲にわたって活動し、鮮やかな手際で盗みを成功させ、傷つきやすい生き物を生きたままこれだけ途方もない距離、ほぼ運びおおせた者はいなかった。「アンディやイアン・ギルフォード、アラン・ロバーツと自分を合わせると経験年数は150年にもなるが、それでも誰ひとりとして、レンドラム並みの仕事を成し遂げた者には出会っていなかった」。ネヴィン・ハンターは言ったものだ。「彼は、それまでどんな犯罪者にも荒らされていなかった市場を見つけ出し、見事にそこにはまったんだ[18]」

レンドラムの行為をあまり大きな罪悪感なく認めることができるのも、彼が絶滅の恐れのある種を脅かしてはこなかったからだろう。「ハヤブサもシロハヤブサも、ひとりの人間に卵を盗まれてアラブの市場に売りに出された程度で絶滅したりはしません」とマクウィリアムの同僚であるアラン・ロバーツは明言するが、彼はいささか悲しげにこうも認めた。「ただ、手順はできてしまっているので、もしアラブの富豪がもっと存続の危ぶまれる種を求めてきたら、レンドラムはあらゆる手立てを講じることでしょう[19]」

いずれにせよ、図らずも敬意を抱いたとしても、それでマクウィリアムが証拠固めの手を緩めることはなかった。訴追に向けてレンドラム像を完成させるため、彼はウェールズを拠点にする、ドバイのムハンマド・ビン・ラーシド・アール・マクトゥーム首長お抱えのブリーダー、ニック・フォックスに、レンドラムが体に巻きつけていて、生きていた13個のハヤブサの卵の市場価格を試算してもらった。フォックスは、ドバイに着くまでに10個が生き延び、半分がメスだと仮定して、野生のメス1羽につき1万ポンド、体の大きさがメスの3分の2ほどでレースでも一般的にメスより遅いオスのほうは1羽につき5000ポンドになるとして、法廷に提出する宣誓供述書のなかで、合わせて7万5000ポンド、当時のレートでおよそ11万7000ドルの価格になるだろうと推定している。UAEのワシントン条約事務所の担当者もこの数字を支持した。変動する野生のハヤブサの相場からするとかなり控えめな数字ではあったが、それでもたったひと月の労働の対価としては決して悪くない。

バーミンガム郊外にあるロイヤル・レミントン・スパのウォリック刑事法院では、2010年8月19日の朝、レンドラムの罪状認否が始まる1時間も前からマスコミを中心に傍聴希望者が詰めかけていた。マクウィリアムにけしかけられて、BBCとスカイ・ニュース、全国紙では「インディペンデント」と「サン」「デイリー・メール」に「ロンドン・タイムズ」、加えて地元のテレビ局、ラジオ局、雑誌記者らが、18世紀に建てられた、列柱のある裁判所にやってきたのだ。ここは現在も使用されているものとしては英国一歴史のある建物のひとつだ。世界をまたにかけ、アラブのシャイフのために崖を上り下りして生きたハヤブサの卵をとってくる盗人は、タブロイド紙や夕方のニュース番組には恰好の題材だ。マクウィリアムは裁判所の正面階段を上りながら、パラボラアンテナを備えた中継車が来ているのに気づき、これだけの耳目を集めたことに驚きつつも喜んだ。公判の行方は疑念の余地のないものだった。検察官のナイジェル・ウィリアムズはあらかじめ、充分すぎるほどの証拠を前にしたレンドラムが、絶滅危惧種の窃盗とワシントン条約違反の密輸の罪それぞれ1件ずつで罪を認めることを公表していた。レンドラムは罪を認める代わりに比較的軽い罰、願わくば罰金刑ですまされることを希望していた。

マクウィリアムは、板張りの狭い法廷に入り、傍聴席の前を進んだ。18世紀の盗人や人殺しは、手枷(てかせ)をはめられ、ここから絞首人のもとへ送り出されたのだ。少し先の被告人席にレンドラムが座っていた。友人も家族も来ていない。ハヤブサ泥棒は自分を担当した捜査官に気づくと会釈してきた。マクウィリアムも会釈を返した。それまでマクウィリアムは、法廷で被告に罵声を浴びせられたり脅されたりしたことは何度となくあった。「もし目の前で火だるまになったとしても、ひとかけらの同情もわかないような被告人もいました」。マクウィリアムはかつて、オオタカをロンダリングしていたレナード・オコナーという人物を逮捕し、送検したことがあった。「第一級の愚か者でしたよ」。供述台に立って、判事の視線がそれるたびに中指を立ててきたという。マクウィリアムも毎回、同じしぐさでお返しをしたそうだ。「まるでガキ同士でしたね」とマクウィリアムは笑う。レンドラムは礼儀正しく、言葉も穏やかで、掃き溜めにツルのような存在だった。[20]

「体調は?」マクウィリアムは尋ねた。

レンドラムは肩をすくめた。「体調を崩さないように努めてきましたよ」

「罪を認めるんだってね」

「まあね、現行犯でしたから[21]」

クリストファー・ホドソン判事が入廷した。判事はレンドラムに起立を求めた。

「公訴事実に対し、申し立てたいことはありますか？」

「罪を認めます、裁判長」

レンドラムの代理人、ニコラ・パーチズは、被告がヒューウェル刑務所の拘置所では「模範囚」であったと述べた。被告は自分の行為を恥じ、深く反省しており、犯罪行為は彼の人格からはまったく逸脱したものであったと言い、さらに、現在70代で若いころからヘビースモーカーだった父親のエイドリアンが肺気腫を患い、余命数か月と宣告されているため、亡くなる前にジンバブエに戻りたいと願っているのだと説明した。

ホドソン判事は再びレンドラムに起立を求め、「地球の負う代償」の一部を読み上げるので聞いているようにと言った。これは高名な控訴院裁判官のスティーヴン・セドリーが、野生生物犯罪への判決の指針として前年にしたためた文書だった。「環境に対する犯罪は、現地とそこに住む人々だけでなく、この地球と未来にも打撃を与えるものである」とセドリーは書いている。

「何人も、その重大さを疑うことは許されない」。ホドソンは、レンドラムの動機が「商業的利益」という非常にあさましいものであったことを指摘し、「被告が装備や旅費、準備に要した費用に鑑みるに、それが最大の動機であったと当法廷は考える」と述べて、「被告には、これまでに2度、守られるべき野鳥や卵を狙うとどうなるかを知る機会があった。1984年にジンバブエで有罪になったときと、2002年のカナダでの出来事である」と締めくくった。

そしてホドソンは判決を言い渡した。「本法廷の終わりにあたって、被告の犯した罪に見合う罰を科し、さらなる犯罪を抑止するために……相当な量刑が必要である。起訴事実に対する判決は、30か月の収監とする」[22]

「まじか」マクウィリアムはつぶやいた。2年半。判決は予想していたより重かった。ハヤブサ泥棒がしばらくの間世に出ないでくれるのはありがたかったが、思いがけないほどの動揺を感じてもいた。名人級の宝石泥棒や芸術的な犯罪者並みに、ハヤブサ泥棒のゆがんだ才能を称賛せずにはいられないものと感じるようになっていたのだ。マクウィリアムはレンドラムを、優れた好敵手とみなし、好感さえ抱くようになっていた。マクウィリアムがレンドラムを見ると、相手も驚きを隠せない顔で見返してきた。[23]

翌日から数日間、英国の新聞はレンドラムの悪事に何ページも費やした。「籠の鳥になった7万ポンドの卵泥棒」という見出しを掲げたのは「デイリー・ミラー」。[24]「手の中の鳥、密輸業者は監獄へ」は、「ロンドン・タイムズ」紙の1面の見出しだ。[25]「収監された元兵士、7万ポンドのハヤブサの卵を密輸」――「デイリー・メール」紙は、レンドラムがローデシア特殊空挺部隊に参加していたと誤った情報を伝えた。[26]「インディペンデント」紙も、誇張の必要などない事件を飾り立て、こちらもレンドラムが「元ローデシア特殊空挺部隊員」だったと誤報している。同紙によると、レンドラムが「英国では19年ぶりにハヤブサの卵を国外に持ち出そうとして起訴された」人物として、１９９０年にメルセデス・ベンツのダッシュボードに12個の卵を入れて持ち出そうとしたドイツ人がふたりいたことを紹介している。[27]「デイリー・エクスプレス」紙は、「稀少なハヤブサのヒナ、大胆な卵泥棒の手から救われる」と題して見開きで写真を載せ、事実とかけ離れたストーリーを紡いでいた。「警察は、英国の空港を狙ったテロ攻撃が仕組まれていることを警戒した」とストーリーは始まる。「材料はすべて揃っていた――かつて外国で特殊空挺部隊員として活動していた胡乱な人物の、怪しげなふるまい。所持品のなかには現金で数千ポンド。だがこの人物が国際線に持ち込もうとしていたのは爆発物ではなかった――貴重な野鳥の卵だったのだ!!」[28]

マクウィリアムが各テレビ局のプロデューサーに、警察が押収した、カナダ北部での様子が映るビデオを放送する許可を与え、生々しい映像の抜粋が英国のテレビで繰り返し流された。ブラワヨでは、バードライフ・ジンバブエのメンバーをはじめ、１９８０年代にレンドラムに裏切られたと感じていた人々が正義が下されたことに溜飲を下げた。「やっと牢獄に閉じ込めることができた。もっともジンバブエの監獄のほうが抑止力としては効果的かもしれないが」と機関誌「ハニーガイド」に書いたのは、ヴァル・ガーゲットの友人でもある鳥類学教授のピーター・マンディで、彼は一度、レンドラムをジンバブエに送還できないか、奔走したことがあった。マンディは、事件の詳細は大半が謎のままになるだろうと考えていた。「非合法に入手された野生生物を最終的に所有している人間が有罪になることはめったにない」と彼は書いている。レンドラムは「自分がひとかけらも後悔などしていないことを見せつけており、おそらくはずっと口を閉ざしたままだろう。したがってわれわれには、彼の顧客が何者であるかは決してわからないのだ」[29]

メディアにもマクウィリアムにも、未解決の重要な問題がもうひとつ残っていた。金はどこへ行ったのか、ということだ。「野生生物及び田園地域法」のもとで、警察はレンドラムが移動の際に所持していたものをすべて押収していた。彼が乗っていたボクスホール・ベクトラにノートパソコン、孵卵器、双眼鏡、カメラとレンズ、登攀用具、さらには、南アフリカに送ろうとしていた高価なマウンテンバイクに、数千ポンドと数千アメリカドル。押収品は総額で2万ポンド程度と見積もられた。レンドラムは南アフリカの友人たちとセスナ機を共同所有しており、ヨハネスブルグには四輪駆動車も持ってはいたが、こちらはどちらも英国司法の管轄外で手は出せなかった。それにしても、「2002年犯罪収益法（POCA）」に基いて調査した資産からも、多くは出てこなかった。ジンバブエの友人は冗談めかして、レンドラムを「世界で一番貧乏な泥棒」と呼んだ。[30]謎は残り、レンドラムは口を割らなかった。

マクウィリアムは最初から捜査をともにしたテロ対策班の捜査官と一緒に食事をしてから、リヴァプールまで約210キロの道を運転し、途中、記者たちからの十数件もの問い合わせの電話に答えた。自宅に戻るとまずコーヒーを淹れ、BBCの深夜のニュースでヘリコプターから吊り下がったレンドラムの姿を見てから、妻と一緒にベッドに入った。

180キロほど離れたヒューウェル刑務所では、ジェフリー・レンドラムが絶滅危惧種を密輸しようとした罪で有罪が確定した囚人として、初めての夜を迎えていた。彼はすべては誤解であると主張し、まだ秘密を隠していた。マクウィリアムはその秘密を是が非でも探り出してやると決意していた。

第15章 刑務所

判決を受けたあと、ジェフリー・レンドラムはヒューーウェル刑務所内で、既決囚の入る警備の厳重なBブロックに移動した。3か月間公判を待つ拘置房で一緒だったのは、複数の相手との不倫がばれて妻を自宅の廊下で撲殺(ぼくさつ)したとして裁判を待っていた（のちに有罪が確定した）、ジョナサン・パーマーという白髪の元ビジネスマンだった。ブロックが変わってレンドラムには新たな同房者ができ、刑務所内の日課も更生と職業訓練を中心とするものになった。朝7時45分になると各房の鍵が開けられ、シャワー、朝食、職業訓練、昼食、清掃、単純作業、座学、夕食、運動と日課は続き、午後6時15分に施錠される。職業訓練は、建設作業、複層ガラスの製造、機械洗浄、廃棄物処理、クリーニングから選ぶことができた。レンドラムはこの時点で49歳で、ブラワヨの缶詰工場の管理部門で働いていた20代のころを最後に9時5時の仕事に就いたことはなく、関心もなかった。

それでもレンドラムは、塀の中の生活でもそれなりの満足を得られることがわかってきた。運動場や食堂といったブロックの共用部分を歩いていると、有名人扱いされることがよくあったのだ。こわもての犯罪者たちが彼の冒険譚を聞きたがり、驚いたり面白がったりして、卵を盗んだくらいで2年半もお勤めするレンドラムに同情を寄せた。「鳥をとって捕まったって？　この国はクソだな」。ハヤブサの卵がアラブ世界で1個5000ポンドから1万ポンドで取引されることを報道で知り、巣を探すコツを教えてくれと頼みこんでくる受刑者もいた。そんな彼らにレンドラムは、記事は「はなはだしく誇張されていている」と明言し、ハヤブサの卵の市場価格はその10分の1に過ぎないと請け合った。[1]

判決から2か月後、アンディ・マクウィリアムがレンドラムに面会を求めた。野生のハヤブサの卵を密輸しようとしたことは認めているので、中東の顧客が誰なのか、少しばかり胸襟を開いてくれるのではないかと期待していた。ハヤブサの闇市場でアラブの金持ちが果たしている役割を、マクウィリアムは意識せずにはいられなくなっていた。レンドラムが罪を認めたことによって、シャイフを特定し、UAEなど湾岸諸国に対処を求めるチャンスが生じたかもしれないとにらんだのだ。マクウィリアムに言わせればレンドラムは「この道の超一級」だった。捜査官はその数日前、英国の環境大臣が、2010年5月のレンドラムの逮捕に貢献した、エミレーツ航空ラウンジの観察力の鋭い清掃員ジョン・ストルジンスキーを表彰するためにバーミンガムで催した式典に参列していた。「われわれは、レンドラムに突破口を開いてもらいたかったんです」

とマクウィリアムは言うが、それ以上に望んでいることもあった。カールトン・ドクルーズのように、巣を漁る衝動を抑えられないと自認している者や、グレゴリー・ピーター・ウィールのように10年で10回も逮捕されている卵泥棒のような、繰り返し犯罪に手を染める野生生物犯罪者たちと相対してきた経験から、マクウィリアムには常習的な犯罪者が長年の悪行から足を洗う難しさはわかっていた。それでも、ひょっとしたら、万が一ひょっとしたら、レンドラムが非合法行為とは決別した生き方を見つけてくれるのではないかと期待したい思いもあったのだ。

秋の日の午後、マクウィリアムはウェスト・ミッドランズのテロ対策班の捜査官とともに、刑務所になっている古いマナーハウスの地所へ続く門を車で通り抜け、マナーハウスの前を通って警備の厳重な区画へと向かった。車を駐めたあとも徒歩でいくつかの門をくぐり、だだっ広い受刑者ラウンジのそばにある面会室でレンドラムを待った。ハヤブサ泥棒は部屋に入るなり、捜査官たちに破顔した。ふたりと握手すると疵（きず）だらけのテーブルを挟んで向かい合い、刑務所の様子をいきいきと話し出した。2年半の実刑判決は衝撃だっただろうに、驚くほどのびのびしていて、自由を奪われている現状とも折り合いをつけているようにみえた。将来が楽しみなんだ、とレンドラムは語った。彼は職業訓練で写真編集のコースを選び、アドビ・フォトショップ・ライトルームを学んでいるとのことだった。

レンドラムはまた、警察に協力したがっているようにもみえた。ロンダ渓谷とガルー渓谷で漁った4か所の巣の位置情報をマクウィリアムに提供し、南アフリカの猛禽類取引の内部情報や、マトボ国立公園をはじめとするジンバブエの保護区で組織的に捕獲され、国外に持ち出されている生物の種類を明かした（その後10年が経過しても、マクウィリアムはレンドラムが特定の捕獲者や密輸業者の名前を挙げたかどうかは明らかにしていない。そうした情報は英国の法律で「特定秘密情報」とされており、仮に漏洩すれば、マクウィリアムが刑事訴追されることになる）。肺気腫との長い闘いの末に、レンドラムの罪状認否から2週間後の9月2日に亡くなった父親のエイドリアンのことを話すときには、感情を高ぶらせた。英国の刑務所・保護観察庁は、南アフリカでの葬儀に列席したいというレンドラムの申請を却下していた。

だが話がアラブ世界の顧客に及ぶと、レンドラムはマクウィリアムが何を言っているのかわからないととぼけだすのだった。自分は中東とは一切取引していない、と彼は言い張った。マクウィリアムは、ヒースロー空港のバーでふたりが一緒に写っている写真を引き合いに出してハワード・ウォラーとの関係を尋ねた。レンドラムは、ローデシアでの少年時代にウォラーを知っていたことは認めたが、彼に頼まれて卵を融通したことはないと断言して、自分がウェールズ南部でハヤブサの卵を巣から盗ったのは、鳩愛好家から守るためだったと主張した。[2]「とっさの思いつきだったんですよ。アフリカでのぼくが野生生物を救ってきたのを見ていれば、きっとわかってもらえると思うんだが。ヘビを捕まえたりして、変わり者なんですよ」[3]。ここに至ってもアラブの資金提供者をかばっている、とマクウィリアムは見て取った。報復を恐れているのかもしれないが、もしかしたら、出所後、再び彼らとビジネスをするつもりなのかもしれない。

肝心な情報をごまかし続けているにもかかわらず、ヒューウェル刑務所側はレンドラムを模範囚とみなし、社会に溶け込むことを充分見込めると判断した。秋も深まるころ、ちょうどマクウィリアムたちが面会にきて間もなく、レンドラムは行儀よく過ごしてきたご褒美に、警備の厳重なBブロックから、かつてプリマス伯爵家が所有していたマナーハウスを使ったグレンジ再定着ユニットに移された。ここには消灯時間も施錠もなく、実質的に監視もされない。受刑者たちはここで共同生活を送る。移動にあたって女性の刑務所長がただひとつ注意したのは、「パイロットのお友達に救出に来させるのはなしよ」という冗談半分の警告だけだった。[4] このレベルの受刑者には通信の自由という特権もあり、レンドラムが最初に電話した相手のひとりはマクウィリアムだった。写真編集の腕が上達したことを伝え、マクウィリアムが何も言わないうちに、ロンダ渓谷での行動は野鳥保護のためだったという主張を繰り返して、ハヤブサを撃ったり、毒を盛ったりする鳩愛好家のことをだらだらとしゃべった。「ぼくが手を差し伸べなければ、ハヤブサたちは誰にも助けてもらえない」とレンドラムは捜査官に訴えた。電話をもらって驚いたマクウィリアムは、友人も家族も面会に来なかったのだろうかといぶかしんだ。[5]

間もなくレンドラムは、さらにいい知らせを受け取った。2011年2月1日、英国の控訴院がレンドラムの量刑は「目立って重すぎ、それ以前の事案との整合性を欠く」と判断したのだ。[6] それ以前の野鳥密売のケースでは、例えばノース・ヨークシャーで稀少なインコなどを売買していたハリー・シッセンが2年半の量刑を控訴審で18か月に減じられている。レンドラムが進んで罪を認めたこと、「南アフリカでの家庭の状況」に鑑み、控訴院は彼の刑期を、未決勾留期間も含め18か月に短縮した。まっとうな住所と就職先が見つかればすぐにでも仮釈放される。もっとも残りの刑期の9か月間は英国を離れることはできず、週に1度は保護観察官に連絡を入れる必要があった。

　そしてレンドラムには、まだかろうじて友人と呼べる人物がいた。そのうちのひとりがチャールズ・グレアムという知人に連絡をつけてくれた。イングランド南部でゴーカート場を4か所経営している人物だ。グレアムは仮釈放中の更生プログラムの一環としてレンドラムを雇用することを承諾し、所有するデイトナ・サンダウン・パークの全周９００メートルのコースで、客を出迎え、安全のための注意事項を伝え、飲食の手配をし、係員（レース・マーシャル）としてゴーカート・レースをとりしきる仕事を提供した。早速レンドラムは恋人と彼女がポール・マリンとの間に設けたまだ幼い娘とともに、ノース・ダウンズのグレアムの家の一画に入居した。ノース・ダウンズは、ドーヴァーの白い崖から西へ続く石灰岩の丘陵だ。3人は快適だが先の見えない生活のなかで、夏の間ずっとグレアム邸のプールやジェットバスを満喫した。「請求書は来ないし、食事は毎晩あてがわれていたからね」とグレアムは言う。レンドラムはゴーカート場の職員たちに面白おかしく9か月の刑務所暮らしを話して聞かせ、塀の中では「バードマン」というあだ名をつけられていたと自慢した。「南アフリカ人らしい人好きのする男だったね」とグレアムは回想する。「向こう見ずな冒険野郎だった」[7]。グレアムとジェットバスでビールを飲みながら、ふと心の鎧を脱いだレンドラムはハヤブサの卵を盗ったのは金のためだったと認め、バーミンガム空港で邪魔されていなければ、ウェールズでの成果は「5桁の終わりのほう」になっていたはずだと漏らした。だが別の友人たちには、野生生物の売買で稼ぐ時期は終わったと告げてもいた。「わたしには、もう足を洗ったと言っていました」ブラワヨでサザン・コンフォート・ロッジを経営する少年時代の友人、クレイグ・ハントは言っている。「もうしない、と」[8]

2011年末に保護観察期間が終わると、レンドラムは南アフリカに戻り、ヨハネスブルグに住む妹ポーラとその夫のもとに身を寄せた。弟のリチャードは、刑務所時代にはほとんど連絡を断っていたのだが、自分勝手な兄の自立に手を貸そうという気持ちになっていた。リチャードは1万6000部を発行する季刊のグラビア誌「アフリカン・ハンティング・ガゼット」の発行人兼編集長で、ちょうど退職するスタッフに代わって、オンラインの「訪問&体験記」を兄にまかせることにした。アフリカ南部のロッジやキャンプ場、狩猟用品などを紹介するコーナーだ。2012年の初め、主に銃器や弾薬のレビュー、大型獣のハンティング体験を掲載する「アフリカン・ハンティング・ガゼット」誌の読者に、新人スタッフを紹介する文章が公開された。当の新人ジェフリー・レンドラムが、「あちこちに出かけ、将来のお客様や狩猟という同じ目的を通じ友人となれるであろう方々にお目にかかるのを楽しみにしている」と抱負を語り、紹介文はさらに「この新人はアフリカの動植物をこよなく愛する野生生物愛好家であり、50年の人生の大半を森で過ごしてきた。その関心領域と知識は幅広く、5大猟獣たるライオン、ヒョウ、サイ、ゾウ、アフリカスイギュウはもとより、鳥や昆虫にも詳しい」と続いている。[9]

出所してから2度目の再出発の機会が与えられたことになる。彼自身、人生の転機に感謝しているように見えた。狩猟が行われる地域を訪問し、ロッジのオーナーに会い、彼らの所有地を回り、そこにいると所有者が喧伝する獲物や地形を確かめ、編集者に情報を流す。人並みの給料を稼ぎ、トラブルからは距離を置き、自分が最も自分らしくいられる環境――モパネの森や緑の茂る川沿い、広がるサバンナのあるアフリカ南部――で過ごすことができていた。

ある日、マクウィリアムはヨハネスブルグからの電話を受けた。「やあ、アンディ、ジェフリーだ」電話の向こうの相手は言ったが、それがハヤブサ泥棒だと認識するのに一瞬の間があった。マクウィリアムはよもやレンドラムから接触があるとは思ってもみなかったのだが、レンドラムはやっかいな依頼を持ち込んできた。イングランドを離れる前に受け取った駐車違反切符をどうにかしてほしいというのだった。「その車、ぼくが運転していたわけではないんですよ」レンドラムは訴えた。

「変だな、と思ったのを覚えていますよ。ヨハネスブルグにいるんなら気にすることはないのに、と」マクウィリアムは回想している。「もしかしたら、ただわたしに電話をしてくる口実だったのかもしれませんが」。マクウィリアムは、自分にはどうすることもできないと断った。

やがてレンドラムは、2、3週間ごとにマクウィリアムに電話をかけてくるようになった。自分が見た野生生物のことを熱心に語り、第2のチャンスを与えられたことにどんなに感謝しているかを話した。野生生物保護についての自分の見解を述べ、密猟を防ぐために、ジンバブエやナミビア、南アフリカで生きたサイから角を取り除く手法の不備を批判した。「それでもハンターは足跡を辿ってサイを狙うんです。角がないなんて、どうやってわからせるんです？」と、そのアイデアが馬鹿げていると切り捨て、ワシントン条約もサイの密猟にひと役買っていると非難した。条約のせいでサイの角の取引が地下にもぐり、価格をつり上げ、闇市場を生み出したというのだ。「もし完全な透明性が確保されれば、サイも、そのほかの絶滅危惧種も、乳牛のように家畜化できるんじゃないかな」。マクウィリアムは、レンドラムは知識も豊富で考え深いと見て取り、彼の言い分も大半はうなずけるところがあると認めざるを得なかった。そうこうするうち、レンドラムは猛禽類を話題にするようになった。法律は理にかなっていない、と彼は言う。レンドラムは、ハヤブサの絶滅危惧度をもっと低くし、一定の捕獲と国外取引を認めるべきだという持論に、マクウィリアムを巻き込もうとした。「どうだろうな」マクウィリアムは受け流した。自分の仕事は法律を執行することであり、つくるのは科学者や政治家にまかせておくのになんら異存はないのだった。[10]

別の時、南アフリカに狩りをしにこないかと誘われて、マクウィリアムは面食らった。「うちに泊まればいい」[11]。レンドラムは妹夫婦の家を出て、自分で家を借りていた。マクウィリアムは断った。たとえ更生したとはいえ、野生生物犯罪で有罪になった人間と親しく付き合うのは、野生生物犯罪の捜査官としてはとうてい認められない。それでもマクウィリアムは、レンドラムが自分との関係を保とうとしていることに、いささかいぶかしみながらも、心が揺さぶられた。レンドラムはそのあとも何回か、マクウィリアムを誘ってきた。

レンドラムが「アフリカン・ハンティング・ガゼット」誌のためにサバンナをうろつきまわっている一方、マクウィリアムは組織内の駆け引きに悩まされ始めていた。2010年の初めに野生生物犯罪部のボスが交替した。新しいボスは殺人課の出身で、野生生物犯罪には疎く、捜査官たちのなかには、この分野のことを何もわかっていないくせに、ただ自分を売り出したくてこの任に就いたとみなす者もいた。中国だのインドだのといった遠方の会議に出席するため、何日も続けてオフィスを留守にすることもよくあった。遠出をすれば、限られた予算がすぐに底をつくのに、なぜその会議に出なければいけないか、説明されることはめったになかった。スタッフは陰でボスを「歩くワシ」と呼ぶようになった。マクウィリアムによればそのこころは「糞まみれで重くて飛び上がれない」だった。[12]

2012年2月、「スコティッシュ・サン」紙がそのボスを持ち上げる記事を書いた。題して「野生生物に寄り添う警察官」。記事はボスをハリウッドのコメディ映画の主人公になぞらえた。「『ペット探偵　エース・ベンチュラ』でジム・キャリーが演じた突飛な主人公とはひと味違い、彼は自分の役割に至って真剣だ」と紹介文は始まる。ボスは自分が着任してからの成果を誇り、「最大の勲章は……稀少な野鳥の卵を盗み、密輸しようとした悪名高き犯罪者に裁きを受けさせたこと」と吹聴していた。ジェフリー・レンドラムを捕らえたことをボスが自らの手柄にしようとは、マクウィリアムは夢にも思わなかった。送検が決まるまで、報告すらしていなかったのだ。

だが最も腹立たしかったのは、ボスが野生生物犯罪部をこう称したことだ。「わたしが着任するまでは、この部は『世間知らずのウサギちゃん』と見られていました。しかし、着任後、事情は変わっています」[13]。マクウィリアムは、自分や経験豊富な捜査官たちをあたかも感傷的に動物を偏愛しているだけであるかのようにあてこすられたことに激怒した。彼は矢継ぎ早に怒りのメールを送り、ボスがスタッフを誹謗中傷し、やる気をなくさせていると批判した。ボスは、記者が勝手に書いたことだと言い訳した。マクウィリアムは記者に直接当たり、報道は捏造でないことを確かめた。マクウィリアムが記者と連絡をとったことを知ると、ボスは許可なくメディアと接触したことでマクウィリアムを叱責し、懲戒にかけると脅した。「やってみろ」マクウィリアムは受けて立った。マクウィリアムが解雇されるかどうか、はっきりしない日々が数週間続いた。論争はやがて下火になったが、マクウィリアムとボスは二度と口をきかない関係になった[14]。

2013年の春、ジェフリー・レンドラムは弟の雑誌で働き始めて丸1年を迎えた。弟のリチャードは、兄がとうとう卵泥棒稼業を卒業したと信じた。ところがその4月に、ナミビアで猟場を持ち、人気の高いウェブサイト「アフリカン・ハンティング・コム」を創設したジェローム・フィリップが、サイトのメンバーズ・フォーラムに「『アフリカン・ハンティング・ガゼット』誌のジェフリー・レンドラムは、野生生物の密輸の前科者」という投稿を載せ、フォーラムに登録している2万人に、彼が26年間で3度有罪判決を受けていることを伝えた。[15]「アフリカン・ハンティング・コム」のフォーラムには、瞬く間に憤った会員からの投稿があふれた。「(サファリキャンプのオーナーたちは)『アフリカン・ハンティング・ガゼット』誌から派遣され、自分たちの猟場や装備を『評価』するべく家族もともに暮らす自宅に泊まっていくのが前科者だと知らされているのか」という投稿をしたのは、長年の「ガゼット」誌の定期購読者のひとりだ。「わたしがオーナーで、もしその事実を知らされていたなら、そんな人間は絶対に自分の地所には近づかせない！[16]」定期購読をやめる読者も出てきた。スポンサーが広告をひっこめ始めた。

リチャード・レンドラムは、こんな日が来るかもしれないと恐れていた。２０００年に季刊の「アフリカン・ハンティング・ガゼット」(当初は「アフリカン・スポーティング・ガゼット」と称していた)誌を創刊したときから、大型獣の狩猟が、狩猟獣の頭数管理や密猟の監視パトロール、国立公園の運営などのための収入源となり、野生生物に利するとの論陣を張り、野生生物保護を推進する側であるという評価を維持してきた。同誌を定期購読する大型獣のハンターたちの多くも、内心では野生生物を保護する側であると自認したがっていて、雑誌の重要な役割を担うスタッフがよりによって野生生物の密輸で有罪判決を受けていることを快く受け取ってもらえるはずがないことはリチャードも承知していた。「(ジェフリーを) 自分の雑誌に関わらせるのはリスクがあることはわかっていました」のちにリチャードは認めている。「しかし……刑期を務め上げたわけですし……雑誌との関わりもごく限定的なもので、正直、都合もよかったんです。それになんといっても、兄弟ですからね」[17]

ジェフリー・レンドラムは許しを請うた。「過去に自分が犯したことは愚かでした。だがその代償はすでに支払ったのです」と彼は「アフリカン・ハンティング・コム」に投稿している。「これからも支払いつづけなければいけないのでしょうか」。彼は謝り倒し、その後も謝罪の投稿を続けている。「わたしは心の底から悔やんでいます……刑期を全うし、仕事には真摯に取り組んでいます」[18]。しかし怒りの投稿は途絶えず、レンドラムは自分の携帯番号、Ｓｋｙｐｅのアドレス、電子メールアドレスを載せ、自分を非難する人たちに直接連絡してほしいと頼んだ。「どうか電話してください。お話をしてわたしの立場をご説明すれば、きっと友人同士になれます」。こうしたぎこちない歩み寄りも、ハンターたちの心をとらえるには至らなかった。

ジェフリー・レンドラムが在籍するかぎり雑誌とは縁を切るという広告主や定期購読者たちの脅しは下火になる気配がなく、２０１４年の初め、リチャード・レンドラムは兄に、雑誌から手を引いてもらうしかないと告げた。ふたりにとってそれは「おぞましい」瞬間だったと、のちにリチャードは言っている。[19] ジェフリーは見放されたように感じ、一方のリチャードは兄を切り捨てざるを得なかったことに屈辱と怒りを覚えていた。だが、事業を維持するのが優先だった。数か月後、いまだに続く論争に終止符を打つため、リチャードは自ら「アフリカン・ハンティング・コム」に投稿し、兄を事業に受け入れたからといって、彼の犯した犯罪に1ミリも共感しているわけではないと述べた。ジェフリー・レンドラムは「野生生物の密売人」であり、「ハヤブサの卵を闇で売買した」と認め、兄の行動に自分はまったく関与しておらず、いささかなりとも「支持していない」と明言した。[20]

「アフリカン・ハンティング・ガゼット」誌の仕事を失ったことは、ジェフリー・レンドラムには大打撃だった。安定した就職先を探したが、アパルトヘイト後の南アフリカで中年の白人男性が就ける仕事はほとんどなく、まして前科があればなお難しかったと弟は言う。しばらくの間、彼はアフリカ・エクストリームを始める前の稼業と似たような事業に手をつけた。アメリカ合衆国やヨーロッパのディーラーから、4座席のセスナ172スカイホークや単発機の部品を調達し、南アフリカの航空機整備業者に売りさばいたのだ。だが、仕事は不定期にしか入らず、稼ぎはかつかつだった。後年警察に提出した宣誓供述書によると、毎月の収入は1000ドルから2000ドルの間で、そのうちの500ドルは家賃に消えていた。

過酷な生活のなかでも、彼は何とか自然界とのつながりを保ち続けた。どのような手を使ってか、南アフリカ国立公園局から名誉レンジャーの資格証明書を手に入れ、フクロウやタカといった野鳥に、生活環や生態、移動の様子を知るための足環をつけるボランティアに参加できることになった。

リチャード・レンドラムは、ジェフリーが「アフリカン・ハンティング・ガゼット」誌を去って間もなく、その足取りがわからなくなったと言っている。アンディ・マクウィリアムへの電話連絡も途絶えた。だからリチャードも、アンディも、その他ジェフリー・レンドラムと関わり合ったことのある人すべてが、数か月後に地球の反対側から届いたニュースに驚かされることになった。またしてもレンドラムが、何か厄介ごとに手を染めたようだった。

第16章 パタゴニア

2015年10月のある朝早く、南半球では春の初めのこの日、四輪駆動のレンタカーがチリの南端プンタ・アレナスを出発し、パタゴニア・ステップとして知られる風の吹きすさぶ草原を北へ向かっていた。車の走る高速道路「世界の終わり（フィン・デル・ムンド）」は、西側のフェンスの向こうにウシとヒツジの牧場、東側に凍りつくような青いマゼラン海峡が続く2車線の舗装路だ。1世紀ほど前にうち捨てられた広大な牧場の、寂れはてた廃墟や、1930年代に座礁（ざしょう）したまま錆びついた貨物船の横を通りすぎていく。ダチョウに似た、灰色の飛べない鳥、ダーウィンレアが、あわてふためいた様子で砂埃のなかを駆けていく。グアナコはアルパカに似た野生の草食動物で、淡い茶色の腹以外は、全身茶色の毛皮に覆われている。そのグアナコが黄色っぽくて寒さに強いコイロンという草を黙々と食んでいた。2時間も走ると舗装は途絶え、砂利道は藪に覆われた丘を曲がりくねりながらさらに続く。チリとアルゼンチンの国境まであとわずかというところが、ジェフリー・レンドラムの目的地だった。「歓迎、パリ・アイケ国立公園」の看板を掲げてぽつんと建っている緑色のレンジャー小屋が、唯一の目印だ。

先住民のテウェルチェ族は氷河が後退した1万年前にパタゴニアの南部に移住してきた狩猟採集民族で、パリ・アイケを「悪霊しか棲まない場所」とか「悪魔の土地」と呼んでいた。[1] 一帯は、1億年以上前のジュラ紀にチリ海嶺とペルー・チリ海溝の衝突で形成された火山だらけの地形で、古くは380万年前から、ごく最近では1万5000年前まで繰り返された噴火により、草原は真っ黒な溶岩に覆われ、容赦なく照りつける砂漠の陽光で黄色や赤、灰緑色にきらめく玄武岩がところどころ擁壁のように突き出ている。崩れかけた火山性のクレーターが6つほど、乱杭歯さながら、黄みがかった平原にぼんやりと現れた。

この世のものとも思えない荒涼とした表層を裏切り、約80平方キロに及ぶ保護区には、生命が満ちあふれている。ノウサギ、アルマジロ、ハイイロギツネ、ピューマ、グアナコ、スカンク、モグラに似たツコツコと呼ばれるげっ歯類、そしてパタゴニア固有の野鳥類。チリーフラミンゴは灰色にくすんだ風景にピンクとオレンジの彩を散りばめながら、公園内の塩湖に集まっている。げっ歯類を捕食する大型の鳥、クロハラトキは、クリーム色と朽ち葉色の喉と長くカーブする灰色のくちばしが特徴的で、木々の梢か活動を終えた火山の噴火口に巣をつくるが、ここでは捕食鳥には珍しく、ハヤブサと岩棚を分け合って共存している。

レンドラムがここまでやってきたのも、猛禽が目的だった。「アフリカン・ハンティング・ガゼット」誌の仕事を失ってから18か月の間、レンドラムは航空機の部品を売りさばこうと頑張った。彼が望んだようにはことは運ばず、結局彼は、自分が最もよく知る分野に戻ってきたのだった。レンドラムがチリに着いたのは、南半球の繁殖期の真っただ中、彼はそこに、世界で最も稀少な猛禽の一種、パタゴニアハヤブサの卵を探しに来たのだ。雪のように白い胸の猛禽で、パタゴニアとフォークランド諸島、そして、そのほとんどが火山と山と氷河に覆われた数百の島々からなる南アメリカ最南端の列島、ティエラ・デル・フエゴにしか見ることができない。

研究者ですら、1925年、マゼラン海峡付近のカワウソ猟師が捕まえたパタゴニアハヤブサがドイツ、ミュンスターの動物園にやってくるまで、この亜種に注意を払ったことはなかった。ドイツで最もよく知られた鳥類学者のオットー・クラインシュミットが得意満面、これまで知られていなかった種を同定したと宣言し、彼にこの亜種のことを教えた鷹匠、ヘルマン・クレエンボルクにちなみ、学名を「*Falco kreyenborgi*」とした。だが、のちにパタゴニアに現地調査に行った研究者たちは、胸の白いハヤブサがサザンハヤブサ（*Falco peregrinus cassini*）と巣を共有していることを発見する。サザンハヤブサの多くは灰色の胸に黒い筋が入っている。1981年、研究者らはパタゴニアハヤブサは、遺伝子の気まぐれでとびぬけて色素の薄いサザンハヤブサであると結論づけた。

犯罪稼業に戻ったレンドラムは、自分が誰かに監視されているとは露ほども思っていなかった。

レンドラムがパタゴニアの南端に到着する2週間前、チリ最南端の都市で、南極大陸への入り口でもあるプンタ・アレナスのホテル・プラザの夜警が、フロントでアルバイトをしているニコラス・フェルナンデスという若い登山家兼自然ガイドに誘いをかけた。ホテル・プラザは1920年代に牧畜王が築いた新古典主義の邸宅で、緑したたるアルマス広場を見下ろすように建っている。夜警によれば、由緒あるこのホテルの倉庫に、1年前から黒い大型のバックパックが埃をかぶっているというのだ。この1年、誰も取りに来る気配はなかったが、夜警の男は、もしかしたら中に頂戴したいような金目のものが入っているのではないかと気になっていた。フェルナンデスも荷物は結局、放棄されたのだろうから、開けてみてもいいのではないかと賛成した。

倉庫でよつんばいになったふたりはバックパックを開けてみて、次第に興味を募らせていった。中から出てきたのは、カーゴパンツ1本、ジーンズ1本、180メートルほどの登攀用ロープを丸めたもの、木の枝にひっかけるふた股フック、そして靴箱ほどの大きさの、透明な蓋と電気コードのついた黒と黄色の装置。これは英国のメーカー、ブリンシー社で製造されたものだった。フェルナンデスは次に氷河に登るときに使おうとロープを自宅に持って帰り、インターネットで調べてみたところ、ブリンシー社製の装置は孵卵器だとわかった。持ち主は前年、パタゴニアに野鳥の卵を盗みに来たんだな、とフェルナンデスはにらんだ。だが何者なのか。バックパックにはタグもなく、ホテル・プラザの従業員たちも、持ち主についての記憶はなかった。

2日後、南アフリカから予約の電話が入った。

その日もまたフロントにいたフェルナンデスに、客は8泊したいと告げた。次いで、2014年10月に1週間ホテルに滞在した折に、黒いバックパックを忘れてきたので、次回の滞在時に引き取りたいと申し出てきた。

「まだあるかな?」

「はい、保管してございます」フェルナンデスは答えたが、あまりのタイミングのよさに驚いた。予約の通話を終えると、フェルナンデスは電話をしてきた「ジェフリー・レンドラム」の名前をGoogleで検索した。

フェルナンデスが最初に見つけたのは、レンドラムが茂みのなかでアスプコブラをもてあそんでいるYouTube動画だった。次がケベック州でヘリコプターからぶら下がるレンドラム。いったいどういうやつなんだ……フェルナンデスは首をひねった。フェルナンデスが「ジェフリー・レンドラム　卵密売」と入力すると、5000件もヒットした。読み進むほどに、フロント係は眉をひそめていった。バーミンガム空港での逮捕、実刑判決、シロハヤブサの卵を盗みに行ったカナダでの冒険、そして1984年のジンバブエでの裁判。インターネットは、かつて卵泥棒を続けていくのに都合のよかったレンドラムの匿名性を、完全に打ちくだいてしまっていた。[2]ヒットした最初のページでは、英国野生生物犯罪部のアンディ・マクウィリアム捜査官が、逮捕した相手は国際的な野生生物密売人であり、「野生生物犯罪の世界では超一流レベル」であると語っていた。[3]王立鳥類保護協会のガイ・ショーロックも、レンドラムは「超一流の野生生物犯罪者」だとBBCに話している。[4] フェルナンデスが不安を募らせたのは、複数の新聞がアイルランド国籍で南アフリカ在住のこの人物を「ローデシア特殊空挺部隊員」であったと報じていたことだ。

レンドラムの予約は10月13日から入っていて、1週間後だ。どうしていいかわからず、フェルナンデスは登攀用ロープをレンドラムの黒いバックパックに戻すと、以前警察官だった昔からの友人に相談した。友人はすぐにチリの農業牧畜庁（SAG）に通報するようせっついた。野生生物保護を管轄する政府機関がSAGなのだ。アルバイトのフロント係はプンタ・アレナスとサンティアゴをカバーするSAGの責任者に自分が発見したことを説明した。レンドラムがどうやらえり抜きの軍人だったらしいことも付け加えた。「だから不安なのです。どうか慎重に対応してください」と、彼は通報のメールに書いている。[5] 密告した自分の身の安全が心配だったからだ。SAGの担当者と、のちには警察も、レンドラムを見張り、騒ぎ立てず、自分が知っている事実をレンドラムに知られないようにするよう助言した。うまくいけば現行犯逮捕できるかもしれない。

パリ・アイケ国立公園の入り口で、レンドラムは管理人に3000チリペソ（およそ4・5ドル）支払い、さらに数キロ車を走らせて、今は活動していない火山「悪魔の棲み処（モラダ・デル・ディアブロ）」へと続く登山道の入り口に停め、ロープやスパイク、ハーネス、カラビナを詰め込んだバックパックを背負って、1万5000年も前の溶岩が黒く固まった高原を縫う土の小径を徒歩で辿り始めた。クレーターのなれのはてのカルデラが正面に現れてくる。全身に白い斑点の散った黒いトカゲが岩の上をそそくさと走っていった。その3年後、わたしもレンドラムの歩いた道を辿ってみたのだが、その時にはピューマに倒されたグアナコの死骸が、照りつける朝の日差しに灼かれ、骨を見せていた。レンドラムは誰ともすれ違わなかった。それも無理はない。国立公園の入園者は、平均して1日8人なのだ。

1・6キロほど歩いて、ぐらつく灰色の石の急坂を上るとカルデラのてっぺんに出た。玄武岩の柱を背にし、斜面の縁に設けられたガードレールを前に、レンドラムは死火山の火口の向こうを見渡した。玄武岩の丸い壁は、緑色の岩肌に点々と白くフンが散り、あちこちに亀裂が入っていて、噴火口の名残りをとどめている。灰色の小石と赤みがかったヘマタイトの混じる土の斜面は深く、クロハラトキの鳴き声が壁面にこだまする。わたし自身がここへ登ったときには、てっぺんに来るなりハヤブサが舞い上がったかと思うとカルデラにもぐり、円を描きながら上がってきて、再び割れ目へと下りていった。

レンドラムは巣を見つけ、ロープを固定して火口の壁を下りた。巣へ向かってじりじりと近づきながら、興奮が高まってくる。だが岩棚に下りてみると、彼が見つけた猛禽はありふれた種で、探していた珍しい淡色の個体ではなかった。モラダ・デル・ディアブロはそれまで登ったなかで最も雄大な場所のひとつで、レンドラムはいたく高揚しながらも、手ぶらでそこをあとにした。

それでも、凹凸の激しいパタゴニアの地形には、巣をつくれそうな場所がいくらでもある。彼は大草原（パンパ）を抜ける未舗装路を走り、ティエラ・デル・フエゴ諸島で最大の島、フエゴ島をチリ本土と隔てているポゼッション湾を見下ろす20メートルほどの崖が連なる海岸へと向かった。眼下の灰色の砂浜にはひと気がなく、合板づくりの漁師小屋が2、3あるだけだった（2018年にわたしがこの場所を訪れたときには、伝説のパタゴニアハヤブサのつがいが岩肌に巣をつくっているのをよく見かけたものだと漁師のひとりから教えられた）。ムール貝の貝殻が散らばった砂浜を歩き、レンドラムは空へ、崖へ、目を配った。草も何も生えていない崖もあれば、低木やハイマツに覆われた斜面もあった。「まず前提として、自分が探しているものをよくわかっていなければならない。でなければ見てもわからないですからね。なにしろあそこには海鳥がそれはたくさんいるんですよ」後年、レンドラムは言っている。「ハヤブサを1度も見たことがないという人でも、ロンダ渓谷でなら、1日2日でひとつふたつは巣を見つけられます。しかしここはもっとずっと手ごわい[6]」。2002年に猛禽類研究財団が行った調査でも、パタゴニアハヤブサはとりわけ発見が困難とされている。「曇った灰色の空の下で見ると目立たず、カモメと見間違えやすい」ためだ[7]。

浜辺からほんのわずか離れた砂州に、波が静かに打ち寄せ、空にはオオフルマカモメ、ミヤコドリ、ナンベイタゲリ、チャバライワタイランチョウ、セアカタイランチョウ、そしてマゼランガンといった海鳥がひしめいていた。俗にいう「藁の山で針を探す」にも等しい作業と思われたが、レンドラムは間もなくパタゴニアハヤブサのつがいを見つけ、2羽に導かれて探していたもののところにたどり着いた。岩壁を半分ほどよじ登ったところの岩棚の巣に、茶色いまだらの卵が4つ産みつけられていた。レンドラムは獲物を慎重に包み、南へ2時間運転してプンタ・アレナスのホテル・プラザに持ち帰った。

板張りのホテルロビーへは、通りからは急な階段を上がることになる。ニコラス・フェルナンデスは、フロントカウンターの内側からレンドラムの挙動を静かに観察していた。早朝、レンドラムは大きな黒いバックパックを担いで出かけ、夕方、土埃と汗にまみれて帰ってくる。レンドラムがチェックインしたとき、フェルナンデスは最上階の広々した部屋に入るのを手伝っていた。もうひとつの手荷物であるダッフルバッグを引きずるようにして階段で2階分運んだとき、固くて四角い何かが入っているのに気がついた。これも孵卵器だな、とフェルナンデスは確信した。フェルナンデスは流暢に英語を話せるので、レンドラムはしょっちゅう彼のところに相談にやってきた。おすすめのレストランはあるかい？　プンタ・アレナスでダウンジャケットを直してもらえるところはあるかな？　ヘリコプターを手配して、アルゼンチンの南端、フエゴ島のリオ・グランデに飛ぶには、どこに頼めばいいかな？　などなど。「彼は人当たりがよくて気さくな人で、いつもホテルの中を歩き回っていました」のちにフェルナンデスはそう話している。レンドラムのほうはいたって砕けた様子だったが、スタッフはぴりぴりしていた。フェルナンデスから前歴を聞かされていたからだ。「スタッフは全員、彼が悪事を企んでいることを知っていましたが、こちらから何か言うつもりはありませんでした」フェルナンデスは言う。「みんな、怖がっていたんです[8]」

数日もすると、レンドラムはすっかり気を許してフェルナンデスを部屋に入らせるほどになった。フランス窓からルネサンス様式の大聖堂を見渡せる、日当たりのいい部屋だった。ロープや孵卵器が床に放り出してあった。フェルナンデスは目に入らないふりをした。その後レンドラムは、今後の旅程をフェルナンデスにメールで送り、プリントアウトしてほしいと依頼してきた。フェルナンデスは言われたとおりにし、同時に旅程表をサンティアゴのSAGの本部と警察に提出した。

SAGの長官ラファエル・アーセンホは、野生生物犯罪の前科のあるくだんの男性が、10月21日の早朝、LATAM航空でプンタ・アレナスからサンティアゴに飛ぶ予定であるのを知った。サンティアゴを経由して、午後5時30分にブラジルのサンパウロに到着予定だ。彼はそこからさらにドバイへ向かうことになっていた。レンドラムをサンティアゴで拘束するのは難しい、とアーセンホは見た。SAGは野鳥の卵の密輸業者を逮捕した経験がないのだ。悪くするとSAGの挙動からレンドラムが何かを察し、密輸品を処分する時間を与えてしまうかもしれないし、あるいは職員の扱いがまずくてまだ孵っていないヒナを死なせてしまう恐れもあった。そこでアーセンホは別の解決策を講じることにした。

レンドラムがホテルを出発する朝、アーセンホは首都ブラジリアにあるワシントン条約のブラジルでの管理当局にメールで通報したのだ。「外国籍の人物により、野生生物の卵が密輸される恐れがあるとの情報を入手し、当該人物は間もなく貴国に入国する予定です。容疑事実をお送りしますので、適切な処置をとっていただけますよう、お願いいたします」。アーセンホは、最初にニコラス・フェルナンデスが送ってきたメールと、レンドラムの旅程表を添付して送信した。[9]管理当局ではこの警告をブラジル政府で野生生物の保護を担う環境・再生可能天然資源院（ＩＢＡＭＡ）に転送した。ＩＢＡＭＡは熟練の取締官ふたりをグアルーリョス国際空港に送り込み、レンドラムの到着に備えた。

自分に仕掛けられた罠など知る由もなく、レンドラムは10月21日の早暁、ホテル・プラザをチェックアウトし、サンティアゴ行きの飛行機に乗った。4つの卵は靴下に入れて紐でくくり、フリースのポケットに忍ばせていた。サンティアゴでは、国内線の到着ロビーと国際線の出発ロビーを隔てる保安検査場の金属探知機を怪しまれることなく通過した。サンパウロ行きの便に乗り、夕方のまだ早いうちにグアルーリョス空港に到着して、ドバイ行きの便を待つ間、レンドラムはエミレーツ航空のラウンジに入った。ラウンジのシャワーブースで、レンドラムは靴下に包んだまま卵をブランシー社の黄色い電池式孵卵器に移し、キャリーバッグに入れた。レンドラムの前進が阻まれたのは8時30分ごろ、搭乗口に向かおうとしていたときだった。保安検査員がゲートの前で彼を呼び止め、バッグをX線スキャナーにかけた。4つの卵がはっきりと見えた。

緑色の制服を着た野生生物犯罪取締官ふたりがすぐさま彼を取り押さえた。IBAMAの取締官たちは孵卵器を確かめ、斑点の入った茶色の卵を4つ、靴下から取り出した。

「鶏の卵ですよ」レンドラムは主張した[10]。取締官たちは連邦警察を呼び出し、レンドラムは逮捕された。

すると、世界中の警察と渡り合ってきたハヤブサ泥棒が、初めて平静を失った。空港内の留置房に着くやいなや、動悸を訴えたのだ。この先に待ちかまえている司法手続きを思って、体に反応が出たのかもしれない。近くの病院に担ぎこまれたレンドラムは、心電図をとられ、心臓専門医の診察を受け、胸の痛みを抑える薬を与えられた。その後再び、彼は警察の監視下に置かれた。

卵は鳥類の専門家によって間違いなくパタゴニアハヤブサのものと同定されると、サンパウロ郊外の猛禽類センターに送られ、そこからパタゴニアまで人間の手で運ばれて野生に還されたが、4つのうちのひとつしか生き残らなかった。

一方、グアルーリョスの連邦裁判所はレンドラムのパスポートを押収し、11月の末に期日を定めると、保釈金8000レアル（約2100ドル）で複数の法律を犯しているとみられる犯罪者を解放した。

亜熱帯地域らしい熱気に覆われたグアルーリョスの賑わう通りに出たレンドラムは、自分が苦境に立たされていることを思い知った。ひとりきりでポルトガル語などひと言もわからない。レンドラムが捕らわれたブラジル13番目の都市は、高速道路の高架が醜く広がり、貧しい人々の住む地区と工場群が大半を占める、交通渋滞のやまない街だ。法律をいくつも犯した自分は、外国の刑務所で長い間拘束される運命にあるのかもしれない。この数年は運のいいことも悪いこともあったけれども、ここまでの事態に陥るとは、彼自身、予想もしていなかった。

レンドラムはホテル・サーブレスに部屋をとった。賑わうサルガド・フィーリョ大通りに面した7階建ての建物で、1泊の宿泊料金は80ドル。ここで公判までの1か月を待つことにした。グアルーリョス連邦裁判所は公選弁護人を勧めたが、その弁護人はポルトガル語しか話さないため、レンドラムは依頼するのを諦めていた。だが幸運にもホテル・サーブレスの若いフロント係が、自分の父親がホテルの近くで弁護士事務所を開業していて、英語が話せると教えてくれた。レンドラムはその日の午後、さっそく弁護士に会いに行った。

ロドリーゴ・トメイは40代の初め、髭を生やした気さくな人柄で、英語の常套句を自在に操る弁護士だった。トメイの父親は、航空会社のパイロットで労働運動の活動家でもあったため、軍事独裁政権下では迫害を受けていて、1990年に家族をカナダ、アルバータ州のカルガリーへ移していた。トメイはその時17歳で、カナダで7年暮らし、2年軍務についたうえで、軍政の終わっていたブラジルに戻った。

「鶏の卵を盗ったといって逮捕されたんです」レンドラムは弁護士に訴えた。

「いいですか」逮捕記録を読んだトメイは答えた。「あなたの代理人になるとしたら、真実を知る必要があります」

3度目の訪問で、レンドラムはハヤブサの卵を密輸しようとしたことを認めたが、中東で誰が卵を受け取ることになっているのかを尋ねても、決して答えようとしなかった。2010年、バーミンガム空港での逮捕について尋ねられると、レンドラムは毎度繰り返す説明に終始した。「野鳥を密輸しようとしたわけじゃない、救おうとしたんですよ」。ウェールズ南部で自分が巣から持ち出したハヤブサの卵は、「農薬のせいで死にかけていた」とレンドラムは言い張った。「しかし、英国の当局はわたしの言い分を信じてくれなかったんです」

「ブラジルの当局も信じないでしょうね」トメイは答えた。罪を認めましょう、と弁護人は依頼人に助言した。そのうえでできるだけ刑期が短くなるように努めましょう、と。

だがレンドラムは「自分の無罪を判事に納得させることができる」と確信していたようだと、当時を思い出してトメイは語った[11]。グアルーリョスの法廷で宣誓をしたうえで、レンドラムは通訳を介し、自分は一介のバードウォッチャーであると主張した。自分が4つの卵を盗ったのは、巣のそばで母鳥が死んでいるのを見つけたため、卵を何とか生かそうとしたからであり、手荷物に入っていて警察が押収した3個の孵卵器は、友人のアメリカ人写真家の持ち物で、写真家はパタゴニアの凍てつく環境でカメラを冷やさないように孵卵器を使うのだと説明した。ドバイへは生涯1度しか渡航したことがないとも断言した。世界一高いビル、ブルジュハリファを見物に行ったときだけだ。パウロ・マルコス・ロドリゲス・デ・アルメイダ判事は、レンドラムの供述を「笑止千万」と切り捨て、ブラジルの「環境犯罪法（ＥＣＡ）」違反として考えうる最高刑を科した。[12] ４年半の実刑判決である。控訴申請中の保釈は認められるが、２か月ごとに出頭して居住地と行動を報告しなければならない。レンドラムはさらに、４万レアル、当時のレートでおよそ１万５００ドルの罰金を科された。

26ページにわたる判決文は、12月に、トメイがブラジル弁護士会のメンバーとして登録しているオンライン上のメールボックスに送られてきた（ブラジルの司法制度では評決や判決の言い渡しに、被告人も代理人も出廷を求められない）。弁護士はワッツアップ・メッセンジャーで、裁判について「知らせたいこと」があるとレンドラムに伝えた。「コーヒーでも飲みながら話しませんか」トメイが判決を翻訳して伝えると、レンドラムは数回瞬きをし、今にも泣き出しそうになった。「いやいや、有罪になることは想定内でしたよね。問題は刑期がどのくらいになるのかで」トメイは言った。レンドラムに少しでも希望を持ってもらおうと、次に打つ手は控訴だ、と伝えた。「有罪を覆すことはできないでしょうが、刑期を短くする努力はできます」

どこに収監されることになるんでしょう？　レンドラムは尋ねた。

サンパウロの西３００キロほどのイタイーという町にあるカポ・ＰＭ・マルセロ・ピレス・ダ・シルバ刑務所だ、とトメイは答えた。[13]「バベルの塔」のあだ名があるこの刑務所は、２０００年に外国人専用の収容施設としてつくられた。それ以前、鬱屈したブラジル人受刑者が、政府を窮地に陥れるために外国籍の受刑者を殺すと脅した例が出てきたためだ。2011年までにここに89か国1443名が収監されたとブラジルの雑誌「ヴェジャ」が報じている。「イタイー（の休憩時間）には、キッパと呼ばれる帽子を被ったユダヤ人がヘブライ語で語らう姿を見ることができる。リトアニア人とオランダ人が腹筋運動をしていたり、ペルー人たちがほかのラテンアメリカ出身者に囲まれてドミノをしているかと思えば、イスラム教徒がメッカのほうを向いて跪（ひざまず）き、1日5回の礼拝を行っている」[14]。受刑者の8割が麻薬密売がらみだというマルセロ・ピレス・ダ・シルバは、過密状態で暴力が蔓延しがちなブラジルの刑務所のなかではましなほうだが、とはいえ、決して居心地のいい場所とは言えない。「時にはマットレスすらまわってこないことがあり……トイレやシャワーの衛生状態は劣悪であると覚悟しておく必要がある」とは、在ブラジルの英国領事ネットワークが英国人収監者向けに提供しているリーフレットに書かれている情報だ[15]。重い病気にかかっても、治療を受けられないまま放置されることもよくあった。「施設は手が足りない状況にある（ため）、受刑者は医師の診察を受けるのに最長12か月待たされる場合もありうる」

レンドラムはトメイに、国外へ逃げようかと考えていると打ち明けた。

「そういうことをするつもりだとしても、わたしは知りたくはありませんね」トメイはそう答えたという。

そして、ジェフリー・レンドラムにとってこれ以上悪くなりようがないと思われていた事態が、さらに悪くなった。

2016年1月のある朝、判決の内容を教えられて間もなくのころ、ホテル・サーブレスにいたレンドラムは耐えがたい痛みで目を覚ました。夜の間に、太ももにビリヤードの球ほどの大きさの傷が口を開いていたのだ。顔色を変えたホテル・スタッフが、レンドラムをグアルーリョスの公立病院に運び込んだ。病院には英語のわかる職員がおらず、レンドラムはトメイの名刺を医療ソーシャルワーカーに渡し、ソーシャルワーカーが通訳として弁護士に病院まで来てもらった。医師は、おそらく就寝中に、ベッドにもぐり込んできた毒蜘蛛にやられたのだろうと診断した。

医師と看護師から鎮痛剤と強力な抗生物質を投与されたレンドラムは、1週間の入院を勧められた。トメイによれば、「毒物が神経をおかしている恐れがあった」。トメイは病室に付き添った。「心臓に不調を抱えていましたからね。もう少しで死ぬところでした」[16]。だが、レンドラムは医師の提案を無視した。3日後、彼は脚を引きずりながらホテルに戻り、薬局で買った市販の抗生物質で自己流の治療を始めた。しかし毒物の影響は深刻で、力が入らずしょっちゅう痛みに襲われたし、傷口は癒えなかった。

「ブラジルには糞みたいな思い出しかない」のちにレンドラムはそう語っている[17]。

英国時代の友人であるミシェル・コンウェイが何か月もどこにいたのか聞いてきたとき、レンドラムはブラジル観光にケチがついただけだと答えている。熱帯の珍しい毒蜘蛛に咬まれてね、

「伝染病」かもしれないと怖がって、航空会社がヨハネスブルグ行きの飛行機に乗せてくれなかったのさ、と。[18] レンドラムがバーミンガム空港で逮捕されて以来連絡を断っていたハワード・ウォラーは、このころ2万ドルほど融通してくれないかという電子メールを受け取っている。

「それでネットを見てみたらブラジルで卵を持った男が逮捕された記事を見たものだから、『お前がおれに金をたかるって？』と思いましたよ[19]」

その後まもなく、レンドラムは再び姿を消した。

レンドラムは、自分が何をしなければならないかわかっていた。バックパックを用意し、ホテルをチェックアウトすると、イグアスの滝に近い国境の町まで何百キロも南下した。「あんな刑務所に入ったら、きっと死んでしまいます」のちにレンドラムは自分の行動の理由をそう説明している。「だから機転を利かせたというわけで」。GPSと1日分の食料と水を持ち、国境警察の目をすり抜け、「ジャングルのなかを2キロほど」歩いて、アルゼンチンに入った。本人によるとこの行程に「ほぼ丸1日」かかった。[20] 少なくともレンドラムの言い分によると、彼はこうやってブラジルの司法の手から逃れたのだった。一方トメイは、レンドラムは弱っていて徒歩で逃亡するなど、とうてい不可能だったと言う。経済的な結びつきが強い国同士は国境の管理が甘いため、レンドラムはパスポートを提示することなく国境を越えられたのではないかと彼はみている。「彼は誰からも捜されてはいなかったので、こそこそする必要はなかったのです。バスにだって乗れたんじゃないでしょうか」[21]

無事アルゼンチンに入ると、レンドラムは南へ約1200キロ離れたブエノスアイレスまで移動し、アルゼンチンの首都でアイルランド大使館を訪ね、パスポートをなくしたと届け出て新しい旅券を発行してもらった（彼はその数年前、曾祖父の縁でアイルランド国籍を得ていた）。そして、ミニストロ・ピスタリーニ国際空港から、ヨハネスブルグの自宅へ舞い戻ったのだった。

レンドラムが行方をくらましてから半年ののち、トメイはワッツアップ・メッセンジャーで消えた依頼人からメッセージを受け取った。「やあ、ロドリーゴ。わたしは南アフリカで医者に診てもらっているよ。傷は少しずつよくなっている。控訴はどうなった？」トメイは、まだ結果が出ていないと返信した。[22]

2016年10月24日、ブラジル最高裁判所は控訴を棄却し、ただちに出頭するようレンドラムに命じた。「これ以上打つ手はありません」トメイはレンドラムにメッセージを送った。だがレンドラムは戻ってこなかった。ブラジルの司法当局は間もなく、レンドラムが保釈中に規定を守らず逃亡したと発表し、英国のメディアがこれを報じた。「バーミンガム空港の保安検査を突破して稀少な野鳥［の卵］を密輸しようとした元特殊空挺部隊員の卵泥棒、逃亡」と報じたのは「バーミンガム・メール」紙で、レンドラムがローデシア軍のえり抜きの兵士だったという俗説をいまだに踏襲している。[23]「デイリー・ミラー」紙は「英国で最も大切な保護されるべき野鳥が、SAS（ローデシア特殊空挺部隊）で訓練を受けた野生生物ハンターに狙われている」とぶち上げた。[24]

ブラジルにまた来ようとしたら、飛行機を降りた瞬間に逮捕されることになりますよ、とトメイはレンドラムに警告した。レンドラムはしばらく息をひそめていることにした。

第17章 ハウテン

2017年5月、ウェールズの取材から戻るとすぐに、わたしはジェフリー・レンドラムの消息をつかむため、ポール・マリンに連絡をとった。彼は友人たちから、レンドラムがヨハネスブルグに借りた家に身を潜めていると聞いていた。ブラジル当局が190か国あまりの警察が加盟する国際刑事警察機構（インターポール）に、国際逮捕手配をかけるよう依頼しているという噂が流れていた。そうなればレンドラムも、映画監督のロマン・ポランスキーや内部告発サイト「ウィキリークス」創設者のジュリアン・アサンジ、レッドブル創業者の孫でフェラーリを運転中にバンコクの警察官を轢き殺してタイ当局の追及から逃げたとされる、当時32歳のウォラユット・〝ボス〟・ユーウィッタヤーなど、錚々（そうそう）たる「逃亡者」クラブの仲間入りをすることになる。だが南アフリカにはブラジルとの間に、野生生物密輸犯の引き渡し協定はなく、レンドラムの行方を捜している者はいそうになかった。マリンに携帯電話の番号を教わったわたしは1度目の電話で彼をつかまえることができた。

自分はジャーナリストで、ロンダ渓谷でアンディ・マクウィリアムと1日行動をともにしてきたばかりであることを説明した。捜査官の名前を出せば、突撃取材にも応じてもらいやすくなるかと考えたのだ。だがかつてレンドラムがくだんの野生生物犯罪捜査官に何らかの親近感を抱いていたとしても、今それは恨みに変わっていた。「アンディ・マクウィリアムは、わたしが大金目当てで野鳥を売りさばき、大金持ちになったと言いふらしている」と彼は言った。「メディアはどこも、まるでわたしがハヤブサの卵市場のパブロ・エスコバル［コロンビアの麻薬王］みたいに書き立てるし。どいつもこいつも、書くのは大ウソばかりだ」

マクウィリアムが事件を不必要に大きくしたんだとレンドラムは主張した。それもこれも、野生生物犯罪部の重要性を誇示したいがためだったと。ヒューウェル刑務所に面会に来たとき、マクウィリアムは父親の死のお悔やみを口にしたあと、レンドラムの逮捕と有罪判決は部にとって「干天の慈雨」だったと告白したという[1]（マクウィリアム自身は、レンドラムの批判を「完全なたわごと」と評している[2]）。レンドラムはマイクル・アプソンの例を引き合いに出した。イングランド東部サフォークの警察官だった彼が、珍しい野生の鳥の卵を６４９個も集めていたとして２０１２年に受けた判決は14週間の執行猶予と１５０時間の社会奉仕活動だった。「わたしは刑務所で2年半ですよ。あまりにも不公平じゃありませんか」。どうやらマクウィリアムは、２０１０年5月にバーミンガム空港で逮捕されて以来レンドラムの人生が破滅へと転じた原因を、一身に負わされているらしい。

わたしはレンドラムに、訪問したいと申し入れてみた。彼は考えてみると言ったが、数日後に再度電話すると、前立腺ガンと診断されたところで、これから放射線治療を始めるため、これ以上取材に応える余裕がないと言ってきた。

7か月後、わたしはレンドラムの足跡を辿り、あわよくば実際に顔を突き合わせて話ができないかもう一度当たってみようと腹積もりをして、南アフリカへ飛んだ。わたしは彼がなぜ猛禽にそこまで執着するのか、その背景を理解したかったし、彼が結局のところ自分のしたことの責任をとるかどうかを知りたかった。法を犯して生きることの魅力は何なのか、卵泥棒の評判が広まり、逮捕される危険が増してもなお巣を狙おうとするのはなぜなのか、本音を聞きたかった。そしてもちろん、アラブ・コネクションについて聞き出したかった。

アフリカ取材の第一歩はジンバブエのブラワヨ、レンドラムの出身地だ。白人の多くは、自然に囲まれ、今では経済的困窮に陥っているこの地を逃げ出した。ロバート・ムガベ大統領の破壊的な政策がその一因だった。２０００年代の初めには、白人の所有する農場を強制的に収用し、退役軍人や与党シンパに分け与えた。その結果、農業生産がまず落ち込み、それが経済全般に波及する。腐敗がはびこり、２００８年に無節操に紙幣が乱造された結果、１か月で８００億パーセントという天文学的なインフレを招き、年金の価値がほぼ消滅した……。それでもレンドラムの母ペギーはまだブラワヨにとどまっていた。ジェフリーが育ったヒルサイドの家からも遠くない高齢者向けの居住区に住んでいたペギーは、息子の犯罪と、悪名が国境を越えて轟いていることに胸を痛めていると聞かされた。「大きなストレスを感じているんです。ジェフリーに後ろ暗いところがあることにも、それにもちろん、彼の生き方にも」アフリカに着く前、家族の友人であるジュリア・デュプリーから受け取ったメールにそう書かれていた。ペギーが一度はわたしの訪問をなんとか承諾してくれたのに、結局断ることにしたと伝えるメールだった。「正気でいられなくてもおかしくないと思うほどです」[3]

レンドラムは数か月前にブラワヨに来ていた、とデュプリーは伝えてきた。前立腺ガンの治療で弱った彼は、自責の念を口にしたそうだ。ヴァル・ガーゲットにはすっかり迷惑をかけたので、彼女の記念碑を建てたいとも語っていた。だがその陰で、成功はしなかったもののブラワヨの自然史博物館の卵部門の学芸員から営巣地のリストを入手しようと試み、マトボ国立公園での猛禽類の調査に同行させてほしいと頼み込んでいる。申請は鳥類協会に却下された。「厚かましいにもほどがある!!!」レンドラムが調査に同行したいと申し出た件をメールで伝えると、パット・ローバーが返信してきた。「自分がどれだけ信用を失っているか、わかっていないのかしら」[4]

コシジロイヌワシの調査はずっと続いていた。調査は始まってからほぼ60年が経とうとしており、ごく数名にまで減った参加者はほとんどが高齢のボランティアだ。現在プロジェクトのリーダーを務めているジョン・ブレブナーが、マトボ国立公園内での営巣地探索に同行することを許可してくれ、事前に、コシジロイヌワシの営巣地の場所を決して他言しないという同意書に署名を求めた。「これで守秘義務を誓ったわけですよ」牧場主から害虫駆除のセールスマンに転じた温和なリーダーが言った。守秘義務の宣誓は、間違いなく、レンドラム父子の裏切りを教訓としたものだろう。

12月、暖かく乾燥したある朝早く、わたしはジョン・ブレブナーと妻のジェンとともに、四輪駆動車で低木林を縫うでこぼこだらけの高速道路を公園へと向かった。2週間前にジンバブエ国防軍がムガベ大統領を退陣に追い込んでいた。93歳になった大統領の、権力欲旺盛な妻グレースと、副大統領エマーソン・ムナンガグワの間で数か月にわたって激化していた後継者争いの帰結だった。ムガベは目下、夫人とともにハラレのヴィラに軟禁されており、統制力を失いつつあった独裁者のもとでの腐敗行為の一部は、すでに対処されつつあった。ムガベ統治下の最後の2年、この道路に警察の検問所が並び、まともに給料を支給されていない警官たちが、目についた車に交通違反をでっちあげ、反則金をむしり取っていたという。ムガベが辞任を迫られた翌日、大統領の座についたムナンガグワは国中のそうした検問所を撤去するよう命じた。

ジョンとジェンのブレブナー夫妻とわたしは、正門からマトボに入り、荒れた未舗装路に跳ね飛ばされながら奥へ進んだ。あちこちに亀裂の入った30メートルほどの高さの崖を見やりながら、ガイド役のブレブナーが、枝や大枝を集めた巨大な球形のものが地面から20メートルあまりの水平の亀裂の中にあるのを指さした。「あれは比較的新しいコシジロイヌワシの巣ですね。多分、つくられてからまだ6年か7年しか経っていません」ブレブナーが解説する。「この公園には、38

年ももっている巣がひとつありますよ」[6]。若いジェフリー・レンドラムがこれとよく似た岩の亀裂に下り、大枝を組んだ巣に入り込んで貴重なワシの卵を探り出している姿を思い浮かべようとした。危険を冒している自分、法を犯している孤高の自分、そのすべてに潜む秘密のにおいに興奮を抑えきれないでいる様子を。ブレブナーが王者の風格を漂わせて堂々としている生き物を指さした。棘(とげ)のある木の、わたしたちの目と同じくらいの高さの大枝に止まっている。鋭い鉤形の黒いくちばし、オレンジ色の体、縞(しま)の入った翼、くしゃくしゃした赤っぽい冠羽、黒い羽毛の生えた巨大な足、そして恐ろしいかぎ爪の持ち主は、カンムリクマタカにほかならない。公園内に生息する猛禽類のなかでも最も稀少な部類だ。「彼らは樹冠部で狩りをして、およそ何でも捕ってしまう。ベルベットモンキーでも、ロックハイラックスでも、レイヨウの赤ん坊を捕まえることさえあるんだ」ブレブナーは言う。レンドラムがこの公園で盗んだカンムリクマタカの卵のうち、ヨーロッパや中東の愛好家の手に渡ったのはいくつくらいあるのだろうか、レンドラムがいなかったとしたら、この公園のクマタカはどれほど増えていただろうか、とわたしは夢想した。

取材中、レンドラム一家の友人を通じて、彼の人生がますますままならなくなっていることを知った。長年付き合ってきた恋人(マリンの元パートナー)とは数年前に別れ、仕事もなく、ヨハネスブルグから北へ1時間のプレトリアの近くに借りたバンガローで暮らしている。ガンの治療で体力が落ち、2017年の半ばには、日没後に交差点で車に横からぶつけられ、大怪我をした。ハヤブサの密輸で稼いだ金がどれほどかはわからないが――マリンをはじめ、彼の周辺の人間は大きな額ではないと主張している――とっくの昔に使い果たしていたようだ。彼はすっかり、大胆な犯罪者から自らを破滅に追い込む執念の犠牲者になってしまった。「兄の人生はひどく険しいものだったと思います」富裕層が住むヨハネスブルグ北部のコーヒーショップで会ったリチャード・レンドラムはそう評した。「まったくいばれたものではありませんが」

わたしは年下のほうのレンドラムに、お兄さんがなぜ犯罪に走ったと思うか、彼なりの意見を教えてほしいと頼んだ。リチャードは50代に差し掛かった身だしなみに隙のない男性で、彫りの深い顔の目のまわりには細かい皺が散っている。「わたしたちはふたりとも自然を愛しています。ただ兄は、わたしとは少しだけ違う道を選んだだけなんだと思います」リチャードは苦渋を微笑に紛らした。「兄は危険がいっぱいで、アドレナリンが出まくる生き方でかろうじて生きてきた。それがちょっとだけタガがはずれたんです」。リチャードはこの何年かで兄の卵の窃盗についてかなりの事実をつかんでいたが、詳しい話をしようとはしなかった。「ブリーダーのなかには間違いなく……汚れ仕事をやらせる人間を使っている者がいます。それが現実です。世界のあらゆる場所から鳥を手に入れるためなら手段を選ばない連中なんですから」。わたしが食い下がると、リチャードは兄の顧客としてハワード・ウォラーとアラブの王族の名を挙げたが、彼らには近づかないよう警告した。「自分の世界がむき出しにされて、そのせいであなた自身やご家族、暮らしや将来の稼ぎまでが影響を受けることになったら、どんな気持ちがしますか？」[7]

リチャードは、兄の生き方に犯罪行為とは一線を画す方向を示そうとしたという。ジェフリー・レンドラムは古い単発のセスナ機を共同所有していて、何とか資金を貯めて修理し、チャーター機として貸し出せるようにしたがっていたが、今のところ計画は進んでいない。「わたしは弟として、兄に助言したりして力になろうとしています。けれど重要なのは兄が今、ガンから立ち直ろうとしていることです。肝心なのはそこ、健康になることです」。リチャードは、兄がわたしに話をしたがるとは思えないと言った。彼には自伝を書きたいという野心があるので、執筆のネタを他人に漏らしはしないだろうと言うのだ。それに、もしも中東の王族について少しでも暴露したら自分の身を危険にさらすことになる。「わざわざ大声で騒ぎ立てたりはしませんよ。あの人たちの力がどれほどのものか、兄にはよくわかっていますから」

「ジェフが彼らを恐れていると思いますか？」わたしは尋ねた。

「もちろんです」

リチャード・レンドラムと話して2時間後、わたしはジェフリー・レンドラムに電話をかけた。その晩の便で南アフリカを離れる予定だ、と彼に告げた。彼の側から見た話を聞く機会はこれが最後になるだろう。1時間でも会えないだろうか。

レンドラムはためらい、そして驚いたことにわかったと言った。彼は、ルーデポートのフェザーブルック・ショッピングセンターを指定した。ルーデポートは、かつてトランスヴァールと呼ばれ、今はハウテンとなった、南アフリカで最も小さく、最も豊かで、最も人口密度の高い州の州都、ヨハネスブルグのやや北にある。レンドラムには屋内アイススケート場に隣接するシーフード・レストラン、オーシャン・バスケットを探すよう言われた（彼はこのレストランチェーンがことのほかお気に入りで、1990年代の終わりにマリンにアフリカの手工芸品を売る商売を始めようと持ちかけたのも、このチェーンの別の店舗だった）。彼は店の入り口で待っていてくれることになっていた。

ヨハネスブルグの宿泊先の前でUberのドライバーにピックアップしてもらい、乾燥した草原やなだらかな丘を縫い、いくつか農場を抜け、ブリキ屋根の小屋やバス停を横目に見ながら車は進んだ。靄のかかった夏の日で、気温は30度を超える勢いだった。だだっ広い商業施設の外で車を降ろされ、オーシャン・バスケットを見つけた。だが、アイススケート場は影も形もなく、レンドラムの姿も見当たらなかった。

数分後電話をかけたわたしに、レンドラムはひたすら謝ってきた。ショッピングモールを間違ってUberに伝えてしまったというのだ。「短期記憶が持たなくなっているんだ」。彼は自分の失敗をガン治療の副作用のせいにし、さらに南アフリカで膨張しつつある中産階級のせいにした。「ハウテン中にこんなショッピングモールをつくっては、『フェザーズ』だの『ブルックス』だの『メドウズ』だのと名前をつけるんだ。まともに覚えていられやしない」。彼は、アパルトヘイトの建設者として知られるヘンドリク・フルウールトにちなみ、かつてフルウールトブルクと呼ばれていたセンチュリオンにある、フォレスト・ヒル・シティモールに誘うつもりだったらしい。わたしはまたUberを呼んだ。今度のドライバーはさらに40分かけて北へ向かい、高速道路のインターチェンジに近い広大な施設の入り口でわたしを降ろした。入ってすぐのところにスケート場があり、その横にはたしかにオーシャン・バスケットがあった。

レンドラムが近づいてきて、手を突き出した。「写真を見ているから、わたしがわかりますよね」。後退しつつある生え際と黒ぶち眼鏡、オレンジ色と白と青の縞模様のボタンダウンシャツの裾をゆったりとカーキ色のパンツの上に出しているところは、怖いもの知らずの冒険家というよりスポーツ用品店の店員然として見えた。だが何か月も前立腺ガンと闘ってきたにしては、よく日に焼け、健康そうに見えた。「一切何もせずに、ひたすら治療に努めてきたんです」レンドラムはそう言いながら、コーヒーショップの座席に体を押し込んだ。「具合は全然よくないんです」[8]

レンドラムはジンバブエからカナダ、英国、チリ、そしてブラジルでの成果を、順繰りに語っていった。犯罪を犯した動機を突っ込んで尋ねると、卵を盗んだのはいずれも善意による行為だったと説明した。卵を救い出そうとする狙いや科学利用の目的が少々度を越してしまったかもしれない。彼はわたしの目をまっすぐに見て、説得力のある話し方をした。もしもすでに彼の騙りの手口を知らずにいたら——カナダで録ったマリンのビデオや、ブラジルの裁判所で嘘に嘘を重ねる様子を映したビデオを見ていなかったとしたら——彼の言い分の一部くらいは真に受けてしまったかもしれない。レンドラムはついていなかった出来事のすべてに説明を用意していた。いかに運が悪かったか、公正な裁きが行われなかったか、自分がいかにその犠牲になったかを長々と語った。だが、埋まっていない穴はまだまだあった。そしてひとつはっきりしているのは、レンドラムが緻密さを欠くようになっていたことだ。特に最後になった南アメリカでの行動はほとんど笑い話だ。犯罪の証拠品が詰まったバックパックを1年もホテルに放置していたことといい、ホテルのフロント係をロープやら孵卵器やらを出しっぱなしにした部屋に入れたことといい、旅程表のプリントアウトを頼んだことといい、身元を隠そうともしなかったことといい。「鳥の卵を盗ることには長けていたが、運び出すのはあまりうまいとは言えなかった」と言うのは、王立鳥類保護協会の主任捜査官ボブ・エリオットで、レンドラムがブラジルから逃亡したあと、BBCにそう語っていた。[9] レンドラム自身も、自分の計画が時として慎重さに欠けていたことを認めている。「悪魔は細部に宿るのさ」[10]。バーミンガム空港のエミレーツ航空ラウンジのシャワーブースに、水を出しもせずに20分もこもっていたことと、使用済みおむつ入れに赤く塗った卵を捨てた理由を尋ねると、レンドラムはそう言って肩をすくめた。

だがそうはいっても、何年もの間には発覚することなく卵を持ち出したケースもいくつもあったはずだ。レンドラムが言うには、彼は南アメリカでの作戦が失敗するまでに、「観光客として」パタゴニアにこの10年で6回行っている。すばらしい風景と地球上で最も豊かで多様な鳥の世界に惹かれたのだそうだが、いったいいくつの卵が彼とともに国境を越えたのだろうか。

「あそこでまた卵を盗むのは、リスクが大きすぎたのではないですか？」わたしは尋ねた。

「チリのホテルのスタッフがわたしの荷物を漁るとは思いもしなかったし、ましてわたしのことをGoogle検索するとは思ってもみなかったんだ」。それはまた愚かなことだと、わたしは思った。

「刑務所に入るかもしれないと思っても、迷いはしなかったのですか？」

「正直、捕まっても大したことにはならないと思っていたんだ。多分罰金くらいだろうってね」。その少し前まで刑務所にいたことを考えると、いささか能天気にすぎるというか、思い込みが激しすぎるというものであろう。

話題は、彼が書こうとしている自伝に移った。中東での野生のハヤブサの取引について明かすつもりがあるかどうかを彼に尋ねた。「書こうと思えば書けますよ」と彼は言い、闇市場の存在を初めて認めた。「でもそうしたら、わたしはどこかの穴で生涯を終えることになるでしょうね。殺されて」

かつての顧客がそれほど危険な人物だと本当に思っているのかを問うと、「何があってもおかしくはない」彼は憂鬱そうに答えた。「どういう結果を招くかはわからないが、わたしが何か言えば、やつらは妹に手を出すかもしれない」。英国の野生生物犯罪部も、中東政府も、彼が持っている情報をもとに動くことができるとは思えないとのことだった。「王族の顔に泥を塗って、わたしになんの得がありますかね。15分ほどはほめそやされるかもしれないが、あとは忘れ去られるだけだ」[11]。黒幕を名指ししたところで意味のある結果にならないことだけは間違いない、と彼は確信していた。

自分が直面する脅威をあえて大げさに言って、自分の人生のドラマを盛り上げようとしているだけではないだろうかと疑いもしたが、その後アンディ・マクウィリアムに話してみたところ、彼はその危険性を笑い飛ばしはしなかった。レンドラムはそうした不安を抱えていることをマクウィリアムに打ち明けてこそいなかったが、「彼の言うことはまったくの事実無根ではないと思う」と捜査官は言ったのだ。

わたしはある意味、レンドラムが気の毒に思えた。人好きがして、活力にあふれ、着想が豊かで、頭もよく、猛禽類をこよなく愛する彼は、ジンバブエのピーター・マンディ教授が鳥類学雑誌「ハニーガイド」に書いていたように、その気になれば研究者として、あるいは調査員、野生生物保護活動家として、ひとかどの人物になれていたかもしれない。だが彼は、生物への愛情と所有欲との間で葛藤していた。追跡のスリル、若者特有の規則を破りたい衝動、そして世界をまたにかけた悪党と見られたい野心――そしておそらくは金銭的な動機も――そうしたすべてに背中を押され、この、南アフリカの迷宮に入り込んでしまったのだ。自然を保護する立場の人たちからはいとわれ、かつての顧客を恐れ、破産し、病を得て、いまやほとんどすべてを失ってしまった。

「また卵の蒐集を始めるときが来ると思いますか？」わたしは尋ねた。フォレスト・ヒル・シティモールでの対話はすでに2時間近くに及び、レンドラムは落ち着きがなくなってきていた。友人と約束があって、彼が何とか軌道に乗せようとしているチャーター業について打ち合わせをする予定があるという。話を切り上げる潮時だった。

わたしの問いに、その分野に戻ることがあるとは思えない、と彼は答えた。ブラジルから逃亡し、ドバイには出入り禁止になっていて、カナダでも歓迎されず、アメリカ合衆国には入れないし（理由は説明してくれなかった）、英国に入れば監視される身だ。それに、かつてのような疲れを知らない活動家ではもうないのだ。「もう歳ですよ。見てください」。前立腺ガンに気力を奪われ、交通事故で首と四肢の神経をやられたのだという。

わたしたちは別れの挨拶をかわした。レンドラムはわたしの手を握り、ゆっくりと立ち去った。ところが角を曲がる直前に振り返り、いきなりこんなことを言ってきた。「卵を盗みたいという気になることはないか？」彼はにやりとした。「ロンダ渓谷に行ってハヤブサのをいくつもとってやろうぜ。アンディ・マクウィリアムの鼻先からさ。岩登りはあんたにまかせるよ。何百万も稼げるぞ」

ただの虚勢だと思っていた。レンドラムにとって、卵泥棒の日々はついに終わったのだ、と。大きな間違いだった。

エピローグ

２０１８年6月21日、わたしは人でむせかえるような講堂に座り、ベルリンのジョン・F・ケネディ・インターナショナル・スクールを修了する長男の卒業式に臨んでいた。ポケットに入れたiPhoneが震えた。発信元は非通知で、卒業生代表のマイクを通した挨拶の声に重なって、南アフリカ訛りの声がわたしの名前を発するのが、くぐもって聞こえた。誰の声なのかは聞き分けられなかった。「息子の卒業式なんです」わたしは答えた。「あとでかけなおします[1]」

切ってから、レンドラムだったに違いないと気がついた。この数か月定期的に連絡してきては、ハヤブサや鳩愛好家のこと、マトボ国立公園に一緒に行かないかという誘い、わたしが間もなく南アメリカに行くことについて、あるいはレンドラムの少年時代のことなどをしゃべっていた。少しすると、受信トレイにメッセージが入った。

「気が向いたら電話して。ジェフ[2]」

「申し訳ない！　すぐには君だと気づかなかったよ。帰宅したら電話する」と返信した。長年にわたって自然界から略奪を繰り返してきた人間だし、こちらも何度も出し抜かれてきたのに、マクウィリアムがそうであったように、わたしもレンドラムを好きにならずにいられなかった。陽気でよくしゃべり、エネルギッシュだ。嘘はあまりにも見え透いていて、まじめに受け取るほどでもない。ここ数年はツキに見放されているだけに、いっそう無害に思える。彼はまともにはものを盗めない盗人になっていた。時間をかけてレンドラムと話をしてきたわたしには、もうひとつ気づいたことがあった。彼は常に、告白するかしないかのぎりぎりの線上で足踏みしているように感じたのだ。四六時中、言い逃れを続けてきた年月のつけが、彼をむしばんでいるかのようだった。

所用にとりまぎれ、腰を据えてレンドラムの携帯を鳴らすことができたのは4日後だった。電話は電源が切られていた。

次の日もかけてみたが、つながらない。おかしい。これまでレンドラムがかかってきた電話をこれほど長く放っておいたことはなかった。その後、数日間で3回電話したが、いずれも留守電サービスに切り替わってしまった。

レンドラムがどこにいるのかは、間もなくわかった。

6月29日、英国内務省が報道発表を行った。それによると、「ヒースロー空港の国境局により、稀少な野鳥の卵の密輸が未然に防がれた」という[3]。その3日前、南アフリカから到着した自称

「56歳のアイルランド国籍」の乗客に不審を感じた国境局の職員らが、男性を呼び止め、手荷物などを検査したところ、絶滅が危惧される猛禽の卵が17個見つかった。サンショクウミワシ、オオハイタカ、ケープハゲワシ、それにカンムリクマタカに近いがもっと数の多いモモジロクマタカの卵に加え、乗り継ぎの間に孵ったばかりのサンショクウミワシのヒナが2羽、衣類の下に巻いて隠していた手づくりのベルトの中にいた。ワシントン条約ではサンショクウミワシは「附属書I」に分類される絶滅危惧種で「現在は「II」」、それ以外の3種は「附属書II」だ「現在はケープハゲワシのみ」。男性は、許可書の類いは一切持っていなかった。英国の法律では、起訴が確定するまで犯罪容疑者の身元は明らかにされないが、その正体に、わたしはほぼ確信があった。

案の定、7月も終わるころ、英国の新聞で報じられたのは、ジェフリー・レンドラムが4件の違法行為——すなわち保護対象の野生生物の密輸——で起訴され、予審が始まる8月まで、ディケンズの時代を彷彿させる「ワームウッド・スクラブズ」という名の刑務所に勾留されたことだった。深刻な組織犯罪と闘うために2013年に創設された国家犯罪対策庁はヒースローの国境局と密接な関係があり、すかさず捜査の主導権を握って、英国の司法関係者のなかでは誰よりもレンドラムをよく知っているはずのマクウィリアムは捜査から遠ざけられてしまった。法廷に提出された証拠は乏しく、レンドラムの弁護人は、被告は呼び止められていなければ、卵とヒナについて申告しようとしていたと主張しており、わたしの頭は、その時点では答えの得られない疑問でいっぱいだった。いったいレンドラムはどうやって卵を手に入れたのか。いったい誰に渡そうとしていたのか。国境局はなぜ彼を呼び止めたのか。そして何より、レンドラムはいったい何を考えていたのか。

わたしは8月23日の予備審問を傍聴するため、ロンドンに飛んだ。レンドラムの弁護人キース・アツベリーによると、彼は無罪を主張するつもりだという。だが陪審裁判に持ち込むと下手をすれば司法取引するよりも刑が重くなる可能性がある。最高で7年の刑だ。レンドラムは、ブラジルの時のように、弁護士の助言をはねつけたのだろうか。その件に関して、アツベリーは沈黙を守った。

アイズルワース刑事法院は、ちょうどヒースローに着陸する航空機の空路の真下にあたる、ロンドン郊外にある。郊外にありがちな、レンガ色と灰色のパッとしない町並みだ。2階にある小さな法廷のがらんとした傍聴席に座り、わたしはレンドラムが入ってくるのを待っていた。アツベリーから、レンドラムにはわたしと話す気はないことを聞いていたが、それでもせめて目と目を合わせてみたかった。だがそれはかなわなかった。廷吏が待機房からレンドラムを連れてきて、法廷の後方、傍聴席からは見えない防弾ガラスに囲まれたボックスに導いていったのだ。姿は見えず、声だけが、かすかに、いくぶん物寂しげに聞こえた。「やっていません」。彼を見ようとして立ち上がると、廷吏が血相を変えて座るように手ぶりした。レンドラムの法定弁護士トニー・ベルは、保釈手続きを迅速に進めるために、依頼人がガンの治療中であることを証明する書類を提出することを約束したが、保釈申請は却下され、公判は2019年の1月7日に始まることになった。

4か月半後、霧雨の降る寒い朝、わたしは地下鉄に乗ってスネアズブルック刑事法院に向かった。19世紀半ば、ゴシック様式を模して建てられた邸宅が使われていて、ロンドンの東の端の7万平方メートルに及ぶ敷地はきれいに手入れされていた。白髪の鬘を被って黒い法衣を身につけた法定弁護士たちが、石づくりの回廊やアーチのかかった入り口を歩き回っていて、まるでジョージ王朝を舞台にした映画のセットを見ているようだ。女王対ジェフリー・レンドラム裁判の3日目で最も重要なこの日は、第15法廷が使われる予定だった。サンゴ色の布張り椅子にデスクは明るい茶色でグレーのカーペットが敷きつめられ、真っ白な天井に柔らかなトラック照明を備えたモダンな法廷だ。わたしは、ガラスで仕切られた被告人席から1メートルほどしか離れていない傍聴席に陣取り、廷吏に連れられて入廷したレンドラムを間近で見ることができた。スニーカーにジーンズ、白い綿のポロシャツの上に形の崩れたグレーのスウェットシャツを重ね着したレンドラムは、無表情に腰を下ろした。

レンドラムの少年時代の友人でサザン・コンフォート・ロッジの持ち主であるクレイグ・ハントはのちに、外の世界でつまずいたレンドラムがヒースローでわざと逮捕されるよう演出したのではないかと推測している[4]。自由と引き換えに、「無料の医療、1日3食、テレビ付き」の暮らしを手に入れるために。だとしたらレンドラムは、自分が収容される場所の状態を、大きく見誤っていたことになる。ワームウッド・スクラブズ刑務所は、不潔で麻薬がはびこり、ギャング同士の抗争もあるはなはだ悪名高い施設になっていた。公判を待つ半年の間、模範的な収容者として職員の補佐をし、暴力的な受刑者や、ほかの受刑者から暴力の標的になりそうな受刑者のための隔離区で過ごしたレンドラムは顔色も悪く、痩せて、最後に会ったときよりずっとうらぶれて見えた。それでも公判の初日の朝、わたしと目が合ったレンドラムはぱっと顔を輝かせて笑い、わたしも笑い返した。

午前10時、守衛が法廷と判事の控室とを隔てる扉を3回叩き、3日目にして結審の日を始めるために、一同に静粛を求めた。レンドラムと法定弁護士のトニー・ベル、検察官ショーン・サリヴァン、4名のジャーナリスト、そしてレンドラムのローデシア時代の友人で、イングランドに住んでいてワームウッド・スクラブズ刑務所にもしょっちゅう面会に来ていたミシェル・コンウェイ（彼女はわたしに、「ジェフは子ヒツジみたいに優しい人よ」と話してくれた）[5]らが、判事を迎えて起立した。

「神よ、女王陛下を守りたまえ」守衛が唱えた。

白髪で60代のニール・ソーンダーズ判事は、一礼をしてきびきびと法廷に入ってきた。前日の午後、手続き上の議論のなかで、ソーンダーズは事件を陪審に委ねたいというレンドラムの弁護人の意向をはねつけていた。その時、陪審候補たちは、まだ別室で選任手続きを待っていた。ベルは、レンドラムには違法行為をはたらく意図はなく、英国に到着したら当局に卵を渡すつもりだったのだと陪審に訴えようと目論んでいた。だが判事は、罪を構成するのは「つもり」ではなく、禁制品を持ち込み、ただちに申告しなかったという単純な事実であると断じた（この点が審理前に論じられていなかったことは驚きだった）。無罪の答弁を封じられたレンドラムはその場で罪を認めざるを得なくなり、ガラスの衝立の陰から判事に有罪を認めた。こうして陪審候補たちは、法廷に足を踏み入れることなく解散したのだった。そして今日、審理は3日目に入り、判決へと向かっていた。検察側と弁護側がそれぞれに証人を呼び、判事に対して、刑の長短について論じることになる。

　検察側の証人として最初に呼ばれたのは、猛禽類の専門家ジェマイマ・パリー＝ジョーンズで、レンドラムが盗んだ種類の鳥は、広く南アフリカ全域の、崖や山の頂、老齢樹の森、河畔林（川沿いや湖畔の森林）に生息するものであり、今回の彼のプロジェクトはかなりの広範囲に及び、数日間、ひょっとしたら数週間にわたって実行されたものと考えられ、腕と首の神経を痛めていると称する人物が行ったとすれば相当な難業であっただろうと証言した。パリー＝ジョーンズは卵の末端価格を、8万ポンドから10万ポンド、ドルにして10万４０００から13万と見積もった。

　入国審査のカウンターに並んだとたん、ヒースロー空港の国境局はレンドラムに疑いを抱いた、と証言する税関職員の宣誓供述書が読み上げられた。夏の厳しい熱波のさなかに分厚い冬のコートを着ていたこと（卵を入れたベルトを隠すためか）、その日の夕方6時に出発するヨハネスブルグ行きの航空券を持っていたこと、そしてロンドン郊外のルートンに、航空機の部品を買いに来たという見え透いた作り話をしたこと。要警戒人物にリストアップされていたのかもしれないが、税関職員はそれについては肯定も否定もしなかった。レンドラムは自分が要警戒人物にあげられていると考えていたが、それでいて悩ましいことに、それまで税関で止められることはなかったと主張した。「英国には2度ほど入国しましたが、税関ではジョークも言い合って、笑って通してもらっていたんです」。午後、供述台に呼ばれたレンドラムはこう話した。「『あんたが何しに来たか知ってるぞ』と冗談まじりに言われたりもしました」

　レンドラムはここでも、生物を救おうとした行為が誤解された被害者に自分をなぞらえようとする。森から卵を救い出したのは、「南アフリカが見境なく森林を伐採して、生息地を破壊しているからだ」。ヒースローの税関職員にも、自分としては最初から卵を提出し、税関を通じてグロスターシャーの猛禽類国際センターに渡してもらえるよう依頼するつもりだったと訴えた。猛禽類国際センターでならば、卵が無事、孵るまできちんと見守ってもらえるはずだから[6]。だが本当の受け取り主は、レンドラムの長年の友人で、手段を選ばないと評判のウェールズのブリーダーではないかという噂があった。レンドラムが逮捕された日の午前中、その人物がヒースローのすぐ近くにいて、逮捕を知るや逃げ出したらしい。供述台のレンドラムの、説得力を欠く説明を聞いていると、昔ながらの妄執の定義が思い出された――同じことを何度でも繰り返し、今度こそ違う結果が出ると期待する――

「あなたは世界各地で、金銭目的で稀少な野鳥を密輸したとして、有罪になっていますよね？」

オックスフォード出の若い検察官サリヴァンは、淡い茶色の髪の頭を上げ、反対尋問が始まると、レンドラムに異議を唱えた。「ブラジルでは同じ罪状で有罪となり、逃亡した。ブラジル司法のおよばないところへ逃げましたよね。違いますか?」

「それは、その、弁護士の助言で、そうしました」レンドラムは言い淀んだ。

「あなたは鳥の卵の密輸業者で、逃亡者だった。ヒースローに着いたときのあなたは、そういう身の上だった。有罪判決を受けた密売人として、逃げていたんですよね?」

「弁護士と話をして、控訴が通ったと思っていたんです」

「それは事実ではありませんね」

7

「今は、そうとわかっています」

判決が言い渡されるとき――翌日の午前10時――がくると、ソーンダーズも、これまでレンドラムの裁判を手掛けた複数の判事たちの例にもれず、レンドラムの供述を「まったく信じるに値しない」と退けた。判事は被告に立つよう求めた。判事は、レンドラムの犯罪行為の重大性に対し、彼の年齢、健康状態、土壇場で罪を認めたこと、そして、ミシェル・コンウェイとクレイグ・ハントによる情状証言を勘案した、と述べた。コンウェイはレンドラムを「クロコダイル・ダンディー」になぞらえて褒め上げ、ハントは彼が穏やかで優しく、楽しむことをこよなく愛する人柄だが、学校時代から「衝動的」なところがあったと証言していた。

「判決を言い渡します。すべての罪状につき有罪とし、合わせて37か月の拘禁刑とする」ソーンダースは告げた。[8] レンドラムはノース・ロンドンのペントンヴィル刑務所に収容されることになった。ヴィクトリア朝初期に建てられた巨大な建物で、高い壁に囲まれた要塞のようなこの刑務所には、アイルランド出身の詩人で劇作家のオスカー・ワイルドが、同性愛を咎められて科された重労働の2年間のうち、2か月を過ごしていたことがある。独立監視委員会［刑務所や入管収容施設の福祉を外部から監視するために、法律で定められた独立機関］は2018年の報告書で、この施設は老朽化が進み、害虫が「はびこっている」うえ、収容者は何週間も戸外での運動をさせてもらえないと批判している。[9]

判決を受けたレンドラムは無表情で立ち上がり、法廷から出ていった。手にはコンウェイが一番最近の面会の時に差し入れたベストセラー『ファクトフルネス――10の思い込みを乗り越え、データを基に世界を正しく見る習慣』を持っていた。レンドラムには、楽観的になれそうな展望はほとんどなかった。4つの大陸で5度の有罪判決を受け、刑務所に2度入り、ブラジルで重大犯罪を犯して逃亡し、インターポールから国際手配されている。将来、刑務所を出所しても、これほどの前歴のある人物に新たな人生のチャンスを与えてくれる雇用主はまず現れそうもない。また、ブラジルに身柄を引き渡される可能性にも直面していた。もっとも当局は、そうした引き渡し請求を扱うウェストミンスター治安判事裁判所にまだ申請を提出してはいなかった。彼は世界のあちこちで入国管理局のブラックリストに載っているし、犯罪歴はインターネット上にさらされている。「ヨークシャーの切り裂き魔［1970年代英国の連続殺人犯］よりわたしの名前のほうがたくさんヒットするんです」。レンドラムは供述のなかでまたしても被害者の役を演じてみせ、泣きそうになりながら訴えていた。[10] レンドラムが自分の痕跡を消そうと試みたこともあったが、それもまた、最後の卵泥棒の時と同じように、どこか間の抜けた、なげやりなものだったことが、その朝、法廷で明らかになった。ハヤブサ泥棒は2017年に正式に、「ジョン・スミス」と改名していたのだ。レンドラムはどこまでいっても終わりのない犯罪のループにとらわれて過去を振り切ることのできない人間だった。

アンディ・マクウィリアムは、レンドラムの逮捕から裁判に至る様子をリヴァプールから見守っていた。国家犯罪対策庁の介入で、捜査に関わることはできなかった。起訴から公判までのわずかな期間、マクウィリアムはレンドラムの「悪い面」を証明するために、検察側の証人として召喚されるかもしれないと期待していたが、やがて秋になり、裁判で役に立てるという希望はしぼんだ。[11] レンドラムに判決が言い渡された翌日、わたしはロンドン・ユーストン駅からリヴァプール・ライム・ストリート駅行きの列車に乗り、裁判に対する彼の見解を聞きに行った。

マクウィリアムはホームの端でわたしを待っていてくれた。うっかり見過ごすところだった。以前に会ったときより十数キロ痩せていたからだ。健康診断で注意を受け、激しくエアロバイクをこいで脂肪を燃やしたそうだ。レンドラムの刑が思いのほか軽く、13か月もすれば仮出所する程度のものになったことには、マクウィリアムはさほど驚いていなかった。「刑務所はぎちぎちですからね」。ヴィクトリア朝の面影をとどめ、港が華やいでいた時代を閉じ込めたかのようなリヴァプールの市街をのんびりと歩きながら、マクウィリアムはそう言った。「『社会の脅威』になるとは思われなかったら、判事も多少は手心を加えるんですよ」[12]。クレイグ・ハントは6月のあの朝、レンドラムがヒースロー空港でわざと捕まったと信じていたが、野生生物犯罪捜査官は、レンドラムは禁制品を携えてヨハネスブルグとロンドンを何度も往復しており、6月に運が尽きただけだとみていた。今度はマクウィリアムも、2020年の冬に仮出所したあと、レンドラムが何事もなく社会に溶け込めるなどというのんきな見通しは口にしなかった（2019年の晩春、レンドラムは暗いペントンヴィルの牢獄から、最も開放的なカテゴリーDに分類される、ロンドン北部バッキンガムシャーのエイルズベリー刑務所に移送されている）。

わたしたちは、セント・ジョージ・ホールの前を通りかかった。列柱に囲まれた砂岩づくりのコンサートホールで、1980年12月9日、マクウィリアムはその前夜ニューヨークで射殺されたジョン・レノンを悼（いた）んで集まった何千人というリヴァプールっ子を、回廊への石段に立って警備していたという。マクウィリアムが思い出を語るのを聞きながら、彼の生涯をレンドラムの来し方と深くからめてしまうのは、彼の業績をゆがめることにならないだろうかと、これが初めてではないものの、心配になった。マクウィリアムは、レンドラムと関わるずっと前から警察官の職務を務めていて、その相手が刑務所に閉じ込められたあとも、犯罪捜査を続けているのだ。

野生生物犯罪部は13年目に入り、予算獲得競争をかろうじて何度も勝ち抜いてきた。2014

年の冬には、土壇場になって部の長官ネヴィン・ハンターの内務省と環境・食糧・農村地域省への嘆願が実り、部は解散の危機から逃れ、マクウィリアムら捜査官たちも失業を免れた。2年後にも予算が停止しかけて、似たような苦境に陥っている。この時は政府が最後の最後に、野生生物犯罪部の活動を当面2020年までは続けることを約束した。

　マクウィリアムは、組織存続の危機は去ったと確信しているようにみえた。野生生物犯罪部は近年、新聞の1面を飾るような成功をいくつかおさめている。国境を越えた捜査によって、アイルランドの国際的犯罪組織ラスキール・ローヴァーズの構成員を複数、有罪に導くことができた。この犯罪組織は英国各地の博物館からサイの角を盗み出し、中国に転売していた。構成員には最高で8年の刑を言い渡された者もいる。またマクウィリアムは、インターネット検索の腕を上げ、その2週間前にはFacebookで見つけた写真から、マージーサイドで行われようとしていた英国特有の悪習、アナグマ狩りの現場を押さえ、関係者の逮捕に至っていた。マクウィリアムらは、ハヤブサの不法取引にも捜査の網を広げていた。ドバイをはじめ、いくつかの首長国にいる大口のスポンサーについて情報を得たことをほのめかしたが、もちろん具体的な名前を挙げることは許されていなかった。野生生物犯罪部が入手した情報をもとにアラブ諸国の政府を動かそうと試みているらしいが、今のところ成果はあがっていない。「わたしたちの手には負えないようだ」と、マクウィリアムは残念そうだ。[13]

　ドキュメンタリー映画に出演したことで、マクウィリアムは警察官の間ではある種の有名人になっていた。たとえて言えば、彼が少年時代に夢中になった警察ドラマ「ドック・グリーンのディクソン巡査」の主人公たちのようなものだ。「ポーチド」のテーマのひとつは、野生生物犯罪の捜査官であるマクウィリアムと、卵コレクターから野鳥写真家に転じたマージーサイドのジョン・キンズリーの関係の変化だ。２００２年、鳥の巣を撮影する許可を求めてきたキンズリーの申請を、マクウィリアムは却下した。キンズリーの意図を危ぶんだからだ。その4年後、キンズリーは木に登り、無許可でオオタカを撮影していてサウス・ウェールズの警察に逮捕される。「わたしは12か月の保護観察をくらい、すべての国立公園や保護区から締め出された……アンディ・マクウィリアムのせいです」映画の冒頭では、キンズリーは苦々しげにそう語っている。[14]

この対立のあと、キンズリーは本を自費出版した。『鳥愛好家の災難（*Scourge of the Birdman*）』というもので、全編にわたって長々とマクウィリアムを攻撃し、天敵にヒトラー風の口ひげを生やした加工写真まで載せてある。カバーのうたい文句によれば、この本は「当局者のなかにある堕落と不正を暴いている」。だがその後、ふたりは敵意を脇に置き、捜査官は卵泥棒が胸の内を明かせる相手になっていく。映画は、長年、鬱と失業に苦しみ、げっそりとやつれたキンズリーが罪の許しを請い、犯罪者としての過去と決別するため、マクウィリアムを自宅に招き、それまでに集めた数千個に及ぶ卵のコレクションをすべて自分から提出して幕を閉じた。

マクウィリアムが１９９０年代から２０００年代に、マージーサイドの非合法なコレクターたちから押収した卵コレクションの一部は、リヴァプール世界博物館の収蔵庫に厳重に鍵をかけて保管されている。大英帝国が絶頂期にあった1860年に開館したこの世界博物館には、考古学や自然史の豊富なコレクションがある。わたしはマクウィリアムに押収品を見せてもらえないか頼み込み、彼が電話でかけあった末に、洞窟を思わせるような博物館のセントラル・ギャラリーで学芸員と待ち合わせることになった。

学芸員に案内され、マクウィリアムとわたしは廊下を進み、職員の執務室や収蔵庫の前を通りすぎて、「立ち入り禁止」と書かれた扉の前に着いた。学芸員について入っていくと、そこは冷蔵室で、1万クラッチあまりの卵が保管されていた。標本はほとんどすべて、タッパーウェアのようなプラスチック容器かガラスの蓋のついた木のトレイに並べられ、スチールキャビネットの棚におさめられている。キャビネットは隙間なく置かれていて、銀行の金庫室のようにハンドルを回すと扉がスライドするようになっていた。

マクウィリアムがまず開けた引き出しには、デニス・ヒューズから押収した卵のトレイが詰まっていた。1991年に、採石場で卵をとろうとして登っていた岩から滑って命を落としたハヤブサの卵のコレクターだ。コレクションは彼の死後10年ほど秘匿されていた。2000年に情報提供者からの密告で、マクウィリアムはヒューズの母親が息子の寝室をずっと封印していることを知る。「わたしはすぐに出かけて行って、母親を穏やかに説得したんだ。『部屋を見てみましょう』って[15]」。ヒューズのベッドは二重底になっていて、そこに数百個の卵があった。治安判事裁判所からの命令で、マクウィリアムは卵を押収し、博物館に寄贈した。

ここにはまた、アンソニー・ハイアムとカールトン・ドクルーズという、マージーサイドの2大泥棒のコレクションもある。ふたりは、野生生物犯罪の捜査官としてのマクウィリアムが最初に手掛けた重大犯罪の当事者だ。だが飛び抜けて目を引くのは、貧しい鳥の写真家でかつては王立鳥類保護協会のメンバーだったこともあるデニス・グリーンのコレクションで、彼は4000からの卵を集めており、これは英国で押収された最大規模のコレクションになる。

ミヤコドリやイシチドリ、ハヤブサなど稀少種が産んだ宝石のような楕円が、綿を敷きつめたベッドに芸術品のように並べられている。繊細な殻には白やクリーム色に菫色（すみれいろ）のまだらが入っていたり、暗い色の斑点が散っていたり。もう1年あまり、わたしはマクウィリアムから卵コレクターたちの強迫観念や自己破壊衝動について聞き、レンドラムを取材して、彼が自分の身の自由を、時には命さえもかけて、生きた猛禽類の卵を追いかける執念を聞かされてきた。さらにはハートフォードシャーのトリングにあるウォルター・ロスチャイルド動物学博物館で、18世紀から19世紀にかけて執拗なまでに集められた動物標本に交じって、高名な卵学者のコレクションも見てきた。ハートフォードシャーでは、鳥類学者デレク・ラトクリフがDDTの致死効果を記録するために使ったハヤブサの卵も見ている。これなどは卵蒐集が図らずも科学に資することになったひとつの例だ。動物学博物館では、コレクション最大の目玉ともいえる、洋ナシ形の淡い黄色の地に斑点の入った6つの卵も間近に見ることができた。飛べない海鳥、オオウミガラスの卵だ。かつては北極圏付近に広く分布していたこの鳥は、19世紀半ばに乱獲され絶滅に追い込まれた。オオウミガラスの卵は、高名なイタリアの生物学者ラザロ・スパランツァーニが所蔵していた18世紀の標本の一部で、この標本は、1901年、博物館の創設者ウォルター・ロスチャイルドが高額で買い取ったものだ。

わたしは卵学なる、奥深く秘密めいた世界にとっぷりともぐり込んでしまい、卵の持つ途方もない力を理解しはじめていた。さまざまな形の美しさ、手触り、色、模様、どれもが自然淘汰の産物であり、うまくいけばいくだけ、種は長く存続する……。壊れやすい殻に包まれているのは、複雑な代謝システムだ。卵白はタンパク質に富み、成長する胚を守ると同時に栄養を与えるし、酸素を取り入れ、二酸化炭素を排出する孔（あな）は、顕微鏡で見なければわからないほどに小さい……。卵は新しい生命と繁殖の象徴であり、発生と発達をすべてその身のうちに備えた奇跡だ。熱と空気さえあれば生きながらえ、19世紀ロシアのオカルト学者にして哲学者のエレナ・ブラヴァツキーに言わせると、「地上のすべての人の宇宙に、聖なるしるしとして組み込まれている。そしてその姿と内なる神秘のゆえに崇（あが）められている」[16]。マクウィリアムは時折、コレクターたちが「ただのカルシウムの塊」に執着するのを笑うことがあったが、その彼にしても、卵の謎めいた魅力には引き込まれているとわたしは感じるようになっていた。「死と引き換えに全宇宙で最も完璧なものの名を挙げよと問われたら、わたしは自らの運命を鳥の卵に託すであろう」——1862年にこんなことを言い放ったのは、聖職者で政治活動家でもあったトーマス・ウェントワース・ヒギンソンだった。[17]

キャビネットの列の隣に、もう20年近く前、1999年の春にデニス・グリーンの寝室から自分が押収してきたアンティークの木製ディスプレイキャビネットがあるのに、マクウィリアムが気がついた。キャビネットには浅い引き出しが40段ある。「古い友達にでも会った気分だよ」マクウィリアムは言った。引き出しを開けるたび、淡い黄褐色に斑点の入ったミツユビカモメの卵や、大理石を思わせる真っ白な百合の色のオナガムシクイの卵、黒と紫のまだらのセアカモズの卵——この鳥は英国では1970年代に姿を消し、それをきっかけに世論ははっきりと卵学者批判に転じた——などが現れてくる。それぞれのクラッチに物語がある。それは人間の執着と自然の脆さを物語り、人類がいかに絶え間なく、この世界の自然に自らの刻印を記そうとしてきたかを物語り、そして、ほんのひと握りの捜査官たちが、耳目を惹くこともなくひっそりと、真摯に、自然の豊かさと不可思議さを守るべく働いていることを教えてくれる。

学芸員がキャビネットを閉じ、保管庫を封印した。マクウィリアムは博物館のメイン・ギャラリーから外の世界へと、わたしを再び連れ出してくれた。

謝辞

２０１７年の春、逃亡犯ジェフリー・レンドラムの世界を開拓しはじめたとき、これが果たしてモノになるのかどうか、見当もつかなかった。幸運にも、地球上の各地でかの卵泥棒と関わりを持った人々がわたしに手を差し伸べ、彼の物語に命を吹き込んでくれた。リヴァプールでの4度のインタビュー、ともに出かけたバードウォッチング、数えきれないほどの電話での会話を通じて、アンディ・マクウィリアムは、野生生物犯罪という裏社会と対峙してきた自身の経験や、レンドラムの追及、そして彼と付き合ううちに不可思議な関係性が築かれていったことについて、いきいきと伝えてくれた。

ポール・マリンは初めのうちこそ及び腰だったものの、最終的にはイングランド南部の自宅に3回も招いてくれ、電話では合計10時間以上も、アフリカの手工芸品販売の細部から２００１年と02年にレンドラムと亜北極圏に出かけて非合法の行為に手を染めたいきさつに至るまで、事細かに教えてくれた。

ふたりのほかにも、4つの大陸にまたがるレンドラムの足跡を追うわたしを導き、ひらめきを与えてくれた人たちは両手に余るほどだ。英国では、パット・ローバーがローデシアと、独立後のジンバブエの鳥類学周辺の事情を説明してくれるとともに、若き日のジェフリーとその父親との邂逅について話してくれた。野生生物犯罪部のイアン・ギルフォードは、2度にわたるロンダ渓谷ツアーでガイドを買って出てくれた。1度目はアンディ・マクウィリアム、2度目は、ハヤブサを見守るなかで、渓谷に卵泥棒が入り込んでいるのではないかと最初に疑いを持ったマイク・トーマスが一緒だった。猛禽類国際センター創設者のジェマイマ・パリー゠ジョーンズは、ホリー・ケールを補佐役にして、ハヤブサの繁殖の基本をはじめとする猛禽類の極意を説いてくれた。王立鳥類保護協会のガイ・ショーロックは、野鳥に対する犯罪に関わるありとあらゆる質問に答えてくれた。ニック・フォックス、ハワード・ウォラー、トリングにある自然史博物館［元ウォルター・ロスチャイルド動物学博物館］で卵コレクションの学芸員を務めるダグラス・ラッセル、野生生物犯罪部のマーティン・シムズ、アラン・ロバーツ、ネヴィン・ハンター、スティーヴ・ハリス、王立鳥類保護協会のボブ・エリオット、ウォリック刑事法院のダレン・ターナー、大英図書館のスタッフの方々、チャールズ・グレアム、ミシェル・コンウェイ、フィル&ジョン・ストルジンスキー、それに、ロンドンでのレンドラムの裁判について意見交換してくれた若くて有望な英国人ジャーナリストのジェイク・フルヤーの皆さんにもご助力とご協力を感謝したい。

かつてジンバブエのワンゲ国立公園に所属し、今はニュージーランドに住む鳥類学者のキット・ハスラーには、Skypeで6回にわたり、長々とお話を伺った。彼は、1984年のレンドラム親子の裁判に至るまでのいきさつを、ほぼ正確に記憶していた。ジンバブエでは、ジョンとジェンのブレブナー夫妻が、マトボ国立公園での忘れがたい日をともに過ごしてくれた。ふたりはワシやその巣を見つけては教えてくれ、アフリカの風土や猛禽への愛を語ってくれた。ピーター・マンディ、ジュリア・デュプリー、キャロリン・デニスン、そしてヴァーノン・ターの皆さんは、アフリカ時代のレンドラムの物語に命を吹き込んでくれた。ブラワヨのホーナング・パーク・ロッジのフレディ・ラフとリタ・ラフ、ハラレのヨーク・ロッジのスタッフのおかげで、ジンバブエ滞在はすばらしいものとなった。

ブラジルでは、ロドリーゴ・トメイがレンドラムに関する書類や映像を見せてくれ、逮捕やグアルーリョスでの生活についても説明してくれた。チリの農業牧畜庁のラファエル・アーセンホとニコアス・ソト・フォルカートは、レンドラムに仕掛けた罠の詳細を教えてくれた。また、ニコラスの息子アルヴァロ・ソトは、チリ領パタゴニアを案内してくれて、生息する野鳥についてレクチャーしてくれたうえ、3日間、スペイン語の特訓をしてくれた。ホテル・プラザのニコラス・フェルナンデスは、レンドラムのホテルでの様子を話してくれたほか、自らプンタ・アレナスを案内してくれた。サンティアゴ在住のドロテア・シストは、わたしのチリ旅行を実現するために骨折ってくれた。ドバイで多くの主要人物に引き合わせてくれたプラネイ・グプテには、感謝の言葉もない。UAEのハムダン・ビン・ムハンマド・ヘリテージ・センターのリンダ・エル・サイード・アーメドとサウド・イブラヒム・ダーウィッシュは、アール・マクトゥーム家お抱えのハヤブサのブリーダーや調教師の取材を手配してくれた。アブダビでは、ブリン・クローズとその娘のナタリーのおかげで大統領杯にもぐり込み、ハヤブサレースを3日間にわたって見学することができた。アブダビ鷹匠クラブのアンジェリーク・エンジェルズも、ハヤブサレースに関する質問にことごとく答えてくれた。

アンディ・マクウィリアムとの長いインタビューのテープ起こしをそのまま見せてくれた「ポーチド」の監督、ティモシー・ウィーラーにもとても感謝している。また、ポーラ・レンドラム・モーガンとリチャード・レンドラムのおふたりには、家族でなければわからない兄の少年時代を教えていただいた。ジェフリー・レンドラムは、プレトリアの近くで3時間にわたってわたしと面談し、その後も半年の間、電話でたびたび話し、いかに猛禽類に情熱を傾けているかをわからせてくれた。彼はまた、ロンダ渓谷とパタゴニアで卵をとるために訪れた巣の位置情報まで提供してくれた。

ケヴィン・コートはこのプロジェクトに早い段階から関わり、熱心に耳を傾け、問題を解決し、ベルリン西部のグリューネヴァルトを貫くハーフェル路を自転車で何時間も走るのにじっと付き合ってくれた。フィリップ・シュトルツフスとテリー・シュトルツフスは、頻繁にロンドンを訪れるわたしを自宅に迎えてくれ、すばらしい食事とゲストルームを提供し、卵コレクターや野鳥の密売、ハヤブサレースについて語るわたしの話に耳を傾けてくれた。おふたりの娘、エリー・チェンバレン・シュトルツフスとその夫のダン・チェンバレンもよく同席して、わたしの長い話に付き合ってくれた。キャスリーン・バーク、ジャネット・ライトマン、リー・スミス、ユディジット・バッタチャルジー、ダイアン・エデルマン、デイヴィッド・ドブリン、メリッサ・エディの諸氏は、わたしの不安を鎮め、自問するわたしをなだめてくれた。アレックス・ペリーは鋭い指摘をくれ、ご家族と一緒に、ハンプシャーの素敵なお宅でもてなしてくれた。野鳥愛好家仲間のデイヴィッド・ヴァン・ビーマは、わたしがこのプロジェクトにやる気を持ち続けられるよう、たきつけつづけてくれた。テリー・マッカーシーとは、ごくわずかベルリンに滞在しただけだったが、すっかり親友になれた。ニューヨークのジェフリー・ギャニオンとサンパウロのクラウディオ・エディンガーもまた、友情の手を差し伸べてくれた。

ピュリッツァー・センターのジョン・ソーヤーとトム・ハンドリー、「ニューヨーク・レビュー・オブ・ブックス」誌の元編集者イアン・ブルマ、「ニューヨーク・タイムズ」紙のスーザン・マクニールのおかげで2017年12月のアフリカ南部行きが実現した。スーザンはさらに、チリとドバイの記事をわたしにふってくれて、地球をめぐる渡航費用を抑えるのに尽力してくれた。「アウトサイド」誌の気のいいスタッフたち、クリス・キーズ、アレックス・ハード、レイド・シンガー、ルーク・ウェラン、それに長年わたしを担当してくれている編集者のエリザベス・ハイタワー・アレンがわたしに依頼し、編集し、世に出してくれた記事「卵泥棒（The Egg

Thief)」が、本書の土台になっている。

サイモン&シュスター社の担当編集者プリシラ・ペイントンにはひとかたならぬお世話になった。そもそもの始まりからこのプロジェクトを信じ、ずっと背中を押し続けてくれた。メーガン・ホーガンは1行1行丹念に原稿を整理し、文章の出来を飛躍的に高めてくれたばかりか、最初から最後までずっと伴走し、製作にかかわる細部に目を光らせてくれた。エミリー・シモンソンも、製作担当のサマンサ・ホバック、イヴェット・グラントとともに、多くのコメントを添えて疑問点の解決に力を貸してくれた。長年にわたるエージェントのフィリップ・ブロフィーは、ニューヨークのバーニー・グリーングラスなどのカフェで朝食をとりながら、わたしの話を熱心に聞いてくれた。フリップのアシスタント、ネル・ピアースは契約その他の雑務を朗らかに、かつ効率よく片づけてくれた。

最後に、母のニナ・ハマー、父のリチャード・ハマー、継母のアーリーン・ハマー、姉妹のエミリー・ハマー、海を挟んでいつも見守ってくれてありがとう。ベルリンでは、マックス、ニコ、トムの3人の息子たち、しょっちゅう不在にする父親を許し、わたしがどんどん鳥にはまっていくのを理解し、時には楽しみを共有してくれて、ありがとう。そして誰よりも、わたしを信じ、そばで支え、わたしが障壁にぶつかって悩んでいるときにはとことん悩ませてくれ、常にわたしを満たし続けてくれるコーデュラ・クレーマー。彼女の愛と寛容と忍耐とがなければ、この物語が羽ばたくことはなかっただろう。

訳者あとがき

鳥は、さまざまな不可思議（wonder）の持ち主だ。

彼らは飛ぶ。時に、あの比較的小さな体で、何千キロも渡りをする。

水中に潜るものもいる。凍りつくような真冬でも、雪の上に姿を見かけることがある。寒そうに（と感じるのは人間の思い込みかもしれないが）羽毛を膨らませて枝で寄り添う姿などを見ると、つくづくと、どうやって体温を維持しているのかと感嘆せずにいられない。飛ぶことにも体温の維持にも、膨大なエネルギーを要するはずだ。

もちろん、なかには飛ぶことをやめた種もある。飛ぶことの負担を物語っているともいえる。空中に生活の場を得たことは、彼らの最大の防御なのだろう。その防御がまた、彼らの魅力の源でもある。

そこから1個の個体が発生するのだから、それこそ生命の源であり、ある意味栄養の塊である

「卵」を、無防備に体の外に産み落とさなければならないのは、かなり知能が高いといわれる鳥たちにとって、防御に最も知恵を絞る事柄のひとつだろう。

高い木の上、地面の穴の中、崖の途中。できるかぎりほかの生き物の手が届きそうもない場所に巣を結ぶけれども、ヘビや身軽な哺乳類、捕食性の鳥など、滋養たっぷりの栄養源をそれでも手に入れたい生き物たちはあとを絶たない。けれども最大の天敵は、ここでもやはり、わたしたち人間であるようだ。しかも人間が野鳥の卵を狙うのは、多くの場合、直接的には卵の栄養の恩恵にあずかるためではない。例えば、卵泥棒のように。

大きな鳥、小さな鳥、飛ぶ鳥、飛ばない鳥、声の美しい鳥、羽や姿があでやかで優美な鳥――鳥の魅力はつきないが、なかでも、その速さ、眼光の鋭さ、悠然とした飛翔の姿などで、とりわけ古くから人間を魅了してきた一群が、猛禽類かもしれない。とりわけタカ、そしてハヤブサは、一部の狩猟採集民にとっては、糧を得るパートナーですらあった。

ニューヨーク生まれのユダヤ系アメリカ人ジャーナリストであるジョシュア・ハマーの *The Falcon Thief: A True Tale of Adventure, Treachery, and the Hunt for the Perfect Bird* は、その猛禽の魅力にとりつかれた人たちの物語だ。

少年期から木や崖に登っては鳥の、それも主に猛禽類の卵を盗り続けた男、ジェフリー・レンドラムと、彼がバーミンガムの空港で拘束されたためにその後、関わりを持つようになった英国の野生生物犯罪専門の捜査官、アンディ・マクウィリアムのふたりに光を当て、いかにして凄腕の卵泥棒と、凄腕の野生生物犯罪捜査官ができあがっていくかを描きながら、それればかりではなく、卵泥棒レンドラムが育ったアフリカの旧英国植民地の歴史、猛禽を使った狩猟――いわゆる鷹狩り――の系譜、卵に対する病的なまでの執着がうかがえる卵コレクターたちの物語、英国の警察事情や、世界的な稀少生物保護の潮流とその裏をかこうとするブラックマーケットの存在などにまで深く分け入っていく。

稀少な野生種を保護する、あるいは、野生種をみだりに捕獲しない、というのは現代の世界の総意であるようにみえる。野生生物の国際取引に関する、通称「ワシントン条約」には180以上の国が署名し、各国は国内的にも罰則を強化し、罰金だけでなく実刑を科すことができるようになっている国もある。

鳥に魅せられる人々のふるまいは大きく二分される。

レンドラムのようなハンターに依頼し、稀少な生物の卵やらヒナやら成体やらを集めて、自分だけの「動物園」に囲い込み、愛でる者も、本人なりに鳥を愛し、庇護しているのだろう。一方では、バードウォッチャーや、本書にも登場する研究者たちのように、できるだけ侵襲的にならずに遠くから眺め、そっと近づいて数を確かめ、産卵から孵化、巣立ちまでを見守ろうとする者たちもいる。

その行為がたとえどれほど自然破壊的に見えようとも、単なる楽しみのため、我欲のためであろうとも、同様に自然の産物である人間のしたことである以上、つまるところ自然の営みのひとつにすぎないのだ、とする考え方もありうる。

卵泥棒たちや一部の蒐集家の言い分はそれぞれだろう。一方、マクウィリアムのような経験を積んだ野生生物犯罪捜査の専門家は、どのあたりに許される行為とそうでない行為の境界線を引いているのか、引けているのか、はたして境界線など引くことができるものなのだろうか。そのせめぎあいもリアルだ。

本書に登場する猛禽の多く、特にレースでの速さを競うときに話題になっているのは、ハヤブサ属の鳥であるようだ。ハヤブサは一般にタカ科の鳥より体はひとまわり小さいが、飛翔速度は速い。原文にfalconとある場合、基本的に「ハヤブサ」と訳しているが、falconry、falconerには、それぞれ「鷹狩り」「鷹匠」の訳語をあてた。なお、ハヤブサ科（falconidae）のハヤブサ属（falco）は、チョウゲンボウの系統、チゴハヤブサの系統、ハヤブサ（peregrine falcon）の系統、シロハヤブサやラナーハヤブサ、セーカーハヤブサなどが属する系統にわかれるとされる。猛禽類といった場合、狭義にはタカ目、フクロウ目を指すらしい。一見タカに似ているハヤブサも、近年のＤＮＡ解析によると、かなり以前に狭義の猛禽類と枝分かれしているようだ。古くからある用語は見た目や行動による分類に沿うため、科学的な分類とはずれがあり、訳者も混乱したが、原文を尊重しつつ、できるかぎり誤解のないように、編集段階でかなり整理されたと考えている。もちろん、整理したのは編集者の大井由紀子さんであり、いつもながら大変助けていただいた。

猛禽以外にも本書には多くの種類の鳥が登場している。学名などから和名がたどれるものはできるかぎり和名を用いるとともに、Ｌｅｔｒａｓを通じて、そのほかの専門用語に関しても原書と照らして校閲者に確認いただいた。ここであらためてお礼を申し上げたい。

著者のハマーは大学卒業後、「ニューズウィーク」誌でアフリカや南米、ヨーロッパ特派員などを務めたあと、フリーランスで雑誌等に寄稿するほか、いくつかのノンフィクション作品も上梓している。そのうちの1冊、*The Bad-Ass Librarians of Timbuktu* は『アルカイダから古文書を守った図書館員』のタイトルで紀伊國屋書店から邦訳が出ている。彼の緻密な取材力、冒険小説を読むような語り口に関心を持たれた方は、ぜひ手にとってみていただきたい。

また、１９２３年日本の首都圏を襲った関東大震災が、日本を第２次世界大戦に向かわせたとする *Yokohama Burning* もあり、あの震災が彼の調査力によりどのように再現されたのか、とても興味深い。

２０２４年5月

屋代通子

Snaresbrook Crown Court, January 10, 2019.

7 Sean Sullivan（検察官）による Jeffrey Lendrumへの反対尋問, *The Queen v. Jeffrey Lendrum*, January 9, 2019.

8 Neil Saunders（判事）による判決文, *The Queen v. Jeffrey Lendrum*, January 10, 2019.

9 "Pentonville is 'Crumbling and Rife with Vermin,'" BBC News, August 22, 2018.

10 Jeffrey Lendrum による供述, *The Queen v. Jeffrey Lendrum*, January 9, 2019.

11 Andy McWilliam への著者によるインタビュー, リヴァプールにて, 2019年1月11日.

12 同上

13 同上

14 Timothy Wheeler監督作品 *Poached*におけるJohn Kinsleyへのインタビュー.

15 McWilliam への著者によるインタビュー, 2019年1月11日.

16 H. P. Blavatsky, *The Secret Doctrine* (New York: Penguin, 2016; 初版は1888年刊行), 265.

17 Birkhead, *The Most Perfect Thing*, 15 [『鳥の卵』].

aumentar," *Veja* (Brazil), August 6, 2011.
15 "Information Pack for British Prisoners in Brazil," British Embassy Brazil, July 21, 2015.
16 Tomeiへの著者によるインタビュー, 2018年10月14日.
17 Jeffrey Lendrumへの著者による電話インタビュー, 2018年3月16日.
18 Michelle Conwayへの著者によるインタビュー, ロンドンにて, 2019年1月9日.
19 Howard Wallerへの著者によるインタビュー, スコットランド·インヴァネスにて, 2018年1月23日.
20 Jeffrey Lendrumへの著者による電話インタビュー, 2018年3月16日.
21 Tomeiへの著者によるインタビュー, 2018年10月14日.
22 同上
23 Ben Hurst, "Ex-SAS Rare Egg Thief Who Tried to Smuggle Birds through Birmingham Airport on the Run," *Birmingham News*, January 6, 2017.
24 Abigail O'Leary, "Britain's Most Protected Bird Under Threat From SAS-Trained Wildlife Hunter," *Daily Mirror*, January 5, 2017.

第17章 ハウテン

1 Jeffrey Lendrumへの著者による電話インタビュー, 2017年5月10日.
2 Andy McWilliamから著者宛ての電子メール, 2018年4月3日.
3 Julia Dupeeから著者宛ての電子メール. 2017年12月3日.
4 Pat Lorber から著者宛ての電子メール. 2017年11月16日.
5 Black Eagle ProjectのJohn Brebnerへの著者によるインタビュー, ジンバブエ:ブラワヨにて, 2017年12月11日.
6 同上
7 Richard Lendrumへの著者によるインタビュー, 南アフリカ:ヨハネスブルグ·ローズバンクにて, 2017年12月18日.
8 Jeffrey Lendrumへの著者によるインタビュー, 南アフリカ:センチュリオンにて, 2017年12月18日.
9 王立鳥類保護協会のBob Elliotへのインタビュー, "Notorious Bird Egg Thief on the Run in Brazil," BBC Today(ラジオ番組), January 6, 2017.
10 Jeffrey Lendrumへの著者によるインタビュー, 2017年12月18日.
11 同上

エピローグ

1 著者によるメモ, 2018年6月24日.
2 Jeffrey Lendrumから著者宛ての電子メール, 2018年6月24日.
3 "Rare Bird Eggs Importation Prevented by Border Force at Heathrow," 英国野生生物犯罪部によるプレスリリース, June 28, 2018.
4 Craig Huntへの著者による電話インタビュー, 2019年1月20日.
5 Michelle Conwayへの著者によるインタビュー, ロンドンにて, 2019年1月9日.
6 Jeffrey Lendrum による供述, *The Queen v. Jeffrey Lendrum*,

the Wild Side," *Sun,* February 11, 2012.

14 McWilliam への著者によるインタビュー, 2017年10月2日.

15 Jerome PhilippeによるAfricaHunting.com 掲示板への書き込み, 2013年4月8日, africahunting.com/threads/jeffrey-lendrum-of-african-hunting-gazette-convicted-wildlife-smuggler.10615/.

16 同上

17 Richard LendrumによるAfricaHunting.com掲示板への書き込み, 2017年7月5日.

18 Jeffrey Lendrum(Bell407)によるAfricaHunting.com掲示板への書き込み, 2013年4月10日.

19 Richard Lendrumへの著者によるインタビュー, 南アフリカ:ヨハネスブルグ・ローズバンクにて, 2017年12月18日.

20 Richard LendrumによるAfricaHunting.com掲示板への書き込み, 2017年7月5日.

第16章 パタゴニア

1 *The Rough Guide to Chile* (London: Rough Guides UK, September 2015), roughguides.com/destinations/south-america/chile/southern-patagonia/parque-nacional-pali-aike/.

2 Nicolas Fernándezへの著者によるインタビュー, チリ:プンタ・アレナス, 2018年10月19日.

3 "Award for Birmingham Cleaner Who Caught Egg Smuggler"より引用した Andy McWilliam の発言, BBC News, 2010年10月6日.

4 Claire Marshall, "Egg Smuggler was Wildlife Criminal" より引用した Guy Shorrockの発言, BBC News, 2010年8月19日.

5 Nicolas Fernándezから著者に提供された電子メール. 2018年10月19日.

6 Jeffrey Lendrumへの著者による電話インタビュー, 2018年2月23日.

7 David Ellis, Beth Ann Sabo, James F. Fackler & Brian A. Millsap, "Prey of the Peregrine Falcon (*Falco Peregrinus Cassini*) in Southern Argentina and Brazil," *Journal of the Raptor Research Foundation*, 2002, vol. 36, no. 4: 318.

8 Fernández への著者によるインタビュー, 2018年10月19日.

9 Rodrigo Tomei (レンドラムの弁護士) から著者に提供されたRafael Asenjoの電子メール, 2018年10月14日.

10 Rodrigo Tomeiへの著者によるインタビュー, ブラジル:グアルーリョス, 2018年10月14日.

11 同上

12 Paulo Marcos Rodrigues de Almeida (判事) による判決文, Federal Justice Court, Guarulhos, Brazil, December 14, 2015.

13 Tomeiへの著者によるインタビュー, 2018年10月14日.

14 João Batista, Jr., "Os presos que vêm de fora: Torre de Babel carcerária guarda 1,443 detentos de 89 nacionalidades. Populacão nunca foi tão grande e não para de

Crown Court Warwick, August 19, 2010.
12 Paul Mullinへの著者による電話インタビュー, 2019年5月3日.
13 McWilliam への著者によるインタビュー, 2018年1月21日.
14 McWilliam への著者によるインタビュー, 2017年5月3日.
15 Ian Guildford への著者によるインタビュー, ウェールズ・ガルー渓谷にて, 2018年5月1日.
16 Jeffrey Lendrumへの著者による電話インタビュー, 2018年2月23日.
17 Andy McWilliam による PowerPoint データ, 英国野生生物犯罪部.
18 Nevin Hunterへの著者による電話インタビュー, 2017年10月25日.
19 Alan Robertsへの著者による電話インタビュー, 2017年9月7日.
20 McWilliam への著者によるインタビュー, 2018年1月21日.
21 同上
22 Christopher Hudson(判事), *Regina v. Jeffrey Paul Lendrum*, Crown Court Warwick, August 19, 2010.
23 Andy McWilliamへの著者による電話インタビュー, 2018年5月17日.
24 *Daily Mirror*, August 20, 2010, 3.
25 *Times,* August 20, 2010, 1.
26 *Daily Mail,* August 20, 2010, 30.
27 Mark Hughes, "Ex-Soldier Jailed for Theft of Rare Falcon Eggs," *Independent,* August 20, 2010, 7.
28 *Daily Express,* August 20, 2010, 3.
29 Mundy, "The Lendrum Case: Retrospective 2," *Honeyguide*.
30 Michelle Conwayへの著者によるインタビュー, ロンドンにて, 2019年1月9日.

第15章 刑務所

1 Jeffrey Lendrumへの著者による電話インタビュー, 2018年3月16日.
2 Andy McWilliamへの著者によるインタビュー, リヴァプールにて, 2017年8月22日.
3 Jeffrey Lendrumへの著者による電話インタビュー, 2018年3月16日.
4 同上
5 Andy McWilliamへの著者によるインタビュー, リヴァプールにて, 2018年1月21日.
6 Moore-Bick, Cox & Sir Christopher Holland（控訴院裁判官）, *Regina v. Jeffrey Paul Lendrum,* 控訴院刑事部, February 1, 2011.
7 Charles Grahamへの著者による電話インタビュー, 2019年1月14日.
8 Craig Huntへの著者による電話インタビュー, 2019年1月20日.
9 AfricaHunting.comに掲載されたお知らせ, April 8, 2013, africahunting.com/threads/jeffrey-lendrum-of-african-hunting-gazette-convicted-wildlife-smuggler.10615/.
10 McWilliam への著者によるインタビュー, 2017年8月22日.
11 Jeffrey Lendrumへの著者による電話インタビュー, 2018年3月16日.
12 Andy McWilliamへの著者によるインタビュー, イングランドのマーティン・ミア湿地センターにて, 2017年10月2日.
13 Douglas Walker, "Cop's Work on

8 Guy Shorrock, *Royal Society for the Protection of Birds*(ブログ), May 23, 2018, community.rspb.org.uk/ourwork/b/investigations/posts/op-easter-3-of-3-nearly-cracked.
9 Andy McWilliamへの著者によるインタビュー, リヴァプールにて, 2017年10月2日.
10 Roberts への著者による電話インタビュー, 2017年9月7日.
11 Simon Winchester, "The Bone Man: A Skull Collector Reveals His Extraordinary Private Collection," *Independent*, October 12, 2012.
12 "Back from the Brink: Together We can Bring Our Threatened Species Back from the Brink," Buglifeのウェブサイト, www.buglife.org.uk/back-from-the-brink.
13 McWilliam への著者によるインタビュー, 2017年10月2日.
14 同上
15 Justice Gray（控訴院裁判官）& Rivlin QC（判事）, *Regina v. Raymond Leslie Humphrey, Court of Appeal*, June 23, 2003.
16 "Bird Smuggling Racket Netted £160,000," *Yorkshire Post*, August 2, 2001.
17 Timothy Wheeler監督作品 *Poached* における Andy McWilliam へのインタビューのテープ起こし.
18 McWilliam への著者によるインタビュー, 2017年10月2日.
19 Wheeler 監督作品 *Poached* におけるMcWilliamへのインタビュー.
20 Andy McWilliamから Alan Robertsおよびそのほか英国野生生物犯罪部の関係者に宛てた電子メール, 2013年2月26日, 情報公開法によって入手され、英国のメディアに掲載された.

第14章 ロンダ渓谷

1 Mike Thomasへの著者によるインタビュー, ウェールズ・ガルー渓谷にて, 2018年5月1日.
2 Andy McWilliamへの著者によるインタビュー, ウェールズ・ロンダ渓谷にて, 2017年5月3日.
3 Arthur Morris, *Glamorgan*, *GENUKI Gazetteer, UK and Ireland Geneology*における引用, genuki.org.uk/big/wal/GLA/Rhondda/HistSnips.
4 Ian Guildford への著者によるインタビュー, ウェールズ・ロンダ渓谷にて, 2017年5月3日.
5 Jeffrey Lendrumへの著者による電話インタビュー, 2018年3月16日.
6 Andy McWilliamへの著者によるインタビュー, リヴァプールにて, 2017年8月22日.
7 "Operation Chilly" のビデオ, Paul Mullin撮影, 2001年6月.
8 Jeffrey Lendrum, 2010年2月のスリランカ行きの記録, Andy McWilliamがLendrumのPCで発見したもの.
9 Jeffrey Lendrumへの著者によるインタビュー, 南アフリカ:センチュリオンにて, 2017年12月18日.
10 Andy McWilliamへの著者によるインタビュー, リヴァプールにて, 2018年1月21日.
11 検察官, *Regina v. Jeffrey Paul Lendrum*,

the Gyrfalcon: An Account of a Trip to Northwest Iceland (London: Constable, 1938), 69.

13 John James Audubon, *Birds of America* (New York: Welcome Rain Publishers, 2001; 初版は1828年刊行).

14 Arthur Cleveland Bent, *Life Histories of American Birds of Prey Part II*, Smithsonian Institution Bulletin 170 (Washington, DC: Government Printing Office, 1938), 12.

15 Paul Mullin への著者によるインタビュー, イングランド・ハンプシャーにて, 2017年8月27日.

16 Ronald Stevens, *The Taming of Genghis* (London: Hancock House, 2010; 初版は1956年刊行).

17 "Operation Chilly" のビデオ, Paul Mullin撮影, 2001年6月.

18 Mullin への著者による電話インタビュー, 2018年6月4日.

19 同上

20 Mullinへの著者によるインタビュー, 2017年8月27日.

第12章 逮捕

1 Paul Mullinへの著者によるインタビュー, イングランド・ハンプシャーにて, 2017年8月27日.

2 Pete Duncanへの著者による電話インタビュー, 2017年10月29日.

3 同上

4 Dave Wattへの著者による電話インタビュー, 2017年10月27日.

5 Mullinへの著者によるインタビュー, 2017年8月27日.

6 同上

7 Wattへの著者による電話インタビュー, 2017年10月27日.

8 同上

9 Paul Mullin への著者によるインタビュー, イングランド・ハンプシャーにて, 2018年5月3日.

10 同上

11 Jane George, *Nunatsiaq News*, May 15, 2002.

12 *National Post*, May 18, 2002.

13 Mullinへの著者によるインタビュー, 2018年5月3日.

第13章 英国野生生物犯罪部

1 "Mad Mullah of the Traffic Taliban Breaks into His OWN Police Station in Bizarre Security Stunt," *Evening Standard*, December 17, 2007.

2 Jason Bennetto, "Police Set Up Wildlife Crime Squad to Hunt Down Gangs Muscling in Lucrative Trade," *Independent*, April 22, 2002.

3 Andy McWilliamへの著者によるインタビュー, リヴァプールにて, 2017年8月22日.

4 Andy McWilliamから著者宛ての電子メール, 2017年10月20日.

5 McWilliam への著者によるインタビュー, 2017年8月22日.

6 "UK Wildlife Crime Centre Launched," BBC News, October 18, 2006.

7 Alan Robertsへの著者による電話インタビュー, 2017年9月7日.

ビュー, 2017年12月18日.
24 同上
25 Wallerへの著者によるインタビュー, 2018年1月22日.
26 George Reiger, "Operation Falcon: The Anatomy of a Sting," *Field & Stream*, January 1985, 23.
27 Ford, *Gyrfalcon,* 144.
28 Roger Cook, "The Bird Bandits," *Cook Report*, ITV, February 1996.
29 The Hawk Board, プレスリリース, "Summary of Events Leading Up to and Following the Cook Report," February 10, 1996.
30 Tanya Wyatt, "The Illegal Trade of Raptors in the Russian Federation," *Contemporary Justice Review: Issues in Criminal, Social, and Restorative Justice* 14, no. 2 (2011).
31 Tom Parfitt, "Smuggling Trade Threatens Falcons with Extinction," *Telegraph,* March 27, 2005.
32 匿名のハヤブサのブリーダーへの著者によるインタビュー, 取材地は非公開, 2017年8月.
33 同上
34 Jemima Parry-Jonesへの著者によるインタビュー, イングランド・グロスターシャー・ニューエントにて, 2017年5月.
35 Nick Foxへの著者によるインタビュー, ウェールズ・カーマーゼンにて, 2018年5月2日.
36 Toby Bradshaw, "Genetic Improvement of Captive Bred Raptors," University of Washington, October 2009, faculty.washington.edu/toby/baywingdb/Genetics%20of%20captive-bred%20raptors.pdf.
37 Jeffrey Lendrumへの著者による電話インタビュー, 2018年3月16日.

第11章 オペレーション・チリー

1 Paul Mullinへの著者による電話インタビュー, 2018年10月31日.
2 Jeffrey Lendrumへの著者によるインタビュー, 南アフリカ:センチュリオンにて, 2017年12月18日.
3 Paul Mullinへの著者による電話インタビュー, 2018年6月4日.
4 Howard Wallerへの著者によるインタビュー, スコットランド・インヴァネスにて, 2018年1月22日.
5 Jeffrey Lendrumへの著者による電話インタビュー, 2018年2月23日.
6 雑誌コラムのためのDavid Andersonへの著者と Luke Whelanによるインタビュー, "The Egg Thief," *Outside,* January 2019.
7 Robinson Meyer, "The Battle over 2,5 0 0-Year-Old Shelters Made of Poop," *Atlantic,* July 24, 2017, www.theatlantic.com/science/archive/2 0 1 7/0 7/falcon-battle-over-nests-of-bird-poop/534510/.
8 "bush pilot" のLinkedInのプロフィール
9 "Operation Chilly" のビデオ, Paul Mullin 撮影, 2 0 0 1年6月, youtube.com/watch?v=lWce39190B0.
10 同上
11 Paul Mullinへの著者による電話インタビュー, 2019年5月3日.
12 Ernest Blakeman Vesey, *In Search of*

第10章 ドバイ

1 Frederick II, *The Art of Falconry* [De arte venandi cum avibus], Casey A. Wood & F. Marjorie Fyfe編訳 (Palo Alto: Stanford University Press, 1943), 129 [『鷹狩りの書——鳥の本性と猛禽の馴らし』吉越英之訳, 文一総合出版].

2 Robin S. Oggins, *The Kings and Their Hawks: Falconry in Medieval England* (New Haven, CT: Yale University Press, 2004), 21.

3 Frederick II, *The Art of Falconry*, 129 [『鷹狩りの書』].

4 Mark Allen, *Falconry in Arabia* (London: Orbis, 1980), 47 における Wilfred Thesiger の序文.

5 Jemima Parry-Jonesへの著者によるインタビュー, イングランド・グロスターシャー・ニューエントにて, 2017年8月21日.

6 Howard Wallerへの著者によるインタビュー, スコットランド・インヴァネスにて, 2018年1月22日.

7 Jeffrey Lendrumへの著者によるインタビュー, 南アフリカ:センチュリオンにて, 2017年12月18日.

8 Wallerへの著者によるインタビュー, 2018年1月22日.

9 Wilfred Thesiger, *Arabian Sands* (New York: Penguin Digital Editions, 2007), 14章.

10 Tom Bailey & Declan O'Donovan, "Interview with His Excellency Sheikh Butti bin Maktoum bin Juma Al Maktoum," *Wildlife Middle East News* 5, no. 4 (March 2011).

11 Wallerへの著者によるインタビュー, 2018年1月22日.

12 ハムダン皇太子の匿名の鷹匠への著者によるインタビュー, ドバイにて, 2017年10月31日.

13 Emma Ford, *Gyrfalcon* (London: John Murray, 1999), 13.

14 T. Edward Nickens, "What One Magnificent Predator can Show Us about the Arctic's Future," *Audubon*, January-February 2016.

15 Thomas T. Allsen, "Falconry and the Exchange Networks of Medieval Eurasia," *Pre-Modern Russia and Its World: Essays in Honor of Thomas S. Noonan* (Wiesbaden, Germany: Otto Harrassowitz Verlag, 2006), 39.

16 Husam Al-Dawlah Taymur Mirza, *The Baz-Nama-Yi Nasiri, a Persian Treatise on Falconry*, D. C. Phillliott 訳 (London: Bernard Quaritch, 1908), 36.

17 Peter Gwin, "Inside a Sheikh's Plan to Protect the World's Fastest Animal," *National Geographic*, October 2018.

18 同上

19 Wallerへの著者によるインタビュー, 2018年1月22日.

20 Bailey & O'Donovan, "Interview with His Excellency," *Wildlife Middle East News*.

21 同上

22 Jeffrey Lendrumへの著者による電話インタビュー, 2018年2月23日.

23 Jeffrey Lendrumへの著者によるインタ

2017年8月26日.
35 Rubinstein, "Operation Easter," *New Yorker*.
36 Rachel Newton, "Jailed Egg Thief 'A Threat to Wildlife,'" *Daily Post* (Liverpool), April 11, 2003.
37 Rubinstein, "Operation Easter," *New Yorker*.
38 McWilliam への著者によるインタビュー, 2018年1月21日.
39 Newton, "Jailed egg thief 'a threat to wildlife,'" *Daily Post*, 11.
40 "Jail for Prolific Collector of Eggs," フィールドノートより抜粋, *Legal Eagle: The RSPB's Investigations Newsletter*, January 2003, no. 35.
41 Holly Caleへの著者によるインタビュー, イングランド·グロスターシャー·ニューエントにて, 2017年8月22日.
42 McWilliam への著者によるインタビュー, 2017年10月2日.
43 Rubinstein, "Operation Easter," *New Yorker*.
44 McWilliam への著者によるインタビュー, 2017年10月2日.
45 Emma Bryce, "Inside the Bizarre, Secretive World of Obsessive Egg Thieves," *Audubon*, January 6, 2016.
46 Menelaos Apostolou, "Why Men Collect Things? A Case Study of Fossilized Dinosaur Eggs," *Journal of Economic Psychology* 32, no. 3 (June 2011): 410–417.
47 McWilliam への著者によるインタビュー, 2017年10月2日.
48 Shorrockへの著者によるインタビュー, 2017年8月26日.
49 Harrisへの著者による電話インタビュー, 2017年9月13日.

第9章 アフリカ·エクストリーム

1 Jeffrey Lendrumへの著者による電話インタビュー, 2018年2月23日.
2 Jeffrey Lendrum による供述, *The Queen v. Jeffrey Lendrum*, Snaresbrook Crown Court London, January 9, 2019.
3 Paul Mullin への著者によるインタビュー, イングランド·ハンプシャーにて, 2017年8月27日.
4 同上
5 Jeffrey Lendrumへの著者による電話インタビュー, 2018年3月16日.
6 Mullinへの著者によるインタビュー, 2017年8月27日.
7 Paul MullinとJeffrey Lendrum によるラジオCM, Mullin提供.
8 Mullinへの著者によるインタビュー, 2017年8月27日.
9 同上
10 Jeffrey Lendrumへの著者によるインタビュー, 南アフリカ:センチュリオンにて, 2017年12月18日.
11 Mullinへの著者によるインタビュー, 2017年8月27日.
12 Jeffrey Lendrumへの著者による電話インタビュー, 2018年2月23日.
13 Mullinへの著者によるインタビュー, 2017年8月27日.

(London: Bloomsbury, 2017), 10 [『鳥の卵——小さなカプセルに秘められた大きな謎』黒沢令子訳, 白揚社].
6 同上, 12.
7 Carrol L. Henderson, *Oology and Ralph's Talking Eggs: Bird Conservation Comes Out of Its Shell* (Austin: University of Texas Press, 2009), 30.
8 Mark Barrow, *A Passion for Birds: American Ornithology After Audubon* (Princeton, NJ: Princeton University Press, 1998), 42.
9 Frank Haak Lattin ほか, *The Oologist* 26 (1908): 92.
10 Birkhead, *The Most Perfect Thing*, 13 [『鳥の卵』].
11 *British Birds: An Illustrated Monthly Magazine*, vol. 51, 1958, 237–238.
12 Birkhead, *The Most Perfect Thing*, 15 [『鳥の卵』].
13 同上
14 Julian Rubinstein, "Operation Easter," *New Yorker*, July 22, 2013.
15 Eric Parker, "Ethics of Egg Collecting," *Field* (London), 1935.
16 Patrick Barkham, "The Egg Snatchers," *Guardian*, December 11, 2006.
17 Mary Braid, "Birds Egg Society Faces Inquiry," *Independent*, January 15, 1995.
18 Stephen Moss編, *The Hedgerows Heaped with May: The Telegraph Book of the Countryside* (London: Aurum Press, 2012).
19 Rubinstein, "Operation Easter," *New Yorker*.
20 *Field*, Alan Stewart による *Wildlife Detective: A Life Fighting Wildlife Crime* (Edinburgh: Argyll Publishing, 2008) の裏表紙から引用.
21 Andy McWilliamへの著者によるインタビュー, リヴァプールにて, 2017年10月2日.
22 Shorrockへの著者による電話インタビュー, 2018年5月23日.
23 Barkham, "The Egg Snatchers," *Guardian*.
24 Steve Harrisへの著者による電話インタビュー, 2017年9月13日.
25 McWilliam への著者によるインタビュー, 2018年1月21日.
26 Andy McWilliamへの著者によるインタビュー, リヴァプールにて, 2017年8月22日.
27 Harrisへの著者による電話インタビュー, 2017年9月13日.
28 Guy Shorrockへの著者によるインタビュー, イングランド・サンディにて, 2017年8月26日.
29 McWilliam への著者によるインタビュー, 2018年1月21日.
30 Timothy Wheeler 監督作品, *Poached* (Ignite Channel, 2015) におけるAndy McWilliamへのインタビューのテープ起こし.
31 W. Pearson, *The Osprey: Nesting Sites in the British Isles* (Brighton, England: Oriel Stringer, 1987), 11.
32 Shorrockへの著者によるインタビュー, 2017年8月26日.
33 Barkham, "The Egg Snatchers," *Guardian*.
34 Shorrockへの著者によるインタビュー,

15 同上
16 McWilliam への著者によるインタビュー, 2017年10月2日.
17 同上
18 同上
19 McWilliam への著者によるインタビュー, 2017年8月22日.

第7章 裁判

1 Christopher “Kit” Hustlerへの著者による電話インタビュー, 2018年5月7日.
2 Jeffrey Lendrumへの著者によるインタビュー, 南アフリカ:センチュリオンにて, 2017年12月18日.
3 Hustler への著者による電話インタビュー, 2018年5月7日.
4 Pat Lorberへの著者によるインタビュー, イングランド・キングズ・リンにて, 2017年8月23日.
5 Hustler への著者による電話インタビュー, 2018年5月7日.
6 ブラワヨのガールズ・カレッジでのPeggy Lendrum の匿名の元同僚による Pat Lorber宛ての電子メール, 2019年4月10日.
7 Lorberへの著者によるインタビュー, 2017年8月23日.
8 検察官, *State v. Adrian Lloyd Lendrum and Jeffrey Paul Lendrum*, case no. 7904-5/6, 裁判記録, October 1,1984.
9 Giles Romilly（判事）, *State v. Adrian Lloyd Lendrum and Jeffrey Paul Lendrum*.
10 Lorberへの著者によるインタビュー, 2017年8月23日.
11 同上
12 Hustler への著者による電話インタビュー, 2018年5月7日.
13 “A Matter of Trust,” *Honeyguide: Journal of Zimbabwean and Regional Ornithology* 31, no. 2（September 1985）.
14 同上
15 P. C. Mundy, “The Lendrum Case: Retrospective 2,” *Honeyguide* 5 6, no. 2 (September 2010).
16 Christopher “Kit” Hustlerへの著者による電話インタビュー, 2019年4月10日.
17 Jeffrey Lendrumへの著者による電話インタビュー, 2018年5月18日.
18 Mundy, “The Lendrum Case: Retrospective 2,” *Honeyguide*.
19 Jeffrey Lendrumへの著者によるインタビュー, 2017年12月18日.

第8章 コレクター

1 Guy Shorrock, “Operation Easter: The Beginnings,” *Royal Society for the Protection of Birds*（ブログ）, May 9, 2018, community.rspb.org.uk/ourwork/b/investigations/posts/operation-easter-the-beginnings.
2 Andy McWilliamへの著者によるインタビュー, リヴァプールにて, 2018年1月21日.
3 Guy Shorrockへの著者による電話インタビュー, 2018年5月23日.
4 McWilliam への著者によるインタビュー, 2018年1月21日.
5 Tim Birkhead, *The Most Perfect Thing: Inside（and Outside）a Bird's Egg*

年12月10日.
11 Valerie Gargett, *The Black Eagle: A Study* (Randburg: Acorn Books, 1990), 22.
12 Lorberへの著者によるインタビュー, 2017年8月23日.
13 同上
14 A. Lendrum & J. Lendrum, *Augur Buzzard Study*, Ornithological Association of Zimbabwe, 9th annual report, 1982.
15 Lorberへの著者によるインタビュー, 2017年8月23日.
16 Richard Lendrumへの著者によるインタビュー, 2017年12月18日.
17 Paula Lendrum Maughanへの著者によるFacebook Messengerでのインタビュー, 2019年4月17日.
18 Jeffrey Lendrum による供述, *The Queen v. Jeffrey Lendrum*, Snaresbrook Crown Court London, January 9, 2019.
19 Michelle Conwayへの著者によるインタビュー, ロンドンにて, 2019年1月9日.
20 "Wall of Shame," The C Squadron 22 Special Air Service, csqnsas.com/dishonour.html.
21 Paul Mullinへの著者による電話インタビュー, 2018年5月9日.
22 Lorber への著者によるインタビュー, 2017年8月23日.
23 同上
24 Christopher "Kit" Hustlerへの著者による電話インタビュー, 2017年9月12日.

第6章 リヴァプール

1 Andy McWilliamへの著者によるインタビュー, リヴァプールにて, 2017年8月22日.
2 Andy McWilliamへの著者による電話インタビュー, 2018年5月17日.
3 McWilliam への著者によるインタビュー, 2017年8月22日.
4 Andy McWilliamへの著者によるインタビュー, リヴァプールにて, 2019年1月11日.
5 British Home Office, "Definition of Policing by Consent," December 10, 2012, gov.uk/government/publications/policing-by-consent/definition-of-policing-by-consent.
6 McWilliam への著者によるインタビュー, 2019年1月11日.
7 McWilliam への著者によるインタビュー, 2017年8月22日.
8 同上
9 *The Bankers' Magazine*, vol.11 (London: Groombridge & Sons, 1851).
10 Andy Beckett, *Promised You a Miracle: Why 1980-82 Made Modern Britain* (London: Penguin, 2016).
11 McWilliamへの著者による電話インタビュー, 2018年5月17日.
12 McWilliam への著者によるインタビュー, 2017年8月22日.
13 Andy McWilliamへの著者によるインタビュー, リヴァプールにて, 2017年10月2日.
14 McWilliam への著者によるインタビュー, 2017年8月22日.

ンタビュー, 2018年3月16日.
2 Andy McWilliamへの著者によるインタビュー, リヴァプールにて, 2018年1月21日.
3 同上

第4章 鷹狩りの系譜

1 Austen Henry Layard, *Discoveries Among the Ruins of Ninevah and Babylon* (London: Harper, 1853), 112.
2 Mark Allen, *Falconry in Arabia* (London: Orbis, 1980), 15 における Wilfred Thesiger の序文.
3 Robin S. Oggins, *The Kings and Their Hawks: Falconry in Medieval England* (New Haven, CT: Yale University Press, 2004), 38.
4 同上
5 同上
6 Layard, *Discoveries Among the Ruins of Ninevah and Babylon*, 409.
7 同上, 412.
8 同上, 410.
9 J. A. Baker, *The Peregrine* (London: HarperCollins, 1967), 40.
10 Helen Macdonald, *Falcon* (London: Reaktion Books, 2006), 31 [『ハヤブサ』宇丹貴代実訳, 白水社].
11 同上, 32.
12 Sarah Townsend, "Sheik Hamdan's Bid to Revive the Glorious Arab Sport of Falconry," *Arabian Business*, June 13, 2015.
13 匿名の鷹匠への著者によるインタビュー, アラブ首長国連邦:アブダビにて, 2018年1月9日.
14 Fernanda Eberstadt, "Falconry's Popularity Soars in England and Scotland," *Condé Nast Traveler*, January 15, 2013.

第5章 ローデシア

1 Pat Lorberへの著者によるインタビュー, イングランド・キングズ・リンにて, 2017年8月23日.
2 Jeffrey Lendrumへの著者によるインタビュー, 南アフリカ:センチュリオンにて, 2017年12月18日.
3 Jeffrey Lendrumへの著者による電話インタビュー, 2018年3月16日.
4 Vernon Tarr への著者によるインタビュー, ジンバブエ:ブラワヨにて, 2017年12月10日.
5 Howard Wallerへの著者によるインタビュー, スコットランド・インヴァネスにて, 2018年1月22日.
6 Richard Lendrumへの著者によるインタビュー, 南アフリカ:ヨハネスブルグ・ローズバンクにて, 2017年12月18日.
7 Lorberへの著者によるインタビュー, 2017年8月23日.
8 Rob Davies, "The Verreaux's Eagle: An Interview with Dr. Rob Davies," *African Raptors: The Online Home of African Raptor Interests*, August 12, 2010, africanraptors.org/the-verreauxs-eagle-an-interview-with-dr-rob-davies/.
9 Lorberへの著者によるインタビュー, 2017年8月23日.
10 Tarrへの著者によるインタビュー, 2017

出典

本書は，複数回にわたる当事者へのインタビューに加え，裁判記録や取り調べを録画したビデオのほか，メディアなどの2次資料に基づいている．英国では警察による取り調べの記録は一般的に5年後には破棄されてしまうため，政府への情報公開請求がうまくいかなかったものもある．そのような場合，わたしは当事者たちへの徹底的なインタビューに基づいてやりとりを再構築した．その他の対話についてもできるかぎり当事者の記憶とメモから再構成している．

プロローグ

1 John Simpson, *Times*, January 5, 2017.
2 Jonathan Franzen, "My Bird Problem," *New Yorker*, August 8, 2005.

第1章 空港

1 John Struczynskiへの著者によるインタビュー，2018年4月14日.
2 バーミンガム警察のMark Owenへの著者によるインタビュー，2017年10月4日およびAndy McWilliamへの著者によるインタビュー，リヴァプールにて，2017年8月22日.
3 Owen への著者によるインタビュー，2017年10月4日.

第2章 捜査官

1 Andy McWilliamへの著者によるインタビュー，リヴァプールにて，2017年1月21日.
2 Derek Ratcliffe, *The Peregrine Falcon* (London: A&C Black, 1993), 66.
3 David R. Zemmerman, "Death Comes to the Peregrine Falcon," *New York Times*, August 9, 1970, 161.
4 Rachel Carson, *Silent Spring* (New York: Houghton Mifflin, 1962), 297［『沈黙の春』青樹簗一訳，新潮文庫］.
5 同上，103.
6 Guy Shorrockへの著者によるインタビュー，イングランド・サンディにて，2017年8月26日.
7 Mark Jeter, "The Egg Thief" by Joshua Hammer, *Outside*, January 7, 2019における引用.
8 Alfred Russel Wallace, *The Malay Archipelago: the Land of the Orang-utan and the Bird of Paradise: A Narrative of Travel with Studies of Man and Nature* (London: Macmillan, 1890)［『マレー諸島　オランウータンと極楽鳥の土地』新妻昭夫訳，ちくま学芸文庫ほか］.
9 Carson, *Silent Spring*, 86［『沈黙の春』］.
10 Andy McWilliamへの著者によるインタビュー，2017年8月23日.
11 Lee Featherstoneへの著者による電話インタビュー，2018年3月3日.
12 同上

第3章 取り調べ

1 Jeffrey Lendrumへの著者による電話イ

【マ】

【タ】

【ナ】

【ハ】

【サ】

索引

【ア】

【カ】

著者

ジョシュア・ハマー

Joshua Hammer

ニューヨーク生まれ。プリンストン大学で英文学を専攻。1988年に「ニューズウィーク」に入社、1992年から2006年まで、5つの大陸で同誌の支局長や特派員をつとめる。現在は「スミソニアン」誌、「アウトサイド」誌、「ニューヨーク・タイムズ」紙、「ナショナルジオグラフィック」誌などに寄稿。『アルカイダから古文書を守った図書館員』(紀伊國屋書店)ほか複数のノンフィクションを発表するとともに、2016年度の全米雑誌賞など、ジャーナリズム関係の賞を多数受賞している。

訳者

屋代通子

やしろ・みちこ

翻訳家。主な訳書に、D・エヴェレット『ピダハン』、C・エヴェレット『数の発明』(以上、みすず書房)、ローガン『樹木の恵みと人間の歴史』、ハスケル『木々は歌う』、トムソン『外来種のウソ・ホントを科学する』(以上、築地書館)、スノウリング『ディスレクシア』(人文書院)、グーリー『ナチュラル・ナビゲーション』(紀伊國屋書店)ほかがある。

ハヤブサを盗んだ男
野鳥闇取引に隠されたドラマ

2024年7月11日　第1刷発行

著者　ジョシュア・ハマー
訳者　屋代通子

発行所　株式会社 紀伊國屋書店
東京都新宿区新宿3-17-7

出版部（編集）
電話　03（6910）0508

ホールセール部（営業）
電話　03（6910）0519

〒153-8504
東京都目黒区下目黒3-7-10

装画　藤原徹司
装丁　川名亜実＋青木春香（オクターヴ）
校正協力　Letras
本文組版　明昌堂
印刷・製本　シナノ パブリッシング プレス

ISBN978-4-314-01206-5　C0040
Printed in Japan
定価は外装に表示してあります